"十二五"普通高等教育本科国家级规划教材

大学物理简明教程

下册

第2版

主　编　施　卫
参　编　李恩玲　唐远河　张显斌
　　　　马德明　侯　磊　纪卫莉

机械工业出版社

本套教材是按照教育部现行的《理工科类大学物理课程教学基本要求》，同时总结编者长期物理教学的经验，并汲取了当前国内外优秀教材改革的成果编写而成的。本套教材分为上、下两册。本书为下册，内容包括波动光学、电磁学以及近代物理学。为便于教学，本书具有紧贴教学实践、符合教学规律和深入浅出等特点。

本书为高等学校工科等非物理专业的教科书，教学课时可根据教学要求在100～120课时之间选择。本书也可供文理科有关专业选用，还可供其他专业教师、工程技术人员阅读。

图书在版编目（CIP）数据

大学物理简明教程．下册/施卫主编．—2版．—北京：机械工业出版社，2019.10（2026.1重印）

“十二五”普通高等教育本科国家级规划教材

ISBN 978-7-111-63795-0

Ⅰ.①大…　Ⅱ.①施…　Ⅲ.①物理学－高等学校－教材　Ⅳ.①O4

中国版本图书馆CIP数据核字（2019）第212330号

机械工业出版社（北京市百万庄大街22号　邮政编码100037）
策划编辑：李永联　责任编辑：李永联　王　良
责任校对：王　延　封面设计：马精明
责任印制：邓　博
河北鑫兆源印刷有限公司印刷
2026年1月第2版第8次印刷
169mm×239mm・14.75印张・287千字
标准书号：ISBN 978-7-111-63795-0
定价：33.50元

电话服务　　　　　　　　　网络服务
客服电话：010-88361066　机　工　官　网：www.cmpbook.com
　　　　　010-88379833　机　工　官　博：weibo.com/cmp1952
　　　　　010-68326294　金　　书　　网：www.golden-book.com
封底无防伪标均为盗版　　　机工教育服务网：www.cmpedu.com

前　言

编写一部适合普通高等院校工科物理教学改革实际需求的简明教程是我们编写本套教材的初衷。工科非物理专业种类繁多，对物理课程内容的侧重点又各不相同，差异较大，既要突出重点，又要体现简明，这就对本套教材的编写提出了更高的要求。因此，本套教材的编写也是一种探索。

本套教材是在总结大学物理教学改革经验的基础上，遵照《高等教育面向21世纪教学内容和课程体系改革计划》的基本精神，结合我校专业设置特点，汲取了当前国内外优秀教材改革成果而编写成的。本套教材的内容体系符合教育部物理基础课程教学指导分委员会制定的《理工科类大学物理课程教学基本要求》。在基本知识到位的基础上，本套教材在内容方面力求深入浅出、叙述精炼、条理明晰、重点和难点突出，使之不仅是一套全面而系统的简明教程，同时还能满足学生自学的需要，并成为从事物理教学工作者及科研人员的一套参考书。另外，书中正文的小字号内容为选学内容。

本套教材分为上、下两册，由西安理工大学应用物理系教学经验丰富、长期工作在物理教学一线的教师共同编写。西安理工大学的大学物理课程早在2003年就被评为陕西省精品课程，本套教材的编写人员都是该精品课程的建设骨干，他们都经历了西安理工大学大学物理课程的多媒体与传统教学相结合的教学改革实践、挂牌教学改革实践、分级教学改革实践以及完全学分制下的物理课程教学改革。多年的实践过程使编写人员对工科物理教学有比较深刻的认识和理解，并将这些认识和理解融入到本套教材的编写当中。

大学物理课程教学是一项集体的事业，本套教材凝聚了西安理工大学应用物理系多年来从事工科物理教学教师的心血，是集体智慧的结晶。

本书是本套教材的下册，由施卫主编、统稿。李恩玲、唐远河、张显斌、马德明、侯磊、纪卫莉编写了相关章节。

本书的编写得到了不少校内外同仁的帮助，还参阅了一些兄弟院校的有关教材、讲义，对此我们一并深表谢意。

鉴于编者水平有限，书中错误和不足之处在所难免，恳请读者指正。

编　者

目　录

第五篇　电　磁　学

第六篇　近代物理学

第四篇　波动光学

光学是物理学最早得到发展的学科之一。17 世纪以前，人们对光的研究仅限于几何光学方面，到 17 世纪中叶，随着第一架望远镜和显微镜的诞生及光的反射定律和折射定律的建立，几何光学的体系基本形成。人们进一步探讨光的本性，是从 17 世纪到 19 世纪中叶。关于光的本性有两种互相对立的学说，即牛顿（1642—1727）的微粒说和惠更斯（1629—1695）的波动说。微粒说认为，光是从光源发出的、在真空或均匀媒质中按惯性定律沿直线飞行的微粒流。所以，微粒说能够很好地解释光沿直线传播定律及反射定律和折射定律等，但在研究光的折射现象时，得出了光在水中的速度大于空气中的速度的错误结论。波动说认为，光是在某种媒质中传播的波，这种媒质称为以太。波动说也能解释折射定律和反射定律，并且还解释了方解石的双折射现象，得出了光在水中的速度小于空气中的速度的正确结论，但因为当时波动说不能解释光沿直线传播定律，加上受当时科学技术条件的限制，无法用实验检验这两种说法，又由于牛顿的崇高威望而使微粒说占了统治地位，因此，波动说在很长时间都没有得到承认。

1801 年英国物理学家杨氏（T. Yong，1773—1829）最先用实验演示了光的干涉现象，在历史上第一次测定了光的波长，并用干涉原理成功地解释了白光下薄膜色彩的形成，为波动说奠定了实验基础，但由于杨氏的见解大部分是定性表达的，所以当时并没有得到普遍承认。

1815 年法国物理学家菲涅耳（A. J. Fresnel，1788—1827）对惠更斯原理做了补充，形成了惠更斯-菲涅耳原理，用此原理成功地解释了光的衍射和直线传播现象，有力地证明了光的波动理论。

1850 年法国巴黎物理学家佛科（J. L. Foucault，1819—1868）测定了光在水中的传播速度，实验结果表明，光在水中的速度小于它在空气中的速度。这一结果与波动说得出的结论相同，而与微粒说得出的结论恰恰相反，从而进一步证实了波动说的正确性，使波动说得到了应有的地位。

1808 年以后，马吕斯（E. L. Malus，1775—1812）、杨氏、菲涅耳和阿拉戈（D. Arago，1786—1853）等人系统地研究了光的偏振现象，确认光是横波。从此，波动说最终以无可辩驳的事实彻底否定了微粒说而占有统治地位，在 19 世纪中叶形成了波动光学的体系。

然而，此时的波动说仍是以光的机械波理论为基础的。在寻找传播光的弹性媒质“以太”时，这个理论遇到了无法克服的困难。1865 年，麦克斯韦在电磁理论的研究中指出，光也是一种电磁波。这个预言被以后的一系列实验所证实。从而，旧波动说才摆脱了机械论而得到了根本的改造，人们对光的本性的认识从此产生了一个新的飞跃，使波动光学在电磁理论的基础上进一步发展和完善起来。

19世纪末20世纪初，科学家发现了许多新的实验事实，如光电效应、康普顿效应等，但这些效应都不能用波动说来解释，要解释这些新发现的现象，必须承认光是由粒子组成的，可见光不是单纯的波动。然而，光的干涉、衍射等现象又必须用波动说来解释，说明可见光也不单纯是粒子。因此，为了解释所有光学现象，人们不得不承认光不但具有波动性，而且还具有微粒性，这是光的本性中既矛盾又统一的两个方面，称为光的波粒二象性。

波动光学从光的波动性出发，研究光的干涉、衍射和偏振等现象发生的条件和规律。光的粒子性将在后面的近代物理学中讲授。

第九章　光的干涉

第一节　光源及光的相干性

一、光源

发射光波的物体称为光源，太阳和白炽灯、荧光灯、汞灯等各种灯具都是常见的光源。按照光的激发方式的不同，可以把光源分为两大类：热光源和冷光源。所谓热光源即利用热能激发的光源，如白炽灯。利用化学能、电能或光能激发的光源称为冷光源，如磷的发光，就是化学发光的现象；稀薄气体在通电时发出的辉光，就是常见的一种电致发光；某些物质，如碱土金属的氧化物和硫化物等，在可见光或紫外光的照射下被激发而发光，称为光致发光。

LED属于冷光源，是电子和空穴（少子和多子）复合产生光子而发光的，其发光过程包括三部分：二极管正向偏压下的载流子注入、复合辐射和光能传输。微小的半导体晶片被封装在洁净的环氧树脂物中，当电子经过该晶片时，带负电的电子移动到带正电的空穴区域并与之复合，电子和空穴消失的同时产生光子。电子和空穴之间的能量（带隙）越大，产生的光子的能量就越高，光子的能量与光的颜色对应。由于不同的材料具有不同的带隙，因而能够发出不同颜色的光，这属于电致发光。

一般光源发光机理是处于激发态的原子或分子（下面以原子为例）的自发辐射。光源中的原子吸收外界能量后处于较高能量的激发态，这个状态是不稳定的，当它们从激发态返回到较低能量状态时，常把多余的能量以电磁波的形式辐射出来。这个辐射过程是很短的，约 $10^{-9}\sim10^{-8}$s。一般说来，各个原子的激发与辐射是彼此独立的、随机的，是间歇性进行的，因而同一瞬间不同原子发射的电磁波，或同一原子先后发射的电磁波，其频率、振动方向和初相各不相同。这样，光源中每个原子每次发射出的电磁波都是持续时间很短、长度有限的一列光波，称为一个波列，如图 9-1 所示。

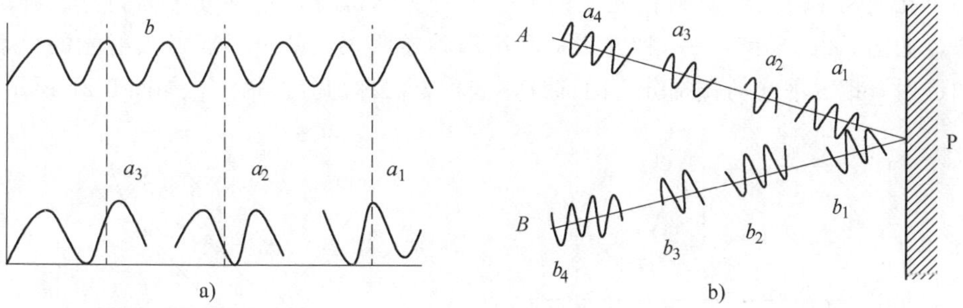

图 9-1　原子发出的波列

a）一原子先后发出的诸波列（a_1, a_2, a_3）之间无确定的相位关系；波列 b 为与之比较的连续波

b）两原子 A、B 发出的一系列波列之间无固定的相位差

二、光的相干性

在波动一章中我们知道，两列波成为相干波的条件是：它们的频率相同、振动方向相同，在相遇点有恒定的相位差。两列相干波在空间相遇，在相遇区域内能够形成稳定的干涉图样。对于机械波、无线电波等这类由宏观波源发出的波，我们比较容易观察到干涉现象。两列光波相干的条件与两列波相干的条件相同，满足相干条件的两列光波即为相干光。但是，我们从上面已经知道一般光源发出的光波是由光源中各个分子或原子发出的波列组成的，而这些波列之间没有固定的相位关系，因此，来自两个独立光源的光波即使是频率相同、振动方向相同，它们的相位差也不可能保持恒定，因而不满足相干条件。利用同一光源的两个部分也不可能产生相干光波。只有从同一光源的同一部分发出的光波列分离出来的两个波列才能满足相干光的条件。

为了使从同一波列分离出来的两个波列能够重叠并发生干涉，两个光波在相遇点的光程差（几何路程和媒质的折射率的乘积称为光程，见本章第三节）不能太大，否则一个光波的波列已通过，而另一光波的相应波列尚未到达，则两个波列之间没有重叠，不能产生干涉现象。我们把能够产生干涉现象的最大光程差称为相干长度，显然，相干长度等于一个波列长度。当光程差与相干长度相比较为很小时，两个相应波列几乎完全重叠，这时可以看到清晰的干涉图样；当光程差为中等时，两个相应波列只是部分重叠，干涉图样就不那么清晰了。

通常获得相干光的方法是：把一个点（线）光源发出的光波分成两路，使这两路光经过不同路程后相遇便可产生干涉现象。来自同一光源的两个相干光波相当于来自两个相位相同或相位差保持恒定的光源，这一对光源称为相干光源。产生相干光源有两种方法，一种方法是让点光源发出的光波通过两个并排的小孔或利用反射和折射把光波的波阵面分为两部分，这种方法称为分波阵面法，如图 9-2a 所示；另一种方法是利用两种透明媒质的分界面对入射光的反射和透射，把入射光的振幅分为两部分，这种方法称为分振幅法，如图 9-2b 所示。

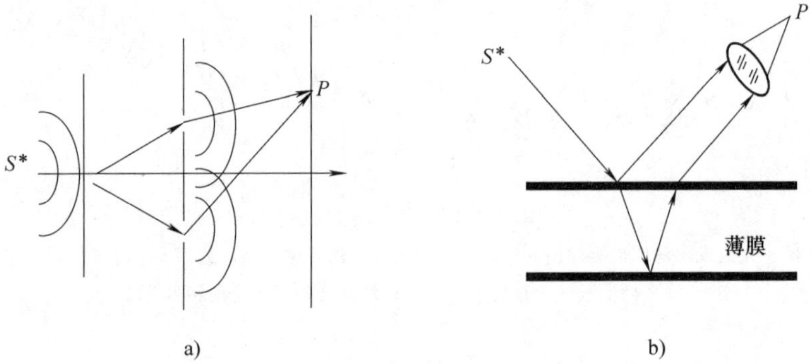

图 9-2　获得相干光的方法

a）分波阵面法　b）分振幅法

第二节　双 缝 干 涉

一、杨氏双缝实验

在 19 世纪初，英国科学家杨氏（T. Yong）用实验研究了光的干涉现象，从而证实了光具有波动性。

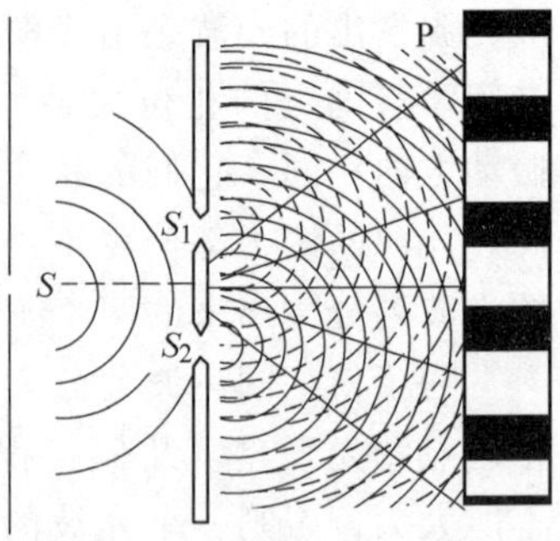

图 9-3　杨氏双缝实验

如图 9-3 所示，由光源发出的光照射在单缝 S 上（S 相当于缝光源）。在 S 前面放置两个相距很近的狭缝 S_1 和 S_2。按惠更斯原理，S_1、S_2 形成两个新的相干光源，因为它们是由同一光源 S 发出的光的波阵面上分出的，满足振动方向相同、频率相同、相位差恒定（如图相位差为零）的相干条件，故 S_1 和 S_2 为两个相干光源。由 S_1 和 S_2 发出的光波在空间相遇，将产生干涉现象。若在 S_1 和 S_2 的前端放一屏幕 P，则屏幕上将出现明暗交替的干涉条纹。

下面我们分析双缝干涉产生明暗条纹的条件。如图 9-4 所示，设 S_1 与 S_2 之间的距离为 d，其中点为 M，从 M 点到屏的距离为 D。在屏上任取一点 A，A 点距 S_1 和 S_2 的距离分别为 r_1 与 r_2。在此实验装置中 $D \gg d$，作 $S_1B \perp S_2A$，则由 S_1 与 S_2 发出的光波到 A 点的波程差 $r_2 - r_1$ 可写为

$$\delta = r_2 - r_1 = S_2B \approx d\sin\varphi$$

此处 φ 为 MO 与 MA 的夹角，由于 φ 角很小，$\sin\varphi \approx \tan\varphi$，设 $OA = x$，则

$$\tan\varphi = \frac{x}{D}$$

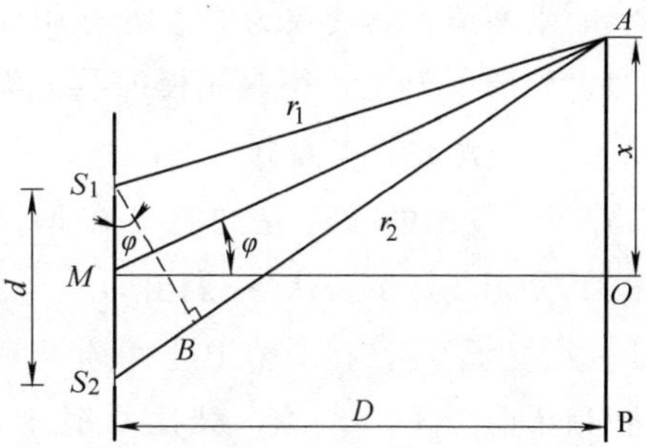

图 9-4 杨氏双缝干涉条纹的计算

所以 $$\delta = r_2 - r_1 \approx d\tan\varphi = d\,\frac{x}{D}$$

如果 $$\delta = r_2 - r_1 = d\,\frac{x}{D} = \pm k\lambda$$

即 $$x = \pm k\,\frac{D}{d}\lambda \quad (k = 0, 1, 2, 3, \cdots) \tag{9-1}$$

则两光波在 A 点互相加强，A 点处出现明条纹，在 O 点，$x=0$，即 $k=0$，因此 O 点处出现明条纹，称为中央明条纹。与 $k=1$，2，3，…对应的明条纹称为第 1 级、第 2 级、第 3 级、…明条纹。

如果 $$\delta = r_2 - r_1 = d\,\frac{x}{D} = \pm(2k-1)\frac{\lambda}{2}$$

即 $$x = \pm(2k-1)\frac{D}{d}\,\frac{\lambda}{2} \quad (k = 1, 2, 3, \cdots) \tag{9-2}$$

则两光波在 A 点互相削弱，A 点处出现暗条纹。

两相邻明条纹或暗条纹的间距都是

$$\Delta x = \frac{D\lambda}{d} \tag{9-3}$$

干涉条纹是等距离分布的，而且各级明暗条纹对称地分布在中央明条纹的两侧。

若已知 d、D 各量，又测出相邻的明条纹或暗条纹的距离 Δx，由式（9-3）可以算出单色光的波长 λ。由式（9-3）还可以看到，若 d 与 D 的值一定时，则相邻明条纹间的距离 Δx 与入射光的波长成正比，波长小（如紫光）的条纹间距比波长大（如红光）的条纹间距为小，因此，若用白光照射，则在中央明条纹（白色）的两侧，将出现各级彩色明条纹。

杨氏干涉实验的成功，为光的波动理论确立了实验基础。杨氏还根据他的实验推算出光的波长，在历史上第一次测定了这个重要的物理量。

二、菲涅耳双面镜实验

1818 年，菲涅耳在杨氏双缝实验的基础上进行了很多实验，主要的有双面镜实验和双棱镜实验。双面镜实验装置如图 9-5a 所示，M_1 和 M_2 是两个交角很小的平面镜，其交线为 C，夹角为 ε。为了不使点光源（或缝光源）S 的光直接照射到屏幕 P 上，用遮光板 L 将光源 S 和屏幕 P 隔开。反射镜 M_1、M_2 把光源 S 发出的光波波阵面分为两部分，一部分是从 M_1 反射出来的，这部分光波好像是从 S_1 发出的，S_1 是光源 S 在 M_1 中的虚像，另一部分是从 M_2 反射出来的，这部分光波好像是从 S_2 发出的，S_2 是 S 在 M_2 中的虚像。这两部分光波在相遇区域发生干涉，在屏幕 P 上可看到明暗相间的条纹，如图 9-5b 所示。S_1 和 S_2 相当于两个相干光源，类比双缝干涉，两相邻明条纹（或暗条纹）之间的距离为

$$\Delta X=\frac{D\lambda}{d}$$

令 S_1 与 S_2 之间的距离为 d，由图 9-6 可看出 $SC=S_1C=S_2C=r$，α、β、ε 和 2θ 各角之间的关系式为

$$2\theta=2\beta-2\alpha,\quad \beta=\alpha+\varepsilon$$

由上两式可得

$$\theta=\varepsilon$$

则

$$O_1C=r\cos\theta=r\cos\varepsilon,$$

$$d=2SC\sin\theta=2r\sin\varepsilon,\quad CO=l$$

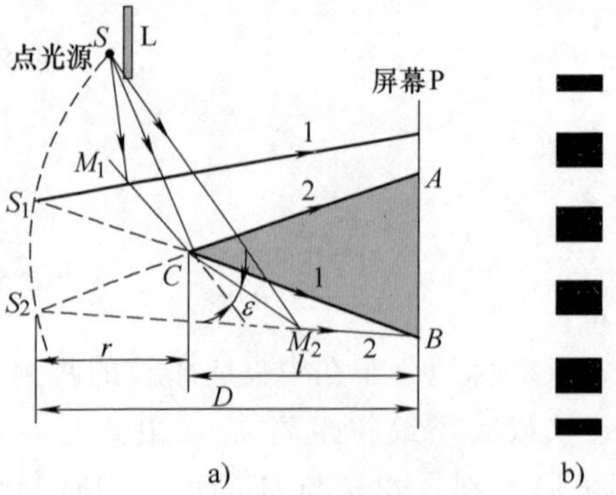

图 9-5　双面镜实验

a）实验装置示意图　b）干涉条纹

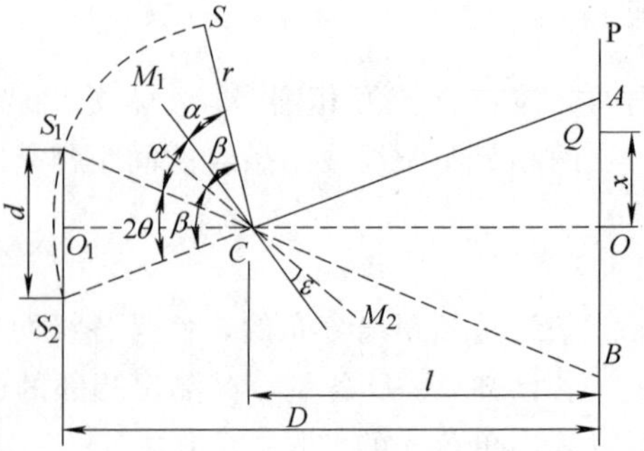

图 9-6　双面镜干涉条纹的计算

从而得两相邻条纹之间的距离

$$\Delta x=\frac{D\lambda}{d}=\frac{l+r\cos\varepsilon}{2r\sin\varepsilon}\lambda \tag{9-4}$$

三、洛埃镜实验——半波损失

洛埃镜实验原理如图 9-7 所示，用一块背面涂黑的平玻璃 ML 作为反射镜，狭缝光源 S_1 置于离反射镜相当远但却又很接近镜平面的地方。S_1 发出的光线的一部分直接射到光屏 P 上，另外一部分以很大的入射角射到反射镜上，再反射到光屏 P 上，这部分光就好像是由虚光源 S_2 发出的一样，S_1 与 S_2 构成一对相干光源。图中画有阴影的区域表示相干光叠加的区域，这时，处在阴影区域的屏幕上可以观察到明暗相间的干涉条纹。

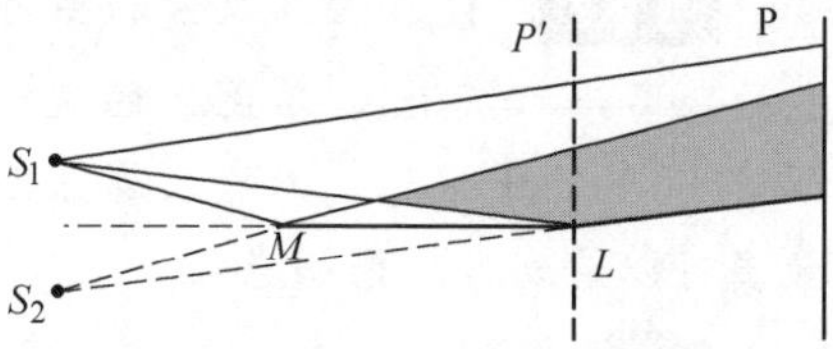

图 9-7 洛埃镜实验原理

在实验中发现的一个重要现象是：当把屏幕移到与镜端接触，即图 9-7 中 $P'L$ 的位置上时，屏幕与镜端处出现的是暗条纹。因为在接触处，从 S_1、S_2 发出的光的路程相等，所以预料此处应该是相长干涉，是明条纹，但实际上观察到的却是暗条纹，这表明两束光的相位差是 π。由于入射光不可能有相位的变化，所以只能认为光从空气射入玻璃发生反射时，反射光有大小为 π 的相位突变。

上面的事实表明：当光波从折射率较小的光疏媒质射向折射率较大的光密媒质而在两媒质的界面发生反射时，反射光的相位改变了 π。因为光的相位改变 π 就相当于光多走了半个波长的波程，因而称这种现象为“半波损失”。洛埃镜实验指出了这一重要事实：光波由光疏媒质入射到光密媒质而发生反射时，反射光会发生“半波损失”。

例 9-1 以单色光照射到相距为 0.2mm 的双缝上，双缝与屏幕的垂直距离为 1m。(1) 从第一明条纹到同侧旁第四明纹间的距离为 7.5mm，求单色光的波长；(2) 若入射光的波长为 6000Å（$1\text{Å}=10^{-10}$m），求相邻两明条纹间的距离。

解 (1) 根据双缝干涉明条纹的条件

$$x=\pm k\frac{D}{d}\lambda \quad (k=0,1,2,\cdots)$$

将 $k=1$ 和 $k=4$ 代入上式得

$$\Delta x_{14}=x_4-x_1=\frac{D}{d}(k_4-k_1)\lambda$$

得

$$\lambda=\frac{d}{D}\frac{\Delta x_{14}}{(k_4-k_1)}=\frac{d}{D}\frac{\Delta x_{14}}{D(4-1)}$$

已知 $d=0.2\text{mm}$，$\Delta x=7.5\text{mm}$，$D=1000\text{mm}$ 代入上式得

$$\lambda=\frac{0.2\times7.5}{1000\times3}\text{mm}=5\times10^{-4}\text{mm}=5000\text{Å}$$

（2）当 $\lambda=6000\text{Å}$ 时，相邻两明条纹间的距离为

$$\Delta x=\frac{D}{d}\lambda=\frac{1000}{0.20}\times6\times10^{-4}\text{mm}=3.0\text{mm}$$

例 9-2　设菲涅耳双镜的夹角 $\varepsilon=10^{-3}\text{rad}$，单色狭缝光源 S 与两镜相交处 C 的距离 $r=0.50\text{m}$，单色光的波长 $\lambda=5000\text{Å}$，从两镜相交处到屏幕 P 的距离 $l=1.50\text{m}$（图 9-6），（1）求屏幕上两相邻明条纹之间的距离；（2）问在屏幕上最多可以看到多少条明条纹？

解　（1）将 $\lambda=5000\text{Å}=0.5\times10^{-6}\text{m}$，$r=0.50\text{m}$，$l=1.50\text{m}$ 代入式（9-4），并注意到因 ε 很小，所以 $\cos\varepsilon\approx1$，$\sin\varepsilon\approx\varepsilon=10^{-3}$，得

$$\Delta x=\frac{l+r\cos\varepsilon}{2r\sin\varepsilon}\lambda=\frac{(1.50+0.50)\times0.5\times10^{-6}}{2\times0.50\times10^{-3}}\text{m}=0.001\text{m}=1\text{mm}$$

（2）屏幕上可能出现的明条纹最大数位，决定于虚光源 S_1 和 S_2 发出的光线在屏幕上相互重叠的范围。如果延长 S_1C 线到屏幕上的 B 点，延长 S_2C 线到屏幕上的 A 点，（图 9-6），在双镜足够长的条件下，AB 就是这个范围，从图可得

$$AO=CO\tan\varepsilon\approx CO\cdot\varepsilon=1.50\times10^{-3}\text{m}=1.5\text{mm}$$

即屏幕上除 O 点为明条纹外，O 的两边各有一明条纹，一共最多出现三条明条纹。

第三节　光程和光程差　薄透镜的一个性质

一、光程和光程差

上节在讨论光的干涉条件时，仅限于相干光在同一媒质中传播的情况，此时它们在相遇点的相位差为 $\Delta\varphi=\frac{2\pi}{\lambda}(r_2-r_1)$，只决定于这两个光波的几何路程之差（即波程差）。但是，当相干光在不同媒质中传播而相遇时，要计算它们的相位差，就必须引入光程的概念。

已知单色光的频率在不同媒质中是恒定不变的。在折射率为 n 的光媒质中，光速 v 是真空光速 c 的 $1/n$。所以在这种媒质中，单色光的波长 λ_n' 将是真空中波长的 $1/n$，即

$$\lambda_n'=\frac{v}{\nu}=\frac{c}{n\nu}=\frac{\lambda}{n}$$

由于 $n>1$，所以光在媒质中的波速和波长总要比真空中的小。

波传过一个波长的距离，相位变化 2π，若光波在媒质中传播的几何路程为 r，则相位的变化为

$$\Delta\varphi=2\pi\frac{r}{\lambda'}=2\pi\frac{nr}{\lambda}$$

即光波在媒质中传播时，其相位的变化不但与光波传播的几何路程以及光在真空中的波长有关，而且还与媒质的折射率有关。如果对于任意媒质，都采用真空中的波长 λ 来计算相位变化，那么就需要把媒质中的几何路程 r 乘以折射率 n。也就是说，就相位变化而言，单色光在折射率为 n 的媒质中所通过的几何路程 r，相当于在真空中通过了 nr 的几何路程。折射率 n 和几何路程 r 的乘积 nr 叫作光程。引进光程这一概念后，我们就可以把单色光在不同媒质中的传播都折算为该单色光在真空中的传播。由此可见，两束相干光通过不同的媒质后，在空间某点相遇时所产生的干涉现象与两者的光程差（用符号 δ 表示）有关，而不决定于两者的几何路程差。

两束相干光在相遇点处的相位差可用光程差表示为

$$\Delta\varphi=2\pi\frac{\delta}{\lambda} \tag{9-5}$$

则决定明暗条纹的干涉条件为

$$\Delta\varphi=2\pi\frac{\delta}{\lambda}=\begin{cases}2k\pi & (k=0,1,2,\cdots) \quad 加强\\(2k+1)\pi & (k=0,1,2,\cdots) \quad 减弱\end{cases}$$

或

$$\delta=n_2r_2-n_1r_1=\begin{cases}2k\dfrac{\lambda}{2} & (k=0,1,2,\cdots) \quad 加强\\(2k+1)\dfrac{\lambda}{2} & (k=0,1,2,\cdots) \quad 减弱\end{cases}$$

二、薄透镜的一个性质

在观察光的干涉现象和衍射现象时，经常要使用透镜，需要说明的是，近轴光线经过透镜折射以后并不会引起附加的光程差。由几何光学的理论可知，从实物发出的不同光线，经不同路径通过透镜能聚成一个明亮的实像，这说明从物点到像点，各光线经历相同的相位差，也就是经历相等的光程。如图 9-8 所示，S 是放在透镜 L 主轴上的点光源，S' 是透镜对 S 所成的实像。S 发出的球面波波阵面到

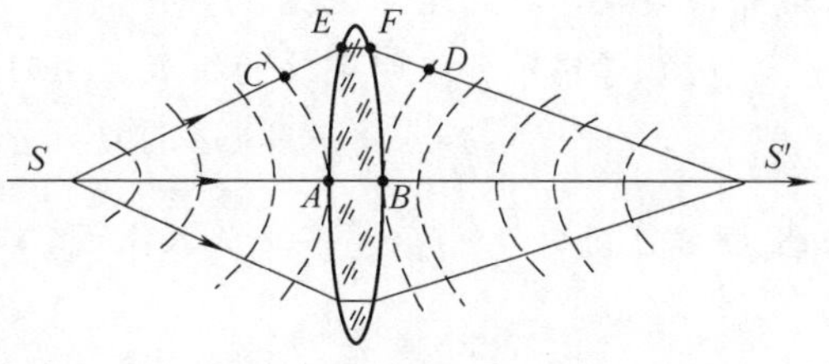

图 9-8 近程光通过透镜的光程

达 CA 位置处，光线 SA 和 SC 是等光程的；当光线 SA 通过透镜到达 B 时，在相同时间内，光线 SC 则在透镜上 E、F 两点处相继折射而到达 D，几何路程 $CEFD$ 虽较 AB 为长，但两者的光程相等；以后，球面波波阵面从 BD 逐渐会聚到达像点 S'，光线 BS' 和 DS' 也是等光程的，即点光源 S 的球面波经透镜之后，成为聚向像点 S' 的球面波，从 S 到 S' 的各光线有相等的光程。

又如图 9-9 所示，平行光束通过透镜后，会聚于焦平面上，相互加强成一亮点。在平行光束波前上各点（如图 9-9 中 a、b、c 各点）的相位相同，到达焦平面后相位仍然相同，因而相互加强。可见，从 a、b、c 各点到 F 点的光程都相等。可理解为，虽然光 aF 比光 bF 经过的几何路程长，但是光 bF 在透镜中经过的路程比光 aF 的长，而透镜的折射率大于 1，因此折算成光程，aF 的光程与 bF 的光程相等。对于斜入射的平行光，它们会聚于焦平面上 F' 点。类似讨论可知 aF，bF，… 的光程均相等（图 9-9b）。因此，在观察干涉现象时，使用薄透镜不引起附加的光程差。

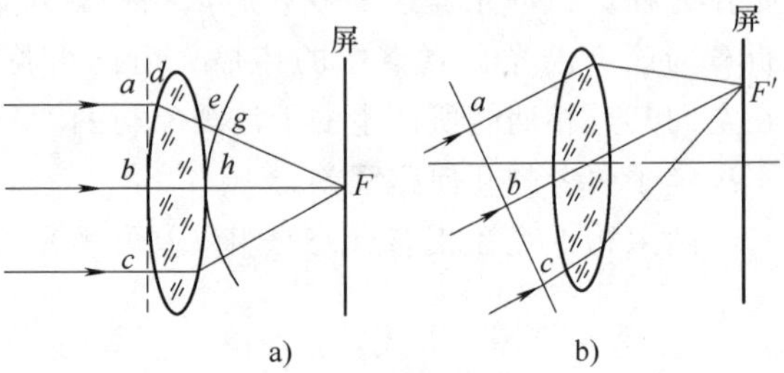

图 9-9　平行光通过透镜的光程

例 9-3　在杨氏双缝装置中，若在下缝后放一折射率为 n、厚为 l 的透明媒质薄片，如图 9-10 所示。(1) 求两相干光到达屏上任一点 P 的光程差；(2) 分析加媒质片前后干涉条纹的变化情况。

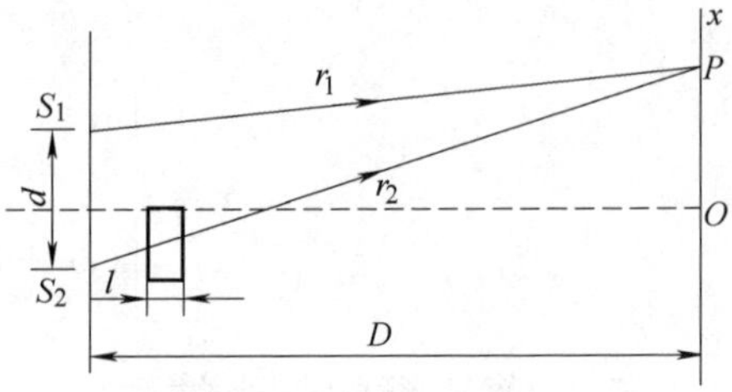

图 9-10　例 9-3 图

解　(1) 设 $S_1P=r_1$，$S_2P=r_2$，P 点的坐标为 x。加媒质片后两束光到达 P 点的光程差

$$\delta=[(r_2-l)+nl]-r_1$$
$$=r_2-r_1+(n-1)l$$

将此结果与未加媒质片时比较，可见此时屏幕上每一点的光程差都发生了变化，故干涉条纹亦将发生变化。

(2) 考察第 k 级明条纹的位置。由明条纹条件

$$\delta=r_2-r_1+(n-1)l=\pm k\lambda \qquad (k=0,1,2,\cdots)$$

当 $D\gg d$ 时，$r_2-r_1=\dfrac{d}{D}x$，代入上式，可求得第 k 级明条纹的位置为

$$x_k'=\pm k\frac{D}{d}\lambda-(n-1)l\frac{D}{d}$$

与未加媒质片时 $x_k=\pm k\dfrac{D}{d}\lambda$ 比较，加媒质片后第 k 级明纹的位移为

$$\Delta S_k=x_k'-x_k=-(n-1)\frac{D}{d}l$$

因 ΔS_k 与 k 无关，可知所有条纹都向 x 轴负向移动了相同的距离，即整个干涉图样向下平移，条纹间距不变。

第四节 薄膜干涉

上节中我们讲的双缝干涉是利用分波振面法产生的干涉，所用的光源是点光源或细缝光源。本节我们介绍的薄膜干涉是利用分振幅法产生的干涉，光源一般是扩展光源。我们在日常生活中见到的阳光下肥皂膜上的彩色条纹以及玻璃窗上有油膜时的彩色花纹都是薄膜干涉的例子。

如图 9-11 所示，折射率为 n_2 的薄膜处于折射率为 n_1 的均匀媒质中（$n_1<n_2$），AB、CD 分别为薄膜的上下两界面。从面光源上一点 S 发出的光线 1 以入射角 i 投射到界面上的 a 点后，分为两部分，一部分是反射线 2，另一部分进入薄膜并在界面 CD 上反射，再经界面 AB 折射而出，成为光线 3。显然，光线 2、光线 3 是两条平行光线，经透镜 L 会聚于 P 点，由于光线 2、光线 3 是同一入射光的两部分，只是经历了不同的路径而有恒定的相位差，因此，它们是相干光，在 P 点会发生干涉现象。

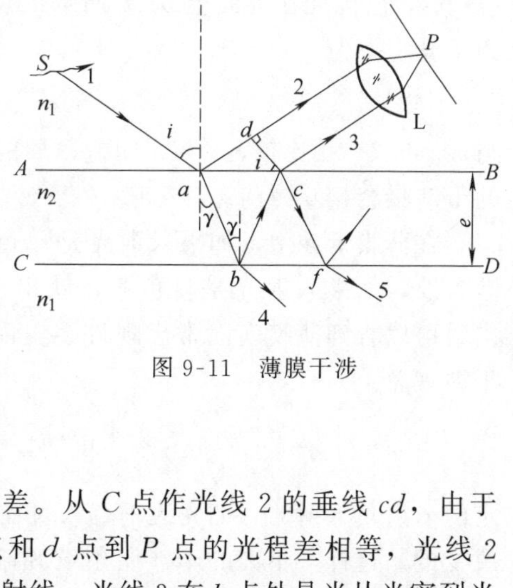

图 9-11 薄膜干涉

现在我们讨论光线 2 和光线 3 的光程差。从 C 点作光线 2 的垂线 cd，由于透镜不会引起附加的光程差，所以从 c 点和 d 点到 P 点的光程差相等，光线 2 在 a 点处是光从光疏到光密媒质界面的反射线，光线 3 在 b 点处是光从光密到光疏媒质界面的反射线，由于半波损失而使光线 2 和光线 3 之间有半波长的附加光程差，因此，光线 2 和光线 3 的光程差为

$$\delta=n_2(ab+bc)-n_1ad+\frac{\lambda}{2} \tag{9-6}$$

设薄膜的厚度为 e，由图中可以看出

$$ab=bc=e/\cos\gamma$$
$$ad=ac\sin i=2e\tan\gamma\sin i$$

把以上两式代入式（9-6），得

$$\delta=2\frac{e}{\cos\gamma}(n_2-n_1\sin\gamma\sin i)+\frac{\lambda}{2}$$

根据折射定律 $n_1\sin i=n_2\sin\gamma$，上式可以写成

$$\delta=\frac{2e}{\cos\gamma}n_2(1-\sin^2\gamma)+\frac{\lambda}{2}=2n_2e\sqrt{1-\sin^2\gamma}+\frac{\lambda}{2}=2e\sqrt{n_2^2-n_1^2\sin^2 i}+\frac{\lambda}{2} \tag{9-7}$$

于是，干涉条件为

$$\delta=2e\sqrt{n_2^2-n_1^2\sin^2 i}+\frac{\lambda}{2}=\begin{cases}2k\dfrac{\lambda}{2} & (k=1,2,3,\cdots) \quad 加强\\ (2k+1)\dfrac{\lambda}{2} & (k=0,1,2,\cdots) \quad 减弱\end{cases} \tag{9-8}$$

透射光也有干涉现象。如图9-11所示，光线 ab 中有一部分直接从 b 点折射出光线4，同时还有一部分经 b 点和 c 点两次反射后由 f 点折射出光线5。由于 $n_1<n_2$，所以光在界面上 b、c 两点的反射均无半波损失，因此光线4和光线5的总光程差为

$$\delta'=2e\sqrt{n_2^2-n_1^2\sin^2 i}$$

与式（9-7）相比较，δ' 与 δ 相差 $|\lambda/2|$，即当反射光的干涉相互加强时，透射光的干涉将会相互减弱。

在薄膜干涉中，如果入射光是单色光，薄膜表面上将会出现明暗相间的干涉条纹，如果入射光是复色光，就出现彩色条纹。所以，阳光照射在薄膜上，肉眼可以看到薄膜表面常出现许多美丽的彩色条纹，这就是宽广光源所产生的干涉现象。

由 $\delta=2e\sqrt{n_2^2-n_1^2\sin^2 i}+\dfrac{\lambda}{2}$ 可知，如果薄膜的厚度各处不等，而光线是以一定的入射角入射的（如光线垂直入射在薄膜表面），则光程差是随薄膜的厚度而改变的。这样，不同的干涉明条纹和暗条纹处的厚度不同，而同一干涉条纹上各点的厚度是相同的，所以这种干涉条纹叫等厚干涉条纹。关于等厚干涉条纹将在下节进行详细讨论。如果薄膜是平行平面膜，则由光程差的式子可知，对于厚度均匀的平面膜（e 到处一样）来说，光程差是随光线的倾角（指入射角 i）而改变的。这样，不同的干涉明条纹和暗条纹，相应地具有不同的倾角，而同一干涉条纹上的各点都具有同一的角，因此这种干涉条纹叫作等倾干涉条纹。等倾条纹的形状与透镜的方位有关，当透镜的轴与薄膜垂直时，条纹是一系列同心圆环，其中心对应于入射角 $i=0$ 的光线，如图9-12所示。图中光线1、1′垂直投射到电解质薄板上，经薄板反射后会聚在圆环中心 O 点。光线2、2′的入

射角相同，经过反射后分别会聚在同一条纹上的 a 点和 b 点。由面光源上各点发出的互相平行的光线（例如平行于光线 2 或 2′的光线）经过薄板反射后都相遇于同一条纹上同一点（a 点或 b 点），所以扩展的面光源可使干涉图样总的光强增加。

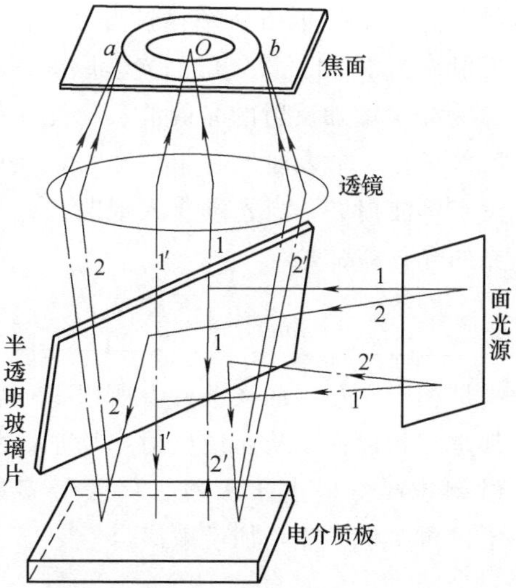

图 9-12　平行平面膜干涉的应用

（1）增透膜　在比较复杂的光学系统中，光能的反射损失比较严重，对于一个由六个透镜组成的光学系统，光能的反射损失约占一半左右，所以必须消除或减少反射光。有效的办法是在光学元件表面上镀一层厚度适当的透明介质膜，成为增透膜或减反膜。

如图 9-13 所示，一玻璃光学元件，其折射率为 $n_1=1.50$，在它上面镀一层折射率为 $n_2=1.38$ 的透明氟化镁（MgF_2）。设光线垂直投射在氟化镁薄膜上，即入射角 $i=0$，光线在薄膜上下表面反射时都有半波损失，所以半波损失互相抵消，即由式（9-7）可得图 9-13 中光线 1、2 的光程差为 $\delta=2n_2e$，当

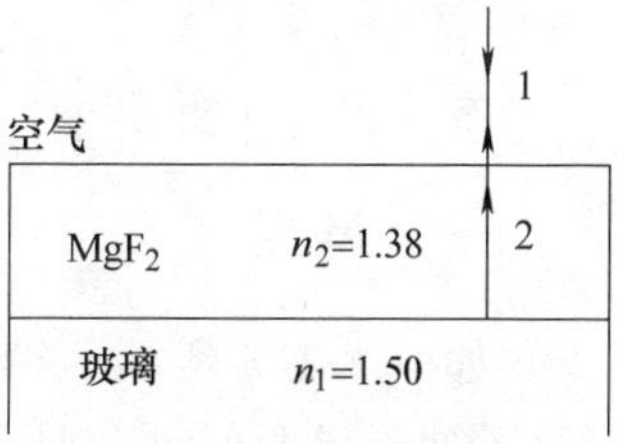

图 9-13　增透膜

$$\delta=2n_2e=(2k+1)\lambda_0/2 \quad (k=0,1,2,\cdots)$$

时，波长为 λ_0 的反射光互相减弱，因而反射最少，根据能量守恒定律，反射光减少，透射光就增强了。所以，这样的薄膜能减少反射光而增加透射光的光强，故称为增透膜。n_2e 称为光学厚度。由上式看出，当光学厚度 $n_2e=\lambda_0/4$，$3\lambda_0/4$，… 时，反射率（反射光占入射光的百分率）最小。例如，对于波长 $\lambda_0=5500\text{Å}$ 的绿光，当光学厚度

$$n_2e=\frac{3}{4}\lambda_0=\frac{3}{4}\times5500\text{Å}=4125\text{Å}$$

时，反射率最小。这是在光束正入射的情况下对波长为 λ_0 的光而言，如果光束中包含有其他波长的光，薄膜对其他波长的光的反射率就不是最小。

（2）增反膜　镀膜可以减少反射，增加透射，同样，镀膜也可以增加反射，减少透射。例如 He-Ne 激光器中的谐振控的反射膜就是用镀多层膜（15 层到 17 层）的办法，使它对波长 $\lambda_0=6328\text{Å}$ 的激光的反射率达到 99%以上的。

镀多层膜就是在玻璃表面上交替地镀上高折射率的薄膜（H）和低折射率的薄膜（L）多层，如图 9-14 所示。常用的高折射率材料为硫化锌（ZnS），其折

射率为 2.35，低折射率材料为氟化镁（MgF_2），其折射率为 1.38。每一层的光学厚度都是 $\lambda_0/4$，其中 λ_0 为要求增加反射的光的波长。光在每一层膜上的反射只在一个表面上有半波损失，在另一个表面上没有半波损失。当光垂直入射时，每一膜层的反射光的光程差都是

$$\delta=2ne+\frac{\lambda_0}{2}=2\times\frac{\lambda_0}{4}+\frac{\lambda_0}{2}=\lambda_0$$

满足相干光互相加强条件，所以每一膜层的反射光都是互相加强，从而使反射率增加。膜层越多，反射率越高。但由于吸收，一般最多镀 15 层到 17 层，再多也不能增加反射率。

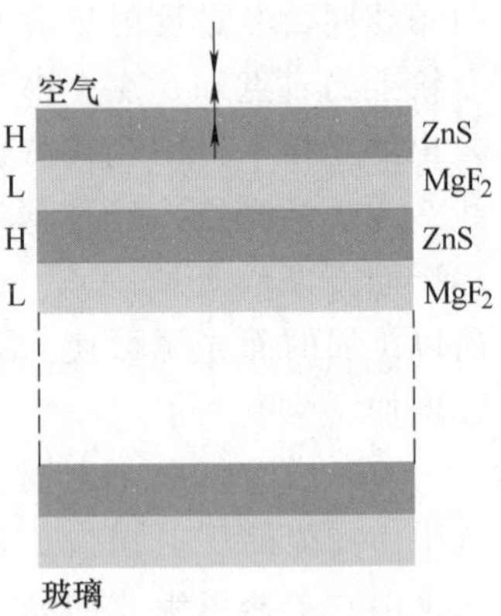

图 9-14　多层镀膜

第五节　等 厚 干 涉

本节主要介绍等厚干涉在实际中应用较广泛的例子：劈尖和牛顿环。

一、劈尖

如图 9-15a 所示，两块平面玻璃片，一端互相叠合，另一端夹一薄纸片（为了便于说明问题和易于作图，图中纸片的厚度特别予以放大），这时，在两玻璃片之间形成的空气薄膜称为空气劈尖（两玻璃板之间还可以是其他的流体层形成的劈尖）。两玻璃片的交线称为棱边，在平行于棱边的线上，劈尖的厚度是相等的。如果用单色光照射劈尖，劈尖上下表面的反射光在上表面相遇干涉，可以观察到平行于棱边的明暗相间的干涉条纹，如图 9-15b 所示。

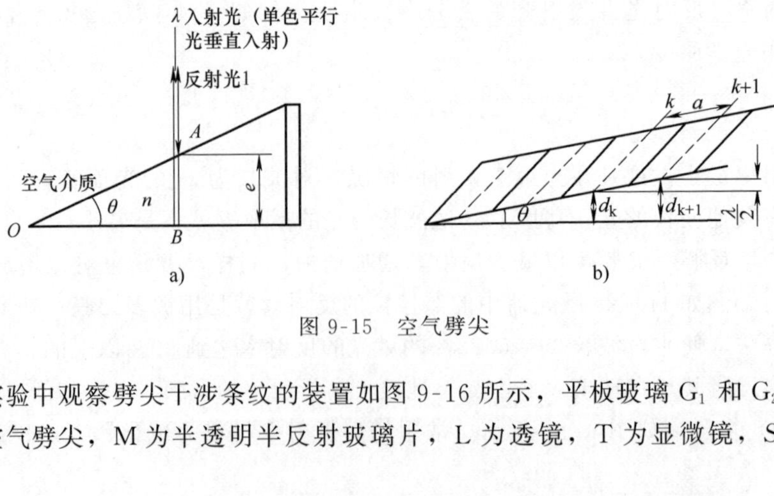

图 9-15　空气劈尖

实验中观察劈尖干涉条纹的装置如图 9-16 所示，平板玻璃 G_1 和 G_2 之间形成一空气劈尖，M 为半透明半反射玻璃片，L 为透镜，T 为显微镜，S 为放在

透镜 L 焦点上的单色光源。自 S 发出的光经透镜 L 后成为平行光，经 M 反射后射向劈尖（即垂直照射，$i=0$）。自劈尖上、下两面反射回来的光构成相干光，从显微镜 T 中可观察到放大了的明暗相间、均匀分布且平行于劈尖棱边的干涉条纹。相邻两明条纹（或暗条纹）中心间的距离通常叫作条纹宽度。

如图 9-17 所示，d 为纸片厚度，L 为玻璃片长度，θ 为两玻璃片的夹角，也称为劈尖的顶角。劈尖是空气，它的折射率 n 比玻璃的折射率 n_1 要小。光线在空气劈尖的上表面（玻璃-空气分界面）和下表面（空气-玻璃分界面）反射时形成相干光线。由于 $n<n_1$，则光线在空气劈尖的上表面反射时没有半波损失，而在下表面反射时有半波损失，则上、下表面反射的两相干光的光程差为

$$\delta=2ne+\frac{\lambda}{2}$$

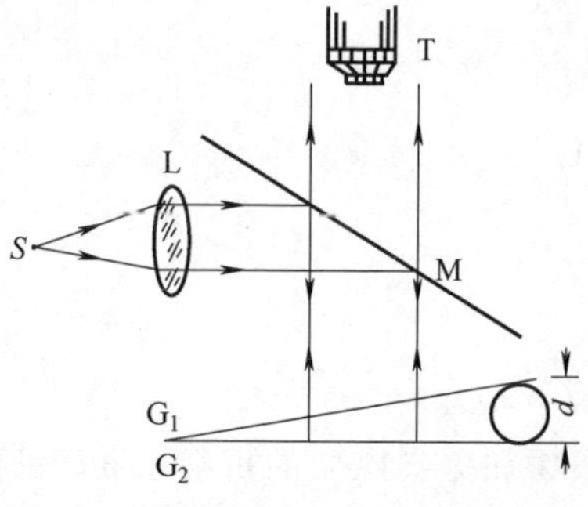

图 9-16 观察劈尖干涉的装置示意图

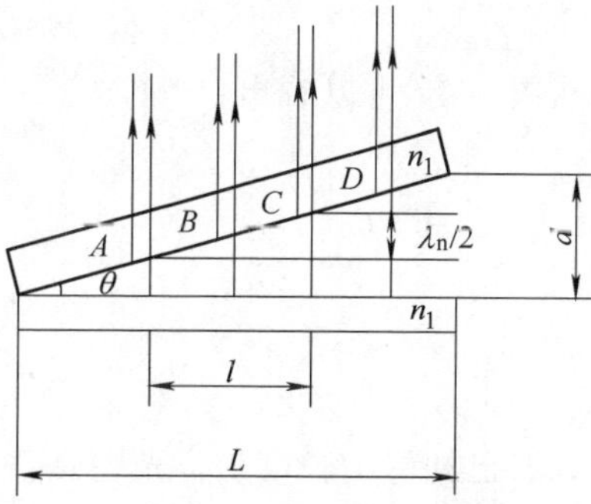

图 9-17 劈尖干涉条纹的形成

在厚度 e 处出现明暗条纹的条件为

$$\delta=2ne+\frac{\lambda}{2}=\begin{cases}2k\dfrac{\lambda}{2} & (k=1,2,\cdots) \quad \text{明条纹}\\(2k+1)\dfrac{\lambda}{2} & (k=0,1,2,\cdots) \quad \text{暗条纹}\end{cases} \tag{9-9}$$

每一明条纹或暗条纹与一定的整数 k 相对应，k 为条纹的级次，由式（9-9）可知，当 k 一定时，e 也就确定了，所以在每一条纹处，劈尖的厚度是一定的。由式（9-9）求出出现明条纹和暗条纹处劈尖的厚度分别为

$$e=\begin{cases}\dfrac{2k-1}{4n}\lambda & (k=1,2,3,\cdots) \quad \text{明条纹}\\\dfrac{k}{2n}\lambda & (k=0,1,2,\cdots) \quad \text{暗条纹}\end{cases} \tag{9-10}$$

在劈尖的棱边处，劈尖厚度 $e=0$（对应于 $k=0$），光程差为 $\lambda/2$，即此处为暗条纹，就是说劈尖的棱边上出现暗条纹。这和实际观察到的现象是相符合的，是“半波损失”的又一个有力证据。

由式（9-10）可以求得两相邻明条纹或两相邻暗条纹处对应的劈尖的厚度差相等，且为

$$\Delta e=e_{k+1}-e_k=\lambda/2n=\lambda_n/2 \tag{9-11}$$

设在图 9-17 中，A 处为第 k 级明条纹中心，C 处为第 $k+1$ 级明条纹中心，B 处为第 k 级暗条纹中心，D 处为第 $k+1$ 处暗条纹中心，l 为两相邻明条纹或暗条纹之间的距离，则由图中可得

$$l\sin\theta=e_{k+1}-e_k=\frac{k+1}{2n}\lambda-\frac{k}{2n}\lambda=\frac{\lambda}{2n}=\frac{\lambda_n}{2}$$

θ 越小，l 就越大，即干涉条纹越疏；θ 越大，l 就越小，即干涉条纹越密。所以，只当 θ 相当小时才能看到干涉条纹，否则，由于条纹过密就看不到干涉条纹了。

一般劈尖的夹角 θ 很小，$l\sin\theta=l\theta$，上式可以写为

$$l\theta=\lambda/2n=\lambda_n/2$$

从图 9-17 可以看出：

$$\theta\approx\frac{d}{L},\ \theta\approx\frac{\frac{\lambda_n}{2}}{l}$$

则

$$d=\frac{\lambda_n}{2l}L=\frac{\lambda}{2nl}L \tag{9-12}$$

所以，若已知劈尖长度 L、光在真空中的波长 λ 和劈尖媒质的折射率 n，只要测出相邻暗条纹（或明条纹）间的距离，就可从式（9-12）中求出纸片的厚度 d。实际应用中经常用劈尖干涉条纹测定微小的厚度。例如在制造半导体元件时，经常要利用此方法测定硅片上生成的一层很薄的二氧化硅薄膜的厚度。

劈尖干涉在生产实际中还有很多应用，下面再举两个例子来说明。

（1）检查表面的不平度　取一块表面是光学平面的标准玻璃块放在另一块待检查的玻璃片或金属磨光面上，当它们相互压紧时，从一边稍加压力，则在这两个面之间将形成一夹角很小的劈尖。如果被检查的面是光学平面，则等厚条纹是互相平行的等距离的直条纹，如图 9-18a 所示；如果被检查的面与光学

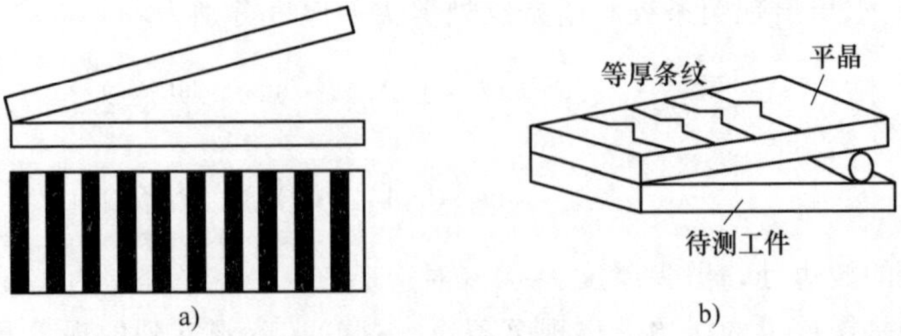

图 9-18　利用等厚干涉检测平面质量

面有差别，则等厚条纹是弯曲的，如图 9-18b 所示。时而压玻璃的这一边，时而压玻璃的那一边，以改变劈尖棱边的位置，就可以沿各个方向检查表面的不平度。

（2）干涉膨胀仪　从劈尖的干涉可知，如将空气劈尖的上表面或下表面往上或往下平移 $\lambda/2$ 的距离，则光线在劈尖中往返一次所引起的光程差就增加或减少一个 λ。这时劈尖表面上每一点的干涉条纹都要发生明—暗—明（或暗—明—暗）的变化，即原来亮的地方变暗后又变亮，原来暗的地方变亮后又变暗，看起来就好像干涉条纹在水平方向移动了一条。根据这样的分析，如视场中某一点处条纹移过 m 条，则该点处对应的劈尖空气膜的厚度改变量为

$$\Delta h = m\frac{\lambda}{2} \tag{9-13}$$

即只要数出在视场中条纹移过的数目 m，就能测得劈尖表面移动的距离。干涉膨胀仪就是利用这个原理制造成的，图 9-19 是干涉膨胀仪结构示意图。它有一个用热膨胀系数很小的石英或殷钢制成的套框，套框里面放置一上表面磨成稍微倾斜的样品，套框顶上放一平板玻璃，因此，在玻璃和样品之间构成一空气劈尖。由于套框的热膨胀系数很小，所以可以认为空气劈尖的上表面不会因温度的变化而移动。当样品受热膨胀时，劈尖下表面的位置升高，使干涉条纹发生移动，测出条纹移过的数目，由式（9-13）就可算得劈尖下表面的升高量，从而求出样品的热膨胀系数。

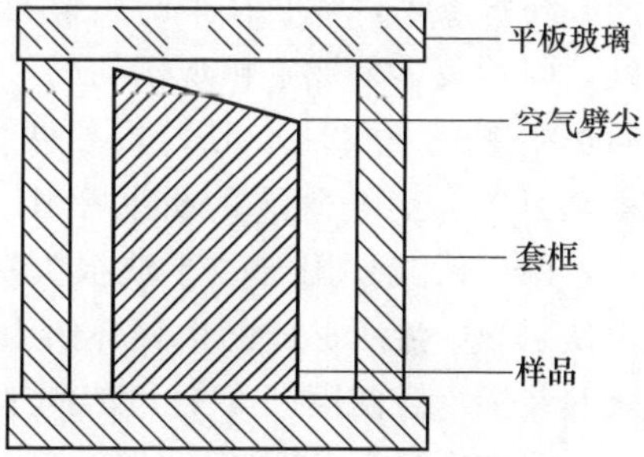

图 9-19　干涉膨胀仪结构示意图

例 9-4　在检测某工件表面平整度时，观察到如图 9-20 所示的干涉条纹。如用 $\lambda = 5500\text{Å}$ 的光照射，则观察到正常条纹间距 $l = 2.25\text{mm}$，条纹弯曲处最大的畸变量 $b = 1.54\text{mm}$。问该工件表面有什么样的缺陷？其深度或高度如何？

解　过条纹最大畸变处 M 作直线 MD' 平行于其他平直条纹。如平面无缺陷，M 点处空气厚度应与 D' 处相等。M 与 C、D 在同一条纹上，也即在同一等厚度线上，因 D 处膜厚大于 D' 处，即 M 点处空气厚度大于 D' 处，故 M 处缺陷为下凹，其深度可以从 D 与 D' 处空气膜厚度差求出。因水平方向相隔一个条纹，膜厚度变化为 $\lambda/2$，故凹陷

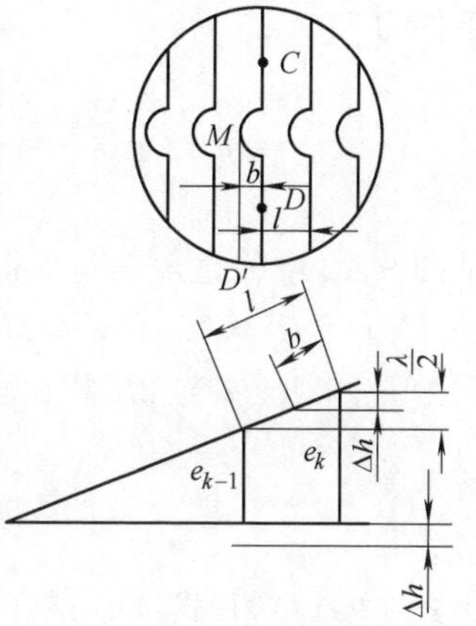

图 9-20　例 9-4 图

深度（从图中几何关系也可以得到）为

$$\Delta h=\frac{b}{l}\,\frac{\lambda}{2}=\frac{1.54\times5.5\times10^{-4}}{2.25\times2}\text{mm}=1.88\times10^{-4}\text{mm}=0.188\mu\text{m}$$

二、牛顿环

前面我们讨论的劈尖干涉中，组成劈尖的上下两个表面都是平面，当单色光垂直入射时，它的干涉条纹是均匀分布的直条纹。如果劈尖的一个表面呈弯曲状，则条纹分布就不均匀了。现将曲率半径很大的平凸透镜 L 放在平玻璃板 D 上（图 9-21），让凸的一面和平玻璃板接触，则在透镜和平玻璃板之间形成一个上表面为球面，下表面为平面的劈尖式空气层。由于这里空气劈尖的等厚轨迹是以接触点为圆心的一系列同心圆，所以当单色光垂直入射时，形成的干涉条纹应是一圈圈明暗相间的同心环状条纹，环心在平凸透镜与平玻璃板接触点 O 处，因其最早是被牛顿观察到的，所以这种干涉条纹叫作牛顿环。在环心处，虽然两反射光的路程差为零，但由于空气薄层的折射率比上下媒质的折射率小，两反射光要附加“半波损失”的光程差，因此，由反射光干涉所形成的牛顿环的中心为暗斑。牛顿环实验装置示意图同图 9-16 劈尖实验装置示意图。

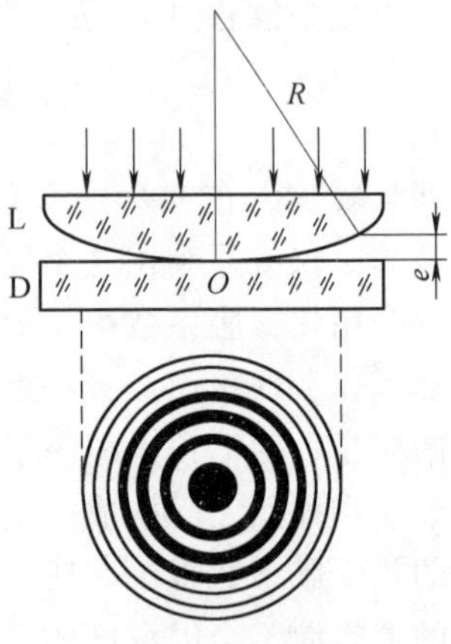

图 9-21　牛顿环

现在来计算各明暗圆环的半径 r 与光波波长 λ 及平凸透镜的曲率半径 R 之间的关系。和劈尖情形类似，在空气层厚度为 e 处，从空气层上下表面反射的光的光程差 $\delta=2e+\frac{\lambda}{2}$（因空气的折射率 $n=1$），所以厚度为 e 处出现明暗圆环的条件为

$$\delta=2e+\frac{\lambda}{2}=\begin{cases}k\lambda & (k=1,2,3,\cdots) \quad \text{明环}\\(2k+1)\frac{\lambda}{2} & (k=0,1,2,\cdots) \quad \text{暗环}\end{cases}\tag{9-14}$$

从图 9-22 中的直角三角形得

$$r^2=R^2-(R-e)^2=2Re-e^2=e(2R-e)$$

因为 $e\ll2R$，e 与 $2R$ 相比较可略去，故由上式得

$$e=\frac{r^2}{2R}\tag{9-15}$$

由式（9-14）和式（9-15）两式可得明环和暗环的半径分别为

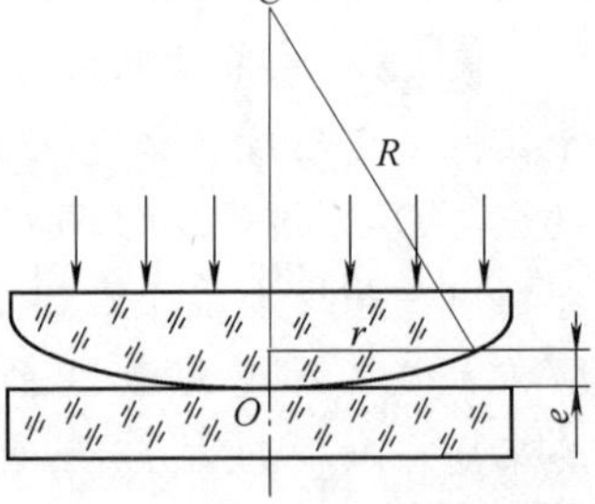

图 9-22　牛顿环关系式计算

$$r=\begin{cases}\sqrt{(2k-1)R\dfrac{\lambda}{2}} & (k=1,2,3,\cdots)\quad \text{明环}\\ \sqrt{kR\lambda} & (k=0,1,2,\cdots)\quad \text{暗环}\end{cases} \tag{9-16}$$

设第 k_1 个暗环的半径为 r_1，第 k_2 个暗环的半径为 r_2，则由式（9-16）得

$$r_1^2=k_1R\lambda,\quad r_2^2=k_2R\lambda$$

$$r_2^2-r_1^2=(k_2-k_1)R\lambda$$

由此可得

$$R=\frac{r_2^2-r_1^2}{(k_2-k_1)\lambda}$$

式中暗环的序数 k_1 和 k_2 可以不知道，只需知道其差值即可求得透镜的曲率半径 R。如果已知曲率半径 R，利用上式可求出波长 λ。这是实际中常用的测定透镜的曲率半径和波长的方法。

在工业生产中常利用牛顿环来检查透镜的质量。如图 9-23 所示，把一块样板 G（表面经过精密加工和测定，用来检验工件质量的玻璃板）放在待测透镜 L 的表面上，则可看到牛顿环（又叫光圈）。看到的环纹越密，说明透镜和样板的差异越大；环纹越疏，说明透镜和样板的差异越小。

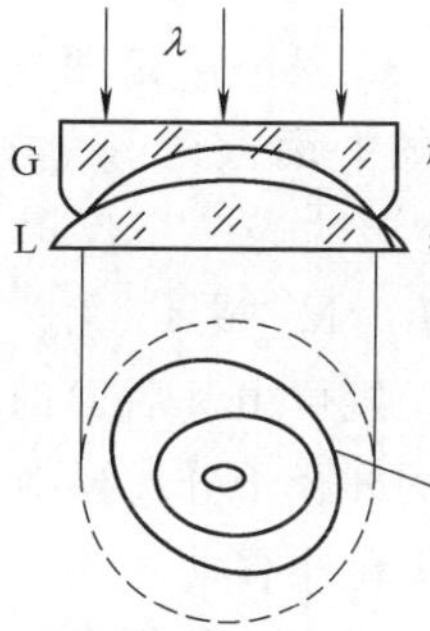

图 9-23　利用牛顿环检测透镜

例 9-5　当牛顿环装置中的透镜与玻璃之间的空间充以某种液体时，第 10 个亮纹的直径由 1.40×10^{-2}m 变为 1.27×10^{-2}m，试求这种液体的折射率。

解　当透镜与玻璃之间是空气时，由干涉加强条件得

$$\delta=2e+\frac{\lambda}{2}=k\lambda$$

当透镜与玻璃之间充以液体后，第 k 级明纹对应的厚度 e 变为 e'，则

$$\delta=2ne'+\frac{\lambda}{2}=k\lambda$$

两式相等，得

$$ne'=e$$

又对空气，有

$$e=\frac{r^2}{2R}$$

对液体，有

$$e'=\frac{r'^2}{2R}$$

代入 $ne'=e$ 中，得　$nr'^2=r^2$

故
$$n=\left(\frac{r}{r'}\right)^2=\left(\frac{1.40}{1.27}\right)^2=1.22$$

第六节 迈克耳孙干涉仪

利用干涉原理进行精密测量的仪器称为干涉仪。迈克耳孙干涉仪是其中很典型的一种，是很多近代干涉仪的原型。

图 9-24 所示是迈克耳孙干涉仪的结构示意图。M_1 和 M_2 是两块经过精密磨光的平面镜，G_1 和 G_2 是两块平板玻璃，在 G_1 朝着 E 的一面上镀有薄薄的一层银膜，使照在 G_1 上的光一半反射，一半透射。G_1、G_2 与 M_1、M_2 成 45°角。M_2 是固定的，它的平面位置可由其后面的螺钉调节，M_1 可由其后的外径千分尺控制，使 M_1 可在竖直方向上做微小移动。

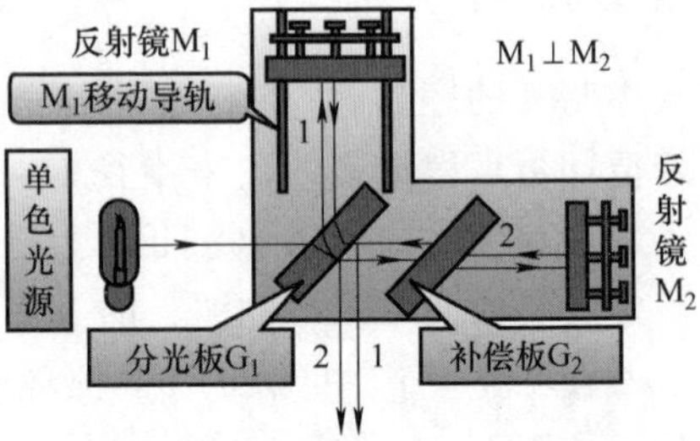

图 9-24 迈克耳孙干涉仪结构示意图

来自光源 S 的光经过透镜 L 后，变成平行光射向 G_1，一部分经 G_1 的薄银层反射后向 M_1 传播，经 M_1 反射后再穿过 G_1 向 E 处传播（图 9-24 中的光线 1）；另一部分则透过 G_1 和 G_2 向 M_2 传播，经 M_2 反射后，再穿过 G_2，经 G_1 的银层反射后也向 E 处传播（图 9-24 中的光线 2）。显然到达 E 处的光线 1 和光线 2 是相干光。G_2 的作用是能使光线 1、2 都是三次穿过厚薄相同的平板玻璃，从而避免光线 1、2 间存在较大的光程差，因此 G_2 也叫作补偿玻璃板。

考虑了补偿玻璃板的作用，可以画出图 9-25 所示的迈克耳孙干涉仪的原理图。由于 G_1 的半反射膜实质上是一反射镜，它使 M_2 在 M_1 附近生成一个虚像 M_2'，从 M_2 反射来的光线可以看作是从 M_2' 反射的。如果 M_1 和 M_2 不是严格的垂直，则 M_1 与 M_2' 就不是严格的相互平行，因而 M_1 和 M_2' 之间形成一个劈尖，从 M_1 和 M_2' 反射出来的光线类似于从劈尖的两个表面上反射的光线，故在 E 处看到的条纹是等厚条纹。如果 M_1 与 M_2 严格地相互垂直，则干涉条纹为环形等倾条纹。

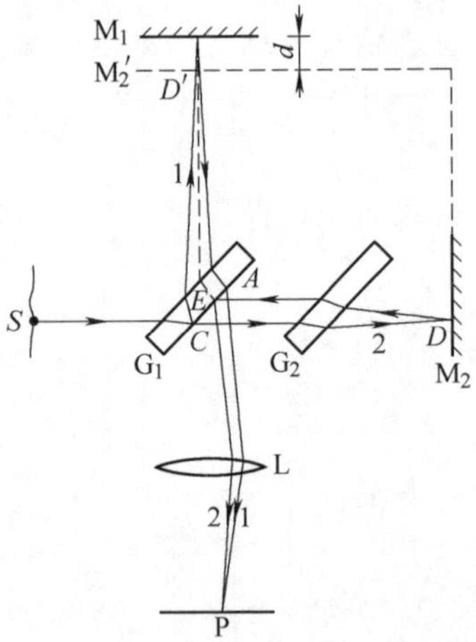

图 9-25 迈克耳孙干涉仪原理图

如果 M_2 移动一个距离 d，则 M_2' 亦移动一个距离 d，即劈尖的厚度处处改变 d。这时就有干涉条纹移过视场，因为干涉条纹的位置决定了光程差，当劈尖的厚度处处改变时，劈尖上任一点的光程差都改变了，所以条纹要发生移动。因为相邻两明条纹的厚度差为$\lambda/2$（在空气劈尖情形），所以当有一明条纹移过视场时（即每一明条纹都移到它原来的相邻明条纹处），M_2'移动一距离$\lambda/2$。当有N条明条纹移过视场时，M_2'或M_1移动的距离为

$$d=N\cdot\frac{\lambda}{2} \tag{9-17}$$

可见，应用迈克耳孙干涉仪从式（9-17）可以由已知波长的光来测定长度，也可以由已知长度来测定光波的波长。迈克耳孙曾用自己的干涉仪测定了镉的红色谱线（镉红线）的波长。过去曾用镉红线的波长单位来定义长度标准“米”。在温度$t=15℃$的干燥空气和$p=760\text{mm Hg}$（$1\text{mmHg}=133.322\text{Pa}$）时所测的镉红线的波长为

$$\lambda_1=6438.4696\text{Å}$$

$$1\text{m}=1553164.13\lambda_1$$

例 9-6　在迈克耳孙干涉仪中，反射镜M_1移动0.2334mm的距离时，数出移动了792条条纹，求所用光波的波长。

解　$d=N\dfrac{\lambda}{2}$　所以$\lambda=\dfrac{2d}{N}=\dfrac{2\times0.2334}{792}\text{mm}=5.89\times10^{-7}\text{m}$

随着激光技术的发展，在干涉仪中已广泛采用激光作为干涉仪的光源。由于激光束单色性好，所以测长可达到10m以上（普通单色光一般只有几个厘米），而且精度高，测量速度大为提高。

除迈克耳孙干涉仪外，还有根据各种不同要求设计的干涉仪，如测定表面光洁度的显微干涉仪、精确测量气体或液体折射率的折射干涉仪等。它们都是光的干涉现象的应用。

思考题

9-1　在双缝干涉实验中：$\Delta x=D\lambda/d$

（1）如何使屏上的干涉条纹间距变宽？

（2）当将双缝干涉装置由空气中放入水中时，屏上的干涉条纹有何变化？

（3）若S_1、S_2两条缝的宽度不等，那么条纹有何变化？

9-2　窗玻璃也是一块介质板，但在通常日光照射下，为什么观察不到干涉条纹？

9-3　在计算由增透膜产生的光程差时，并没有加上半波损失，为什么？

9-4　如果薄膜的表面凹凸不平，那么得到的等厚干涉条纹是直条纹吗？为什么？

9-5　劈尖干涉中两相邻条纹间的间距相等，为什么牛顿环干涉中两相邻条纹间的距离不等？

习　题

9-1　在双缝实验中，两缝间的距离为0.3mm，用单色光照明，在离缝1.2m远的屏上测得第5级和−5级暗纹间的距离为22.78mm。问所用光的波长为多少？它是什么颜色的光？

9-2　在双镜实验中，若双镜之间的夹角$\varepsilon=20'$，光源S到双镜接缝处的距离为10cm，屏幕到双镜接缝处的距离为1m，单色光波长为5890Å。求中央明纹中心到第5个明纹中心的距离。

9-3　在杨氏双缝干涉实验中，双缝间距$d=0.5$mm，缝与屏相距$D=50$cm，若以白光入射，(1) 分别求出白光中$\lambda=4000$Å和$\lambda=6000$Å的两种光干涉条纹的间距；(2) 这两种波长的干涉明纹是否会发生重叠？如果有可能，问第一次重叠的是第几级明纹？重叠处距中央明纹多远？

9-4　在洛埃镜中，光源缝S_0和它的虚像S_1位于镜左后方20cm的平面内，如习题9-4图所示，镜长为30cm，并在它的右边缘处放一毛玻璃屏幕。如果从S_0到镜的垂直距离为2mm，$\lambda=7200$Å，试计算从右边缘到第一最亮纹的距离。

9-5　在如习题9-5图所示的菲涅耳双棱镜的实验中，棱镜的顶角α很小，狭缝光源S_0发出的光通过双棱镜分成两束，好象直接来自虚光源S_1、S_2，它们的间距$t=2(n-1)\alpha L_1$，n为棱镜的折射率。当$n=1.50$，$\alpha=0.5°$，$L_1=100$mm，在距双棱镜1m远的屏上测得干涉条纹的间距为0.8mm时，所用光的波长是多少？

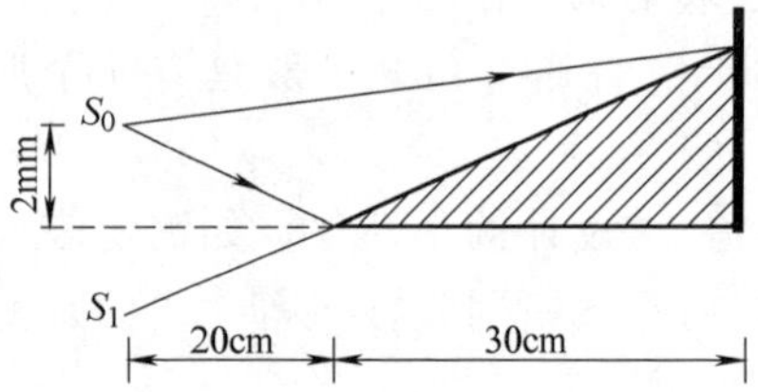

习题9-4图

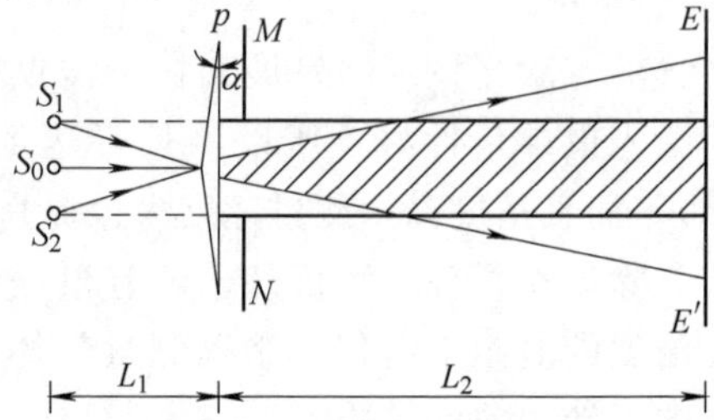

习题9-5图

9-6　用很薄的云母片($n=1.58$)，覆盖在双缝装置中的一条缝上，这时光屏上的中心为原来的第7级明条纹所占据，若$\lambda=5500$Å，则云母片有多厚？

9-7　一双缝装置的一个缝为折射率1.40的薄玻璃片所遮盖，另一个缝为折射率1.70薄玻璃片所遮盖。在玻璃片插入以后，屏上原来的中央极大所在点，现为原来的第5级明条纹所占据。假定$\lambda=4800$Å，且两玻璃片厚度为t_0，求t_0。

9-8　利用空气劈尖测细丝直径，如习题9-8图所示，已知$\lambda=5893$Å，$L=28.88\times10^{-3}$m，测得30条条纹的间距为4.295×10^{-3}m，求细丝直径d。

9-9　如习题9-9图所示，将符合标准的轴承钢珠a、b和待测钢球c一起放在两块平板玻璃之间，若垂直入射光$\lambda=0.58\mu$m，问钢珠c的直径比标准小多少?，如果距离D不同，对检测结果有何影响？

9-10　在空气中有厚度为5000Å的薄油膜($n=1.46$)，并用白光垂直照射到此膜上，试问在3000Å到7000Å的范围内，哪些波长的反射光最强？

9-11　如果观察到肥皂水薄膜($n=1.33$)的反射光呈深黄色($\lambda=5905$Å)，且这时薄膜法线与视线间的角度为 $i=45°$，问薄膜最薄的厚度是多少？

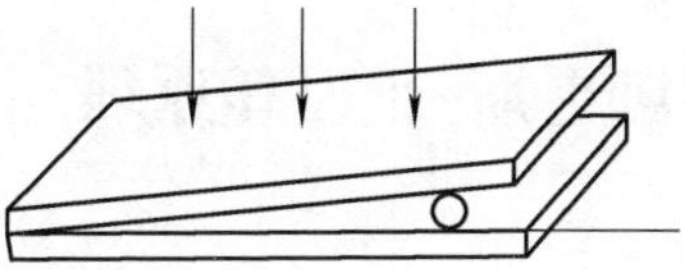

习题 9-8 图

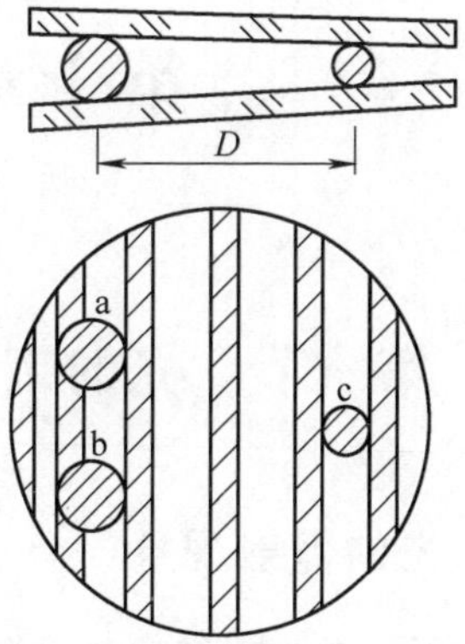

习题 9-9 图

9-12 若透镜表面覆盖一层 MgF_2（$n=1.38$）透明物质薄膜，利用干涉来降低玻璃表面的反射，试问，为了使透镜在可见光谱的中心（5500Å）处产生极小的反射，这覆盖层最少有多厚？

9-13 当牛顿环装置中的透镜与平面玻璃之间充以某种液体时，某一级干涉条纹的直径由 1.40cm 变为 1.27cm，试求该液体的折射率。

9-14 有一玻璃劈尖，玻璃的折射率为 1.5，劈尖角 $\theta=5\times10^{-5}$ rad，用单色光垂直照射，测得干涉条纹宽度 $l=3.64\times10^{-3}$ m，求此单色光波长。

9-15 在很薄的劈尖玻璃板上，垂直的射入波长为 5893Å 的钠光，相邻暗条纹间的距离为 5.0mm，玻璃的折射率为 1.52，求此劈尖的顶角。

9-16 如果迈克耳孙干涉仪中的反射镜 M_2 移动距离 0.233mm，则数得的条纹移动数为 792，求所用的光波波长。

9-17 把折射率 $n=1.40$ 的薄膜放入迈克耳孙干涉仪的一臂时，如果由此产生了 7 条条纹移动，求膜厚。

9-18 在迈克耳孙干涉仪的两臂中，分别插入 $l=10.0$cm 长的玻璃管，其中一个抽成真空，另一个则储有压强为 1 个大气压的空气，用以测量空气的折射率。设所用光波波长为 546nm，实验时，向真空玻璃管中逐渐充入空气，直至压强达到 1 个大气压为止。在此过程中，观察到 107.2 条干涉条纹的移动，试求空气的折射率。

9-19 有一玻璃劈尖放在空气中，劈尖夹角 $\theta=1.2\times10^{-5}$ rad，用波长 $\lambda=589$nm 的单色光垂直入射时，测得干涉条纹的宽度 $b=2.4$nm，求该玻璃的折射率。

9-20 用氦氖激光器发出的波长为 633nm 的单色光做牛顿环实验，测得第 k 个暗环的半径为 5.63mm，第 $k+5$ 个暗环的半径为 7.96mm，求平凸透镜的曲率半径。

9-21 在半导体元件生产中，为了测定硅片上 SiO_2 薄膜的厚度，将该膜的一端腐蚀成劈尖状，如习题 9-21 图所示。已知 SiO_2 的折射率 $n=1.46$，用波长 $\lambda=5893$Å 的纳光照射后，观察到劈尖上出现 9 条暗条纹，且第 9 条在劈尖斜坡上端点 M 处，Si 的折射率为 3.42，试求 SiO_2 薄膜的厚度。

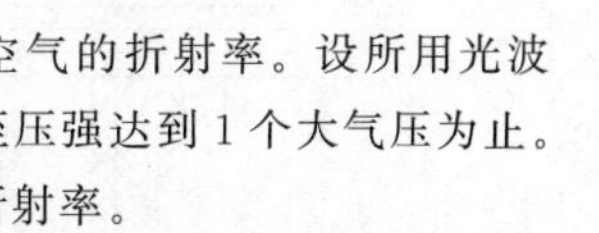

习题 9-21 图

第十章　光的衍射

第一节　光的衍射现象　惠更斯-菲涅耳原理

一、光的衍射现象

在波动一章中我们知道，所谓波的衍射现象是指波的波阵面受到限制时，即波在传播过程中遇到障碍物时，能够绕过障碍物而在它的几何阴影区内继续传播的现象。在日常生活中，水波和声波的衍射现象可以经常看到，但光的衍射现象不容易看到，这是由于光波的波长甚短（在 $4\times10^{-7}\sim7\times10^{-7}$ m 范围内），而一般障碍物的线度比光波波长大得多之故。如果障碍物的线度与光的波长可以比较时，则当光通过这样的小孔或细缝时，就会看到衍射现象。

如图 10-1 所示，将平行光照射在一个宽度可调节的狭缝上，调节缝宽，可得到衍射图样。当缝很宽时，幕上的亮斑实为缝的几何投影（图 10-1a）；随着缝宽变窄，中央亮斑的亮度减小、宽度增加，同时在其两侧出现明暗相间的条纹（图 10-1b）。这表明光偏离了直线传播而到达了几何阴影内，这就是光的衍射现象。

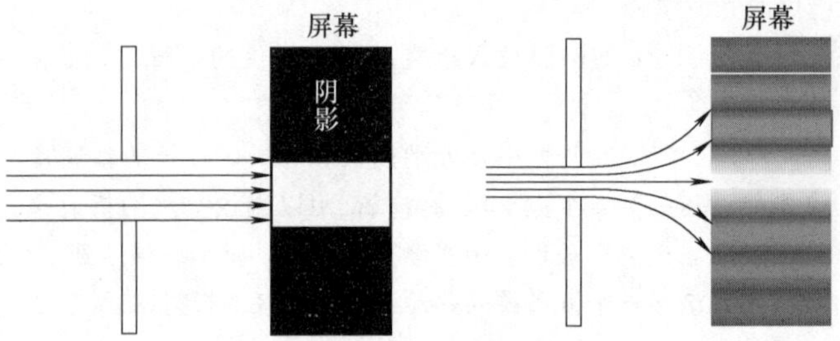

a)　　　b)

图 10-1　衍射现象

a）直线传播　b）衍射现象

依照光源、衍射孔（或缝）、屏三者的相互位置，可把衍射分成两种，即菲涅耳衍射和夫琅禾费衍射。如果光源 S 和显示衍射图样的屏 P 或其中一个与衍射孔（或缝）相距为有限远，这种衍射称为菲涅耳衍射，在图 10-2a 中，光源 S 和屏 P 到衍射孔（或缝）的距离都是有限的情形。如果光源 S 和屏 P 与衍射孔

（或缝）的距离都是无限远，即入射光和衍射光都是平行光，如图 10-2b 所示，这种衍射称为夫琅禾费衍射。夫琅禾费衍射可用如图 10-2c 所示的透镜系统来实现，即把光源 S 放在透镜 L_1 的焦点上，把屏 P 放在透镜 L_2 的焦面上，则由 S 发出的光通过 L_1 后变为平行光射到衍射孔（或缝）上，经衍射孔（或缝）衍射后的平行光通过 L_2 会聚在屏 E 上，这相当于把 S 和 E 移到无限远处。

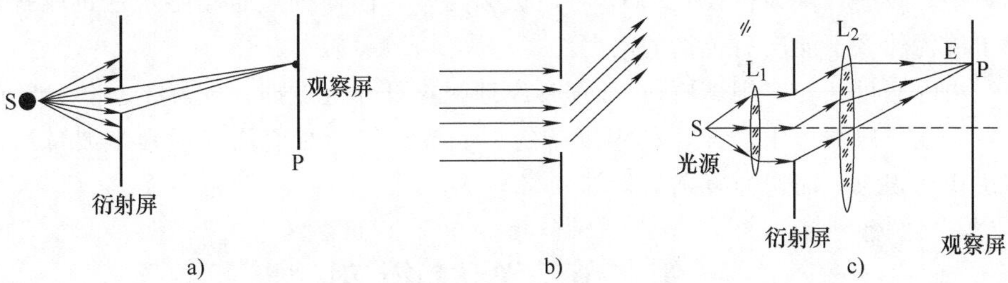

图 10-2 两种衍射示意图

a）菲涅耳衍射 b）夫琅禾费衍射 c）在实验室中产生夫琅禾费衍射

在衍射实验中通常使用平行光，因此，夫琅禾费衍射是较为重要的情形，而且在数学上又较为容易处理，本章只讨论夫琅禾费衍射。

二、惠更斯-菲涅耳原理

在研究波的传播时惠更斯原理指出，媒质中波所到达的各点都可看作是发射子波的波源，其后任一时刻，这些子波的包迹就决定新的波阵面。根据惠更斯原理可以确定波的传播方向，说明衍射中波的绕弯行为，但不能解释波的衍射区域中能量的不均匀分布现象。

菲涅耳用子波的叠加与干涉对惠更斯原理做了补充。他假定，从同一波面上各点发出的子波，在传播到空间某点时，各个子波间也可以相互叠加而产生干涉现象。这个经过发展了的惠更斯原理，叫作惠更斯-菲涅耳原理。

根据这一原理，如果已知波动在某时刻的波阵面为 S，就可以计算波动传到 S 面前方给定点 P 时振动的振幅和相位。如图 10-3 所示，ΔS 为 S 面上的一个面元，则从面元 ΔS 发射的子波在 P 点引起的振动的振幅与面元 ΔS 成正比，与由 ΔS 到 P 点的距离 r 成反比（因子波是球面波），还与 r 和 ΔS 的法线 $\boldsymbol{n}$ 的夹角 θ 有关；至于子波在 P 点所引起的振动的相位则仅取决于 r。最后，求各个 ΔS 在 P 点所产生的作用的总和，就可得出 P 点的合振动。这说明，衍射是波在传播过程中经过障碍物的边缘（或开孔）时波阵面受到限制，在传播前方由已受到限制的波阵面的

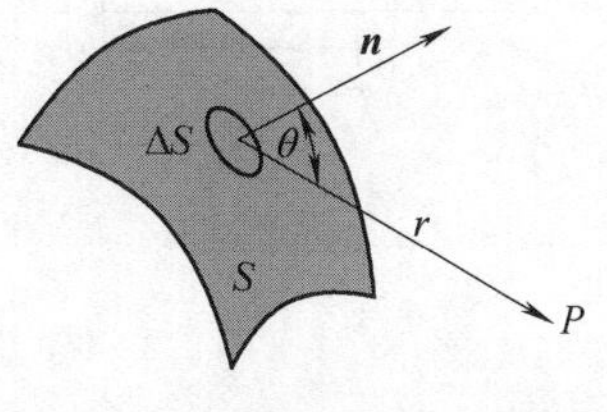

图 10-3 惠更斯-菲涅耳原理图

子波相互叠加而产生的波的展衍现象。衍射波波场中的任一点 P 处的能量分布决定于到达 P 点的子波的合振动的强弱，即

$$E=C\int\frac{K(\theta)}{r}\cos\left(\omega t-\frac{2\pi r}{\lambda}\right)\mathrm{d}S \tag{10-1}$$

应该指出，r 与 ΔS 的法线之间的夹角 θ 愈大，在 r 方向上所引起的子波振幅愈小。菲涅耳认为：在 $\theta\geqslant\pi/2$ 时，振幅为零，因而强度也是零，这也就解释了子波为什么不能向后传播的问题。

由上面可知，应用惠更斯-菲涅耳原理解决具体问题时，实际上是积分学的问题。在一般情形中，计算是很复杂的。下节我们介绍应用菲涅耳半波带法来解决衍射现象，而避免复杂的计算。

第二节　单缝衍射

单缝衍射的实验装置如图10-4所示，K为单缝，光源S放在透镜 L_1 的主焦点上，使穿过透镜 L_1 的光线形成平行光束并垂直射向单缝K。光束中穿过单缝K的部分再经过透镜 L_2（透镜 L_1 和透镜 L_2 的主轴在同一直线上)，屏幕P上将出现衍射条纹。下面我们用菲涅耳半波带法解释单缝衍射条纹的形成。

如图10-5所示，AB 为单缝的截面，其宽度为 a。按照惠更斯-菲涅耳原理，AB 上的各点都可以看成是新的波源，它们将发出球面子波，向前传播。在这些子波到达空间某处时，会叠加产生干涉。沿入射方向传播的各子波射线（图中的光束1)，它们形成沿入射方向传播的平行光束，经透镜 L_2 会聚于焦点 O。由于在单缝处的波阵面 AB 是同相面，所以这些子波的相位是相等的，它们经透镜后不会引起附加的光程差，在 O 点会聚时仍然保持相位相等，因而互相加强。于是，在正对狭缝中心的 O 点处就应出现平行于单缝的亮纹，叫作中央明条纹。

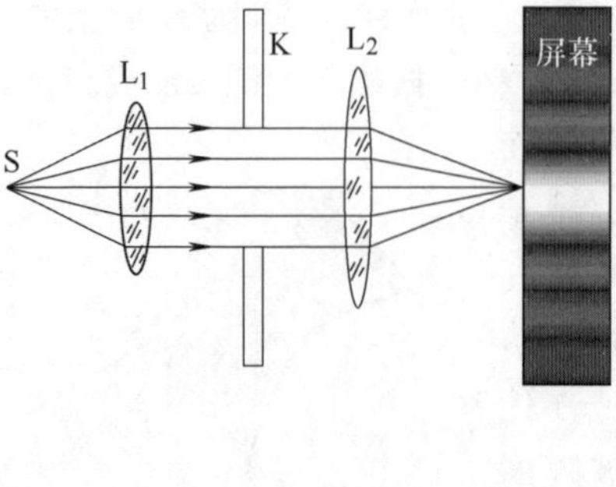

图10-4　单缝衍射的实验装置

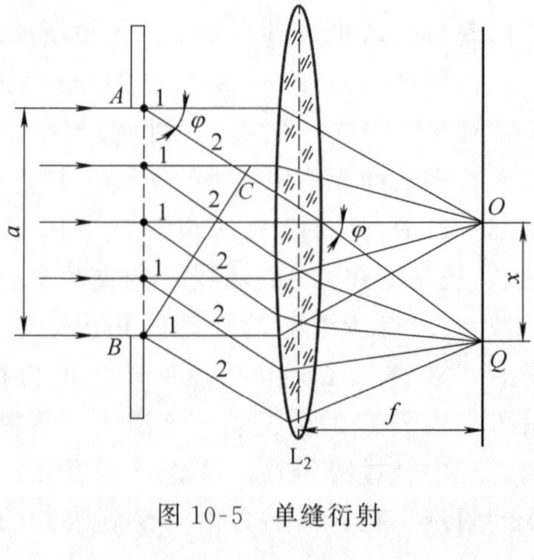

图10-5　单缝衍射

我们再来讨论与入射方向成 φ 角传播的子波射线（图中光束 2），φ 叫作衍射角（衍射后的平行光束与入射平行光束所成的角）。平行光束 2 经透镜会聚于屏幕的 Q 点，但是这束光中各子波射线到达 Q 点的光程并不相等，所以它们在 Q 点的相位各不相同。如果过 B 作一平面 BC，使 BC 垂直于 AC，则由平面 BC 上各点到达 Q 点的光程都相等。从 AB 面发出的各射线在 Q 点的相位差，就等于它们在 BC 面上的相位差，即其相位差只发生在从 AB 面转向 BC 面的路程之间。从单缝的 A、B 两端点发生的子波射线之间的光程差也就是沿 φ 角方向各子波射线的最大光程差，为

$$AC=a\sin\varphi$$

P 点条纹的明暗完全决定于光程差 AC 的量值。

设 AC 恰好等于单色光半波长的整数倍，即

$$a\sin\varphi=k\frac{\lambda}{2}\qquad(k=1,2,\cdots)\tag{10-2}$$

现在我们作彼此相距为 $\lambda/2$ 的平行于 BC 的平面，把 AC 分成 k 等分，同时这些平面也把单缝上波面 AB 切割成 k 个波带。图 10-6a 表示在 $k=2$ 时，波面 AB 被分成 AO 和 OB 两个面积相等的波带，从每个波带所发出的子波的强度可以认为是相等的。每个波带上的对应点（例如 AO 的中点和 OB 的中点）所发出的子波光线，到达 Q 点的光程差均为 $\lambda/2$，相位差为 π，因而互相干涉抵消。结果由 AO 及 OB 两个波带发出的光在 Q 点完全互相抵消，因而 Q 处出现暗条纹。上述波带叫作半波带，是菲涅耳提出的，故以上的分析方法叫作菲涅耳半波带法。

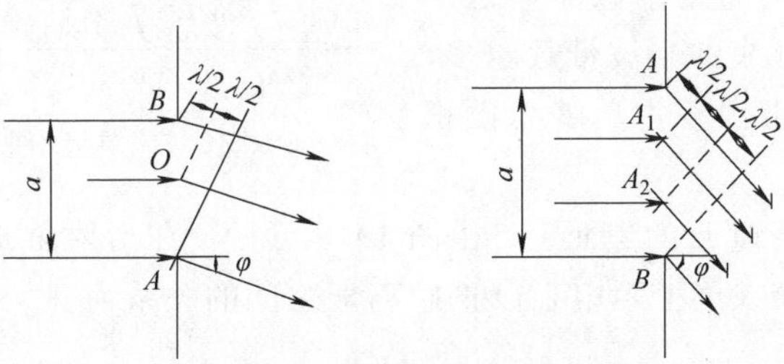

图 10-6　单缝的菲涅耳半波带

若 $k=3$，如图 10-6b 所示，波面 AB 可分成 AA_1、A_1A_2、A_2B 三个半波带。此时 AA_1 和 A_1A_2 相邻两半波带上各对应点发出的子波到达 Q 点处的光程差为 $\lambda/2$，相互干涉抵消。只剩下半波带 A_2B 上的子波到达 Q 点处没有被抵消，因此，Q 处将是明条纹。

综上所述，$AC=a\sin\varphi=n(\lambda/2)$，$n$ 为任意正整数。在此情形将单缝上波阵

面分成为 n 个半波带，如果 n 为偶数，则所有半波带发出的光在 Q 点成对地互相干涉抵消，因而 Q 处出现暗条纹。如果 n 为奇数，则在 n 个半波带中的 $n-1$（偶数）个半波带发出的光在 Q 点互相干涉抵消，剩下一个半波带发出的光未被抵消，因而 Q 处出现明条纹。

总结以上讨论，光强最大，即屏幕上的明纹中心出现的方向由下式决定：

$$\begin{cases}\varphi=0 \\ a\sin\varphi=\pm(2k+1)\dfrac{\lambda}{2} \qquad (k=1,2,3,\cdots)\end{cases} \tag{10-3}$$

光强最小，即屏幕上暗纹出现的方向由下式决定：

$$a\sin\varphi=\pm 2k\left(\frac{\lambda}{2}\right)=\pm k\lambda \qquad (k=1,2,3,\cdots) \tag{10-4}$$

对应于 $\varphi=0$ 的明条纹即是中央明条纹，对应于 $k=1$，2，3，…的明条纹或暗条纹称为第1级，第2级，第3级等明条纹或暗条纹。正、负号分别表示对称地分布在中央明条纹两侧的各级明条纹或暗条纹。

必须强调指出，对任意衍射角 φ 来说，AB 一般不能恰巧分成整数个波带，即 BC 不等于 $\lambda/2$ 的整数倍。此时，衍射光束经透镜聚焦后，形成屏幕上明度介于最明和最暗之间的中间区域。在单缝衍射条纹中，光强分布并不是均匀的，如图10-7所示。中央明条纹最亮，同时也最宽。中央条纹的两侧光强迅速减小，直至第一个暗条纹；其后，光强又逐渐增大而成为第1级明条纹，依此类推。必须注意，各级明条纹的光强随着级数的增大而逐渐减小，这是由于 φ 角越大，分成的半波带数越多，未被抵消的半波带面积占单缝总面积的比例越小。

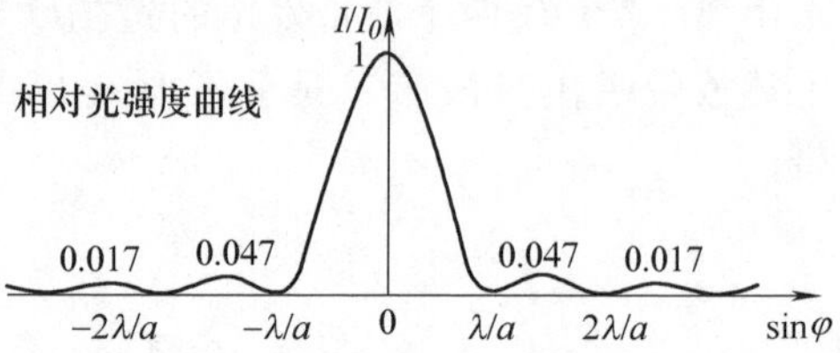

图10-7　单缝衍射的光强分布

屏幕P处在透镜L的焦面上，由图10-5可见，在衍射角 φ 很小时，φ 和透镜焦距 f 以及条纹在屏上距中心 O 的距离 x 之间的关系为

$$x=\varphi f$$

应用式（10-4）可求出第1级暗条纹距中心 O 的距离为

$$x_1=\varphi_1 f=\frac{\lambda}{a}f$$

所以，中央明条纹宽度为

$$l_0=2x_1=\frac{2\lambda f}{a} \tag{10-5}$$

其他任意两相邻暗条纹的距离，即明条纹的宽度为

$$l=\varphi_{k+1}f-\varphi_k f=\left(\frac{k+1}{a}\lambda-\frac{k}{a}\lambda\right)f=\frac{\lambda f}{a} \tag{10-6}$$

可见，除中央明条纹外，所有其他明条纹均有同样的宽度，而中央明条纹的宽度为其他明条纹宽度的两倍。在式（10-5）和式（10-6）中，若已知缝宽 a、焦距 f，又测出 l_0 或 l，就可算出波长 λ，故也可用单缝衍射来测定光波的波长。

由式（10-3）或式（10-4）可以看出，对一定宽度的单缝来说，$\sin\varphi$ 与波长 λ 成正比，而单色光的衍射条纹的位置由 $\sin\varphi$ 决定。因此，不同波长的单色光在屏幕上的衍射条纹是不会重叠在一起的。如果入射光为白光，白色光中各种波长的光抵达 O 点时，都没有光程差，所以中央是白色明条纹。但在 O 点两侧的各级条纹中，各种单色光的条纹将按波长排列，最靠近 O 点的为紫色，最远的为红色。这种衍射所产生的彩色条纹称为衍射光谱。

由式（10-3）或式（10-4）还可以看出，对给定波长 λ 的单色光来说，a 愈小，与各级条纹相对应的 φ 角就愈大，亦即衍射效果愈显著。反之，a 愈大，与各级条纹相对应的 φ 角将愈小，这些条纹都向中央明条纹 O 靠近，逐渐分辨不清，衍射作用也就愈不显著。如果 a 与 λ 相比很大（即 $a\gg\lambda$），则各级衍射条纹全部并入 O 附近，形成单一的明条纹，这就是单缝在透镜 L_2 中所成的像。这个像就是从单缝射出的平行光束直线传播所引起的效果。由此可见，通常所说的光的直线传播现象只是光的波长较障碍物的线度很小，亦即衍射现象不显著时的情况。

例 10-1 用波长 $\lambda=6328\text{Å}$ 的平行光垂直入射到单缝上，缝宽为 a，缝后放置一焦距 $f=40\text{cm}$ 的透镜。当 $a=0.1\text{mm}$ 或 $a=4.0\text{mm}$ 时，试求在透镜焦面上所形成的中央明条纹的宽度和第 1 级明条纹的位置。

解 由式（10-4）得中央明条纹的宽度为

$$l_0=\frac{2\lambda f}{a}$$

设焦面上第 1 级明条纹的角位置为 φ_1，到中心的距离为 x_1，则有

$$x_1=f\tan\varphi_1$$

由式（10-2）知，φ_1 应满足

$$a\sin\varphi_1=\frac{3\lambda}{2}$$

因 φ_1 很小，$\tan\varphi_1=\sin\varphi_1$，代入上式，可得焦平面上第 1 级明条纹的中心位置

$$x=\pm x_1=\pm f\sin\varphi_1=\pm f\,\frac{3}{2}\,\frac{\lambda}{a}$$

① 当 $a=0.1\text{mm}$ 时

$$l_0=2f\frac{\lambda}{a}=2\times4\times10^2\times\frac{6.328\times10^{-4}}{0.1}\text{mm}\approx5.1\text{mm}$$

$$x=\pm x_1=\pm\frac{3}{2}f\frac{\lambda}{a}=\pm\frac{3}{4}l_0\approx\pm3.8\text{mm}$$

②当 $a=4.0\text{mm}$ 时

$$l_0=2f\frac{\lambda}{a}=2\times4\times10^2\times\frac{6.328\times10^{-4}}{4.0}\text{mm}\approx0.13\text{mm}$$

$$x=\pm x_1=\pm\frac{3}{2}f\frac{\lambda}{a}=\pm\frac{3}{4}l_0\approx\pm0.1\text{mm}$$

可见，当 $a=4.0\text{mm}$ 时，由于缝太宽，条纹已密集得难以分辨，实际上除中央亮条纹（即缝的几何像）外，已观察不到衍射条纹。

第三节　衍射光栅

一、衍射光栅

在单缝衍射的讨论中我们知道，若缝较宽，明条纹亮度虽较强，但相邻明条纹之间的间隔很窄而不易分辨；若缝很窄，相邻明条纹之间的间隔虽很宽，但明条纹的亮度却显著地减小，使得条纹不够清晰。在这两种情况下，都很难精确地测定条纹的宽度，所以利用单缝衍射不能精确测定光波波长。那么，我们是否可以获得亮度很大、分得很开、而本身宽度又很窄的明条纹呢？利用衍射光栅可以得到这样的条纹。

由大量等宽间距的平行狭缝所组成的光学器件称为光栅。用金刚石在玻璃片上刻出许多等距离的刻痕，即成为光栅。当光照射在这些刻痕上时光被散射，这些刻痕处相当于毛玻璃，可以认为是不透光的，每两条刻痕之间的间隔是透明的，相当于一个单缝。设 a 为缝的宽度，b 为刻痕（不透光部分）宽度，则相邻二缝对应点的距离为 $a+b$，称为光栅常数，实际的光栅通常在 1cm 内刻有成千条或上万条平行等距离的透光狭缝。如在 1cm 宽的玻璃片上刻有 1 万条透光狭缝，则光栅常数为

$$a+b=1/10000\text{cm}=1\times10^{-4}\text{cm}=1\times10^{-6}\text{m}$$

一般的光栅常数约为 $10^{-5}\sim10^{-6}\text{m}$ 的数量级。

光栅衍射的实验装置如图 10-8 所示，一束平行单色光垂直照射在光栅上，经过透镜 L 后将在屏幕 P 上呈现各级衍射条纹。

现在我们来分析光栅衍射条纹的形成，光通过光栅上每一条缝就像通过单缝一样要发生衍射，由于光栅上各缝的宽度 a 相同，所以各缝的衍射图样相同，

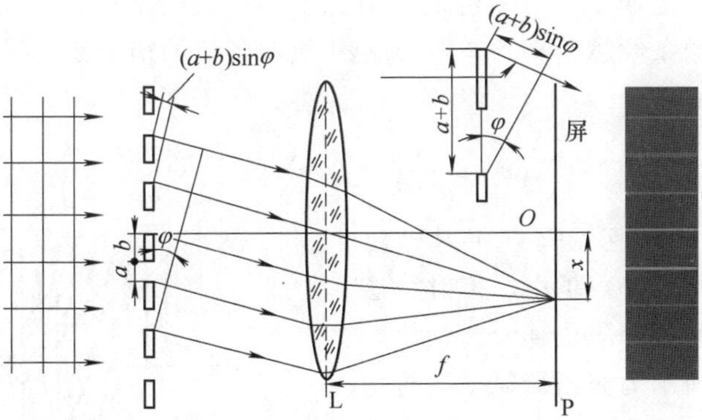

图 10-8　光栅衍射实验装置

又由于各缝的衍射图样的中央明条纹的中心线都经过透镜的主焦点 O 而平行于缝长方向，所以所有各缝的衍射图样是彼此重合的，正如两相干光波在相遇区域要发生干涉一样，来自各缝的光（都是相干光）在相遇区域，即在单缝衍射的各级明条纹区域要发生干涉，形成光栅的衍射图样。所以说，光栅的衍射条纹是衍射和干涉的总效果。图 10-9 是分别有 1、2、3、4、5、20 条缝的光栅的衍射图样的照片。从图片可以看出，在原来单缝衍射图样上的明条纹区域出现一系列暗条纹，即按照单缝衍射出现的条纹处由于缝与缝之间的干涉要出现暗条纹；从图上还可以看出，光栅缝数越多，条纹越细越亮。

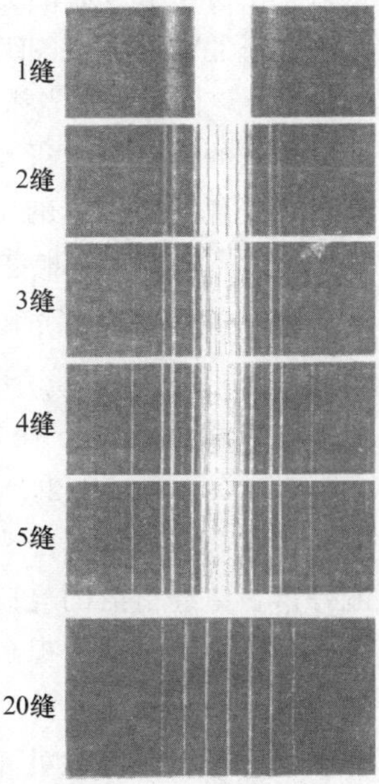

图 10-9　衍射条纹

现在我们讨论在屏上某处出现光栅衍射明条纹所应满足的条件，取任意两相邻光缝来分析。当这相邻两缝发出沿 φ 角方向的平行光，被透镜会聚于 Q 点时，若它们的光程差 $(a+b)\sin\varphi$ 恰好是入射光的整数倍，则这两光线干涉的结果为相互加强。显然，其他任意相邻两缝沿 φ 方向的光程差也等于 λ 的整数倍。它们会聚于 Q 点的干涉结果也都是相互加强，总起来看 Q 点应形成明条纹。因此，当衍射角满足下列条件：

$$(a+b)\sin\varphi = \pm k\lambda \qquad (k=0,1,2,\cdots) \tag{10-7}$$

就形成明条纹。式（10-7）叫作光栅方程，式中 k 表示光栅明条纹的级数，对应于 $k=0$ 的条纹叫中央明条纹，对应于 $k=1$，2，3，…的明条纹分别叫作第 1 级、第 2 级、第 3 级、…明条纹；正负号表示各级明条纹在中央明条纹两侧。由于光栅明条纹是光栅上所有狭缝的衍射光干涉加强的结果，所以光栅狭缝的条数越多，则光栅条纹越明亮。若 φ_1 为第 1 级明条纹的衍射角，φ_2 为第 2 级明条纹的衍射角，则有

$$\sin\varphi_1=\frac{\lambda}{a+b},\qquad \sin\varphi_2=\frac{2\lambda}{a+b}$$

可以看出，当以单色光垂直照射光栅时，光栅常数 $(a+b)$ 越小，衍射角越大，明条纹之间的间隔也越大。

图 10-10 所示为光栅衍射条纹的光强分布示意图，图中以 $(a+b)\sin\varphi$ 为横坐标，光强为纵坐标，实线表示各缝的衍射光在相互干涉后的光强分布。一般由于光栅常数很小，各级明条纹的位置分得很开，而且由于光栅狭缝总数很多，所以得到的明条纹也很亮、很细，这样就很容易确定明条纹的位置。因而，可以用衍射光栅精确地测定光波的波长。

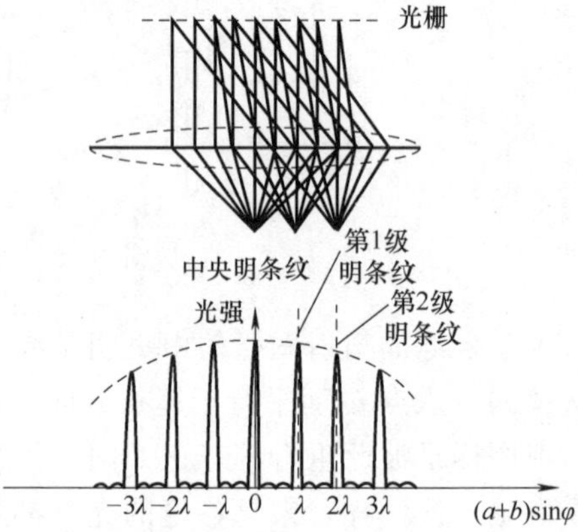

图 10-10　光栅衍射条纹的光强分布示意图

由于通常使用的光栅常数都很小，所以可见光照射时 φ_1 和 φ_2 常超过 5°，因此计算时，$\tan\varphi\approx\sin\varphi\approx\varphi$ 不再适用，这与前面双缝干涉和单缝衍射有所区别。

如果满足光栅方程式（10-7）的 φ 角，又同时满足单缝衍射暗条纹公式 $a\sin\varphi=\pm k'\lambda\,(k'=1,2,3,\cdots)$，即 φ 角方向既是光栅衍射的某一级亮条纹出现的方向，又是单缝衍射的光强为零的方向，亦即屏幕上光栅衍射的某一级明条纹刚好落在单缝衍射的光强为零处，则光栅衍射图样上便缺少这一级条纹，这一现象称为缺级。缺级现象的产生是因为光栅上所有各缝的衍射图样是彼此重合的，既然每一缝在此处产生的光强都等于零，所有各缝在此处产生的光强之和亦必等于零，所以此处不出现明条纹，这称为缺级现象。例如，若 $a+b=2a$，则当 φ 角满足光栅方程 $\sin\varphi=\pm\frac{k\lambda}{a+b}=\pm\frac{2\lambda}{2a}$时，$\varphi$ 角亦满足单缝衍射暗条纹公式 $\sin\varphi=\pm\frac{\lambda}{a}$，所以光栅衍射图样上 ±2 级是缺级，同理 ±4 级、±6 级、…也是缺级。

二、衍射光谱

由光栅方程可知，当光栅常数一定时，衍射角 φ 的大小与入射光的波长有关。因此，白光通过光栅后，各种单色光将产生各自分开的条纹，从而形成光

栅的衍射光谱。中央条纹或零级条纹仍为白色，在中央条纹的两侧，对称地排列着第 1 级，第 2 级，…等光谱。如图 10-11 所示。由于各谱线间的距离随光谱的级数而增加，所以高级数的光谱是彼此重叠着的。

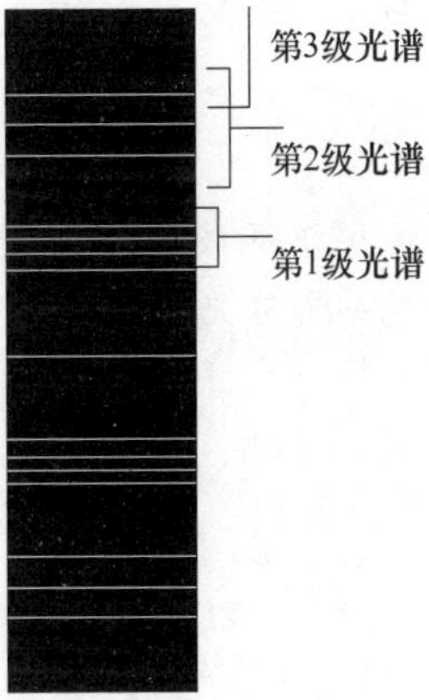

图 10-11　衍射光谱

各种光源发出的光，经过光栅衍射后所形成的光谱（即发射光谱）各不相同。例如，炽热固体等所发射的光谱，在整个光谱区内形成连续一片的各色光，叫作连续光谱。钠盐在火焰上加热时（或放电管中激发的气体）所发出的光谱，是由一些分立的明线构成的，叫作线光谱（图 10-12a）。经过分析知道，每一元素有它自己的光谱成分，或者说每一元素发射它自己的特征光谱（也叫作原子光谱）。这表明，原子发射的特征光谱与原子内部结构之间有着内在的联系。还有一类光谱叫作带光谱，它由若干条一定宽度的明带组成，而每一明带实际上是一些密集的谱线（图 10-12b）。带光谱是由分子产生的，故也叫作分子光谱。

图 10-12　光谱图

a）线光谱　b）带光谱

由于各种元素或化合物有它们自己特定的光谱，所以由某种材料的谱线结构可以定性地分析出该材料所含的元素或化合物。此外，还可从谱线的强度定量地分析元素含量的多少。这种分析方法叫作光谱分析。在科学研究和工业技术上，光谱分析已获得广泛的应用。

例 10-2　用白光垂直照射在每厘米中有 6500 条刻线的平面光栅上，求第 3 级光谱的张角。

解　白光是由紫光（$\lambda_1=4000\text{Å}$）到红光（$\lambda_2=7600\text{Å}$）等各色光组成的，已知光栅常数 $a+b=\dfrac{1}{6500}\text{cm}$。

设第 3 级（$k=3$）紫光和红光的衍射角分别为 φ_1 和 φ_2，于是由式（10-6）可得

$$\sin\varphi_1=\frac{k\lambda_1}{a+b}=3\times4\times10^{-5}\times6500=0.78$$

得
$$\varphi_1 = 51.26°$$

$$\sin\varphi_2 = \frac{k\lambda_2}{a+b} = 3\times 7.6\times 10^{-5}\times 6500 = 1.48$$

这说明不存在第 3 级的红光明条纹，即表明第 3 级光谱不能全部出现，而只能出现一部分光谱。这一部分光谱张角是

$$\Delta\varphi = 90.0° - 51.26° = 38.74°$$

这时，设第 3 级所能出现的波长为 λ'，即其对应的衍射角 $\varphi' = 90°$，所以

$$\lambda' = \frac{(a+b)\sin\varphi'}{k} = \frac{(a+b)\sin 90°}{k} = \frac{a+b}{3} = \frac{1}{6500\times 3}\text{cm}$$
$$= 5.13\times 10^{-5}\text{cm} = 5130\text{Å}(\text{绿光})$$

即第 3 级光谱就只能出现紫、兰、青、绿等色的光，比 5130Å 波长较长的黄、橙、红等色光则看不到。

例 10-3　波长为 6438Å 的光以入射角 30°斜入射在每厘米有 5000 条刻痕的光栅上，如图 10-13 所示。（1）试求对应于 $k=0$，$k=+1$，$k=-1$ 的明条纹的衍射角。（2）求可以观察到的明条纹的最高级次，并与正入射的情况相比较。

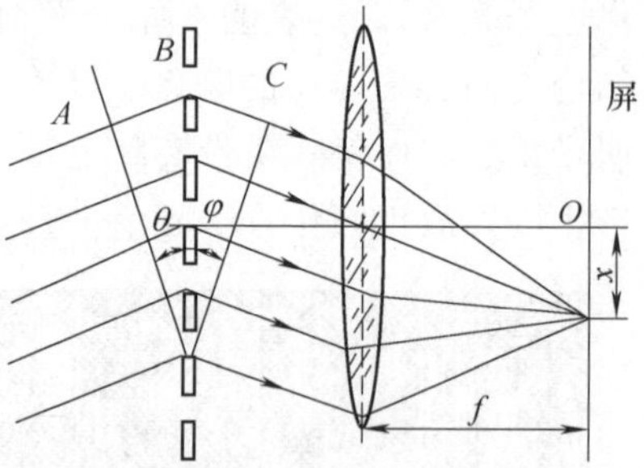

图 10-13　例 10-3 图

解　（1）由图知，相邻二狭缝的对应光线的光程差为

$$AB + BC = (a+b)\sin\theta + (a+b)\sin\varphi$$

光栅方程应为

$$(a+b)(\sin\theta + \sin\varphi) = k\lambda \quad (k = 0, \pm 1, \pm 2, \cdots)$$

当衍射光和入射光在光栅平面法线同侧时，φ 角为正，反之 φ 角为负。

光栅常数
$$a+b = \frac{1}{N} = \frac{1\times 10^{-2}}{5000}\text{m} = 2\times 10^{-6}\text{m}$$

由光栅方程得与 $k=0$ 对应的明条纹的衍射角为

$$\varphi_0 = \arcsin(-\sin 30°) = -30°$$

这说明零级的明条纹位于屏中心的上方。

与 $k=+1$ 及 $k=-1$ 对应的明条纹的衍射角依次为

$$\varphi_{+1} = \arcsin\left(\frac{\lambda}{a+b} - \sin\theta\right) = \arcsin\left(\frac{0.6438\times 10^{-6}}{2\times 10^{-6}} - 0.5\right) = -10°15'38''$$

$$\varphi_{-1} = \arcsin\left(-\frac{\lambda}{a+b} - \sin\theta\right) = \arcsin\left(-\frac{0.6438\times 10^{-6}}{2\times 10^{-6}} - 0.5\right) = -55°16'32''$$

（2）由光栅方程可知，k 的最大值 k_{max} 对应于 $\sin\varphi = 1$，

$$k_{\max}=\frac{a+b}{\lambda}(\sin\theta+1)=\frac{2\times10^{-6}\times1.5}{0.6438\times10^{-6}}\approx4.7$$

因此，斜入射时可以看到的明条纹的最高级次为 4 级，而当正入射时 $\theta=0$，上式化为

$$k_{\max}=\frac{a+b}{\lambda}=\frac{2\times10^{-6}}{0.6438\times10^{-6}}\approx3.1$$

所以，正入射时可以看到的明条纹的最高级次为 3 级。

可见，斜入射时，可以看到更高级次的明条纹，当波长和光栅常数给定时，最高级次取决于入射角 θ。

第四节　光学仪器的分辨率

按照几何光学理论，一个物点通过一个光学仪器形成的像应该是一个点，两个物点 S_1 与 S_2 形成的像应该总是分离的两个点 P_1 和 P_2，如图 10-14 所示（图中的透镜就代表光学仪器），即使 S_1、S_2 靠得很近，它们的像也总是可以分辨的。也就是说，按照几何光学，仪器的分辨能力是不受限制的，但实际上一个物点发出的光波波阵面由于受到光学仪器的孔径的限制要发生衍射，一个物点的像不是一个点而是一个具有一定大小的中心圆斑周围有一些明暗相间的圆形衍射条纹，如图 10-15a 所示，这样就使得光学仪器的分辨本领受到限制。

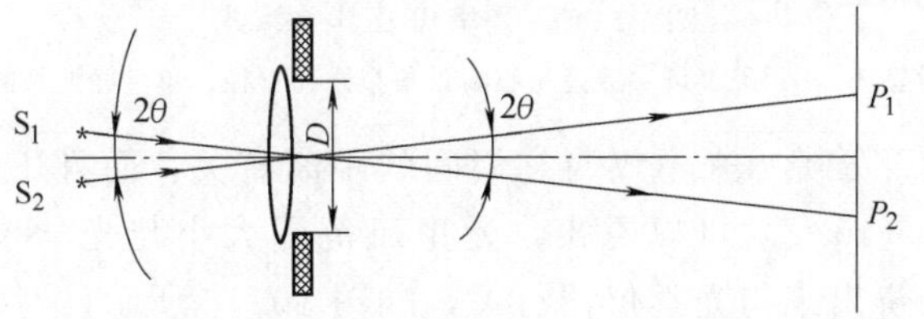

图　10-14

图 10-15a 是单色平行光垂直照射在小圆孔上，在圆孔后面放置一个焦距为 f 的透镜 L，则在透镜的焦平面处的屏幕上就出现中央为亮圆斑，周围为明、暗交替的圆环纹的衍射图样。中央光斑较亮，叫作爱里（Airy）斑。若爱里斑的直径为 d，透镜的焦距为 f，圆孔直径为 D，单色光波长为 λ，根据计算，爱里斑对透镜光心的张角 2θ（图 10-15a）与圆孔直径 D、单色光波长 λ 有如下关系

$$2\theta=\frac{d}{f}=2.44\frac{\lambda}{D} \tag{10-8}$$

设在距透镜 L 很远处有两个点光源 S_1、S_2，它们各自发出的光到达透镜 L 时可看成是平行光，从而在透镜焦平面上形成了两组衍射环纹，如图 10-15a 所示。如果 S_1、S_2 彼此相距较远，其像 A_1、A_2 亦相距较远，我们可以分辨出这

是两个物点的像，如果 S_1、S_2 彼此靠得很近，使它们的衍射图样大部分互相重叠，则在衍射图样上便分辨不出有两个物点存在。

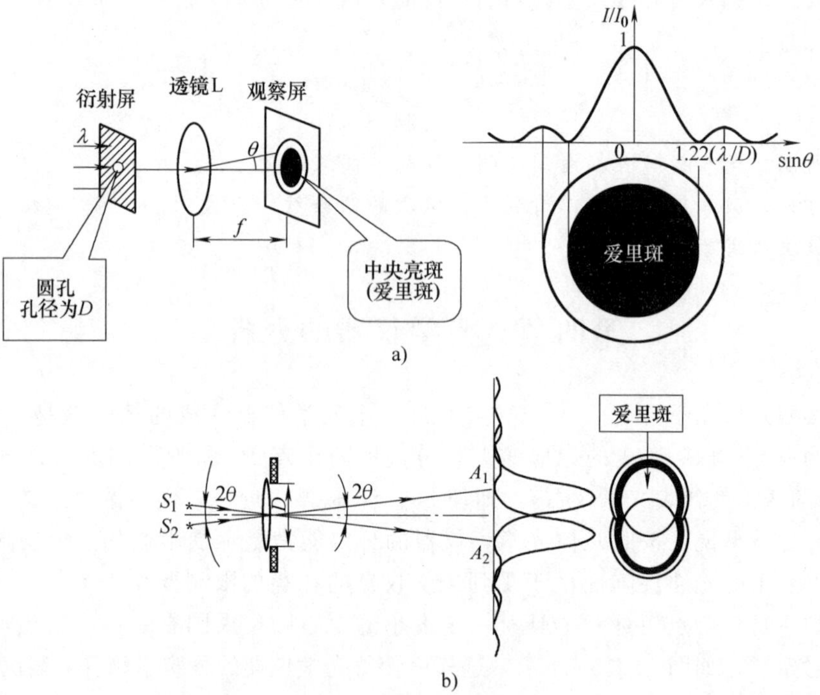

图 10-15　爱里斑及其关系式

a）爱里斑　b）爱里斑对透镜光心的张角与圆孔直径、单色光波长的关系

两个物点能否分辨出来不仅与它们间的距离有关，而且还与爱里斑的范围大小有关，从式（10-8）可以看出，爱里斑范围大小与光学仪器有关，因此，两个物点能否分辨出来与光学仪器有关，如图 10-16 所示。对一定的光学仪器

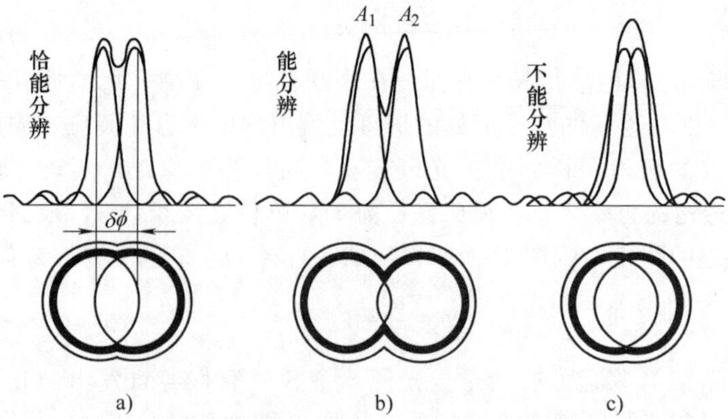

图 10-16　光学仪器的分辨本领

来说，如果一个物点的衍射图样的中央最亮处刚好与另一物点的衍射图样的第一最暗处相重合（图 10-16b），这时，两衍射图样中心处的光强约为中央最大处的百分之八十，大多数人的视觉能够判断出这是两个光点图像。这时我们说这两个物点恰好为这一光学仪器所分辨。这一条件称为瑞利（Rayleigh）准则。

按照瑞利准则，当两个物点刚好能被分辨时，这两个物点的爱里斑的中心对透镜的光心的角距 θ_0 恰好等于爱里斑的角半径 θ，即

$$\theta_0=\frac{d}{2f}=1.22\frac{\lambda}{D}$$

$$R=\frac{1}{\theta_0}=\frac{D}{1.22\lambda} \tag{10-9}$$

这个角距也等于此时这两个物点对透镜光心的角距，如果两个物点对透镜光心的角距 $\theta>\theta_0$，这两个物点就能够被这个光学仪器所分辨，如果 $\theta<\theta_0$，就不能被分辨。θ_0 称为光学仪器的最小分辨角，其倒数 R 称为光学仪器的分辨本领或分辨率。由式（10-9）可以看出：光学仪器的分辨率与仪器的孔径 D 成正比，与所用光波波长成反比。D 越大，则分辨本领也越大。在天文观测上，为了能分清远处几个靠得很近的星体，就必须采用直径很大的透镜，以提高望远镜的分辨率。

在量子物理中我们将学到电子亦有波动性。与运动电子相应的物质波波长比可见光的波长要小得多。比如电子显微镜中电子束的物质波波长约为十分之几埃到几埃数量级。因此电子显微镜的分辨率要比普通光学显微镜的分辨率约大数千倍。现今的电子显微镜已能分辨相距 1Å 的两个物点，看到单个的原子。

例 10-4 在通常的亮度下，人眼瞳孔直径约为 3mm，问人眼的最小分辨角是多大？如果纱窗上两根细丝之间的距离为 2.0mm，问人离开纱窗多远处恰能分辨清楚？

解 以视觉感受最灵敏的黄绿光来讨论，波长 $\lambda=5500$Å，则人眼的最小分辨角为

$$\theta_0=1.22\frac{\lambda}{D}=1.22\times\frac{5500\times10^{-10}}{3.0\times10^{-3}}\text{rad}=2.3\times10^{-4}\text{rad}$$

设人离开纱窗的距离为 s，纱窗上相邻两根细丝的间距为 h，对人眼来说，张角 θ 为

$$\theta=h/s$$

当恰能分辨时，应有

$$\theta=\theta_0$$

故

$$s=\frac{h}{\theta_0}=\frac{2.0\times10^{-3}}{2.3\times10^{-4}}\text{m}=9.1\text{m}$$

即人眼与纱窗之间的距离不能超过9.1m。

第五节　X射线的衍射

1895年伦琴（Roentgen，1845—1923）发现用高速电子撞击固体时会产生一种穿透力很强的未知射线，当时称为X射线，亦称伦琴射线。产生X射线的装置叫作X射线管，图10-17所示为X射线管的结构原理图。G是一抽成真空的玻璃泡，管内密封着阴极K和阳极A。在阴极和阳极之间加上几万伏特以上的高电压。阴极K由灯丝电源供电，发射热电子，从阴极发射的电子在两个电极之间的强电场作用下，加速飞向阳极，打在阳极上，就使阳极发出X射线。

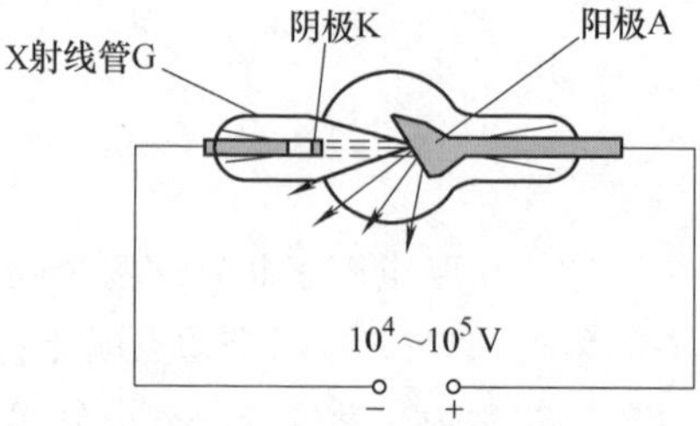

图10-17　X射线管结构原理

发现X射线后，在实验中发现X射线在磁场或电场中仍沿直线前进，这说明X射线不是带电的粒子流，所以假定X射线在本质上和可见光一样，是一种波长极短的电磁波，但这个假定当时很难用实验证明，因为X射线的波长太短，普通光栅的缝对它来说太宽了，因而X射线通过普通光栅时的衍射角太小，无法观察到衍射现象，正如可见光通过单缝时，如果缝宽较光波波长大得很多，就观察不到衍射现象一样。如果要减小光栅的缝宽即减小光栅常数，在技术上又受到限制。

1912年德国物理学家劳厄（Laue 1879—1960）想到，晶体是由一组有规则排列的微粒（原子、离子或分子）组成的，它也许会构成一种适合于X射线用的天然三维衍射光栅。劳厄的实验装置如图10-18a所示。图中C是晶体（单晶）薄片，E是照相底片，X射线通过铅板PP′上的小孔后成为一束细窄的X射线，这束射线穿过晶片以后投射到照相底片E上。劳厄发现，在底片上除了一个强度很大的中心斑点外，还有许多明显的斑点，称为劳厄斑点，这些斑点离开中心很远，而且对于中心是对称分布的（图10-18b），这就是X射线穿过晶体的衍

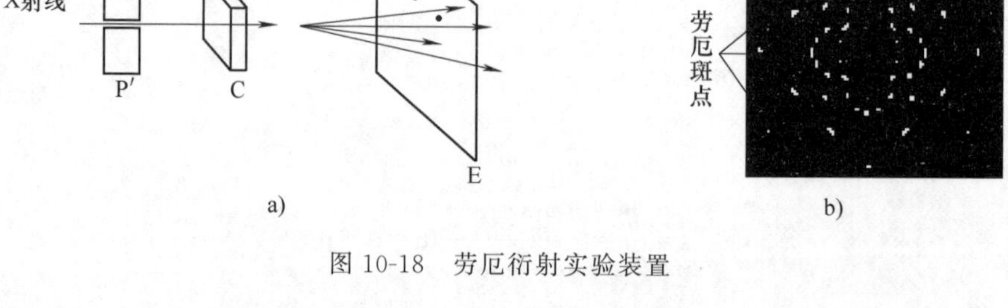

图10-18　劳厄衍射实验装置

射现象，因而证实了X射线的波动性。

1913年，苏联物理学家乌利夫和英国物理学家布喇格父子独立地提出另一种研究X射线的方法，他们将晶体看作是由一系列彼此平行的原子层（称为晶面）所组成，如图10-19所示。晶面间距离d称为晶格常数。当一束平行相干的X射线以掠射角φ射到晶面上时，一部分将为表面层原子所散射，其余部分将为内部各原子层所散射，但是，我们知道，在各原子层所散射的射线中，只有按反射定律反射的射线的强度为最大，由图可见，上下两原子层所发出的反射线的光程差为

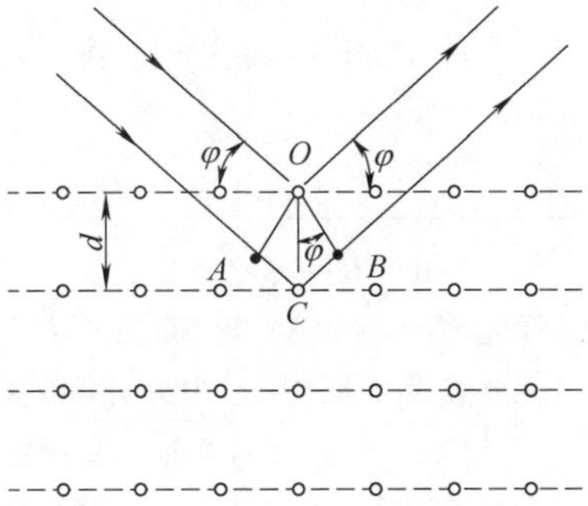

图10-19　X射线经晶面散射

$$\delta = AC + CB = 2d\sin\varphi$$

这个结果对于任何两个相邻原子层的反射线都适用。如果这个光程差等于波长的整数倍，即

$$2d\sin\varphi = k\lambda \qquad (k=1,2,3,\cdots) \tag{10-10}$$

时，各层的反射线将互相加强，形成亮点。上式称为乌利夫-布喇格公式。

如果入射的单色X射线束以任意掠射角φ投射到晶面上，一般不产生反射加强的图案，因为方程式（10-10）一般是得不到满足的。如果入射X射线的波长是连续分布的，则对于入射X射线束中波长为

$$\lambda = \frac{2d\sin\varphi}{k} \qquad (k=1,2,3,\cdots)$$

的波才产生加强的反射。

X射线的衍射已广泛地用来解决下面两个方面的重要问题：

1）如果作为衍射光栅的晶体的结构为已知，亦即晶体的晶格常数d为已知，就可用X射线的衍射测其波长。这一方面的工作发展了X射线的光谱分析，对原子结构的研究极为重要。

2）用已知波长的X射线在晶体上发生衍射，就可以测定晶体的晶格常数。这一应用发展为X射线的晶体结构分析，分子物理中很多重要结论都是以此为基础的，这一应用在半导体材料的研究中也尤为重要，在工程技术上有极大应用价值。

思考题

10-1　光的衍射和干涉现象有何不同？如何解释光的衍射现象？根据是什么？

10-2　为什么在日常生活中声波的衍射比光波的衍射更显著？

10-3 光栅衍射和单缝衍射有何区别？为何光栅衍射条纹明而细？

10-4 $(a+b)\sin\varphi=\pm(2k+1)\lambda/2 \quad (k=0,1,2,\cdots)$ 是光栅衍射的暗条纹条件吗？

10-5 什么叫光谱线缺级？缺级的原因是什么？

习 题

10-1 有一单缝，缝宽 $a=0.10\text{mm}$，在缝后放一焦距为 50cm 的会聚透镜。用平行绿光（$\lambda=5460\text{Å}$）垂直照射单缝，试求位于透镜焦面处的屏幕上的中央明条纹宽度。如把此装置浸入水中，中央明条纹宽度如何变化？

10-2 单色平行光束垂直照射在宽为 1.0mm 的单缝上，在缝后放一焦距为 2.0m 的会聚透镜，已知位于透镜焦面处的屏幕上的中央明条纹宽度为 2.5mm，求入射光波长。

10-3 一单缝用波长为 λ_1 和 λ_2 的光垂直照射，若 λ_1 的第 1 级衍射极小与 λ_2 的第 2 级衍射极小重合。问（1）这两种波长的关系怎样？（2）在所形成的衍射图样中，是否还有其他的极小重合。

10-4 用每毫米有 500 条刻痕的平面透射光栅观察钠光谱（$\lambda=5890\text{Å}$），问光线垂直入射时，最多能看到几级光谱？

10-5 一光栅每厘米刻有 4000 条线，计算在第 2 级光谱中氢原子的 α 和 δ 谱线间的角间隔（以度为单位）。已知 α 和 δ 谱线的波长分别为 6560Å 和 4100Å。假定是正入射。

10-6 波长为 5000Å 的单色光，以 30°入射角斜入射到光栅上，发现原正入射时的中央明条纹的位置现在改变为第 2 级光谱的位置。求此光栅每厘米上共有多少条刻痕？最多能看到几级光谱？

10-7 试指出当衍射光栅常数为下述三种情况时，哪些级数的主极大衍射条纹消失？（1）光栅常数为狭缝宽度的两倍，即 $a+b=2a$，（2）光栅常数为狭缝宽度的三倍，即 $a+b=3a$，（3）光栅常数为狭缝宽度的四倍，即 $a+b=4a$。

10-8 从氦放电管发出的光正入射某光栅，若测得 $\lambda_1=6680\text{Å}$ 时衍射角为 20°，如在同一衍射角下出现了更高级次的氦谱线 $\lambda_2=4470\text{Å}$，试问光栅常数最小应为多少？

10-9 用方解石分析 X 射线谱，已知方解石的晶格常数为 $3.029\times10^{-10}\text{m}$，今在 43°20′和 40°42′的掠射方向上观察到两条主最大谱线，求这两条谱线的波长。

10-10 用波长为 1.10Å 的 X 射线照射岩盐晶面，实验测得在 X 射线与晶面的夹角为11°30′时获得第 1 级极大的反射光，问（1）岩盐晶体原子平面之间的距离 d 为多大？（2）如用另一束待测的 X 射线照射岩盐晶面，测得 X 射线与晶面的夹角为 17°30′时获得第 1 级极大的反射光，则待测的 X 射线的波长是多大？

10-11 某天文台反射式天文望远镜的通光孔径为 2.5m，试求能被它分辨的双星的最小夹角，已知波长 $\lambda=5500\text{Å}$。

10-12 在迎面驶来的汽车上，两盏前灯相距 120cm。试问汽车离人多远的地方，眼睛方可以分辨这两盏前灯？假设夜间人眼瞳孔直径为 5.0mm，而入射光波长 $\lambda=5500\text{Å}$。又假设这个距离只取决于眼睛的圆形瞳孔处的衍射效应。

10-13 当瞳孔的线度为 $D=2\times10^{-3}\text{m}$ 时，对于波长 $\lambda=5500\text{Å}$ 的绿光，最小分辨角为多少？

第十一章　光的偏振

光的干涉和衍射现象揭示了光的波动性，那么光是横波还是纵波呢？光是一种电磁波，而电磁波理论指出电磁波是横波。光的偏振现象就说明了光的横波性。

第一节　自然光和偏振光

光波是一种电磁波，电磁波是变化的电场和变化的磁场在空间的传播过程，光波亦是如此，在光传到的每一点都有一振动的电场强度矢量 $\boldsymbol{E}$ 和一振动的磁场强度矢量 $\boldsymbol{H}$，$\boldsymbol{E}$ 和 $\boldsymbol{H}$ 相互垂直，而且两者都和光的传播方向（即光束 C 的方向）垂直，如图 11-1 所示。在 $\boldsymbol{E}$ 矢量和 $\boldsymbol{H}$ 矢量这两者之中能够引起感光作用和生理作用的是 $\boldsymbol{E}$ 矢量，所以 $\boldsymbol{E}$ 矢量又称为光矢量，而 $\boldsymbol{E}$ 矢量的振动称为光振动。

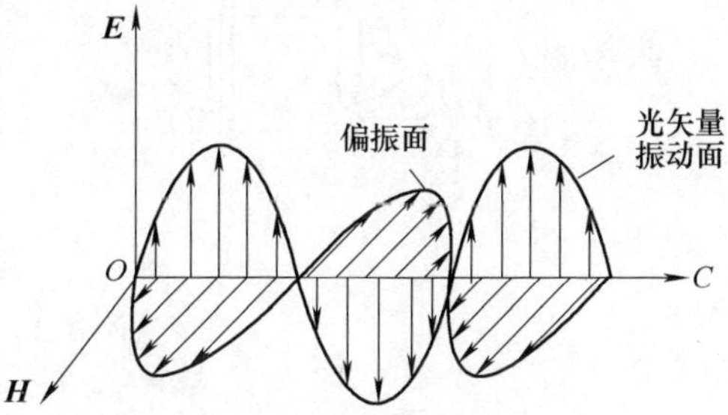

图 11-1　光波是一种电磁波

波动有横波与纵波之分。横波区别于纵波的主要特点是在其振动方向对于传播方向不具有轴对称性，即在垂直于波传播方向的平面来看，横波的振动矢量偏于某一方向，而纵波的振动矢量则在传播方向，即纵波具有绕传播方向的对称性。如图 11-2 所示，横波的这种特性也叫偏振性。根据这一特性可鉴别一具体波动的类型。如图 11-2 中的狭缝 AB 为判别机械波的横波与纵波的简易装置。横波只有在其振动方向和缝一致时，才能继续传播（图 11-2a），而对纵波，缝的方位不影响其继续传播（图 11-2b）。

光的电磁理论指出光波是一种横波，但实验并没有发现普通光源发出的光具有偏振性，这是由其发光机制决定的。在前面我们知道，普通光源发出的光是由组成这光源的大量分子或原子发出的。光源中各个分子或原子先后发出的光以及大量原子或分子同时发出的光各自独立，互不相关，包含了一切可能的振动方向。因此，平均看来，在垂直于传播方向的平面内各方向光振动的几率相等，没有哪一个方向比其他方向更占优势，同时振动能量也均匀分布在各振动方向上，即在一切可能的方向光矢量的振幅都相等，如图 11-3a 所示，因而普通光源发出的光不显示偏振性。

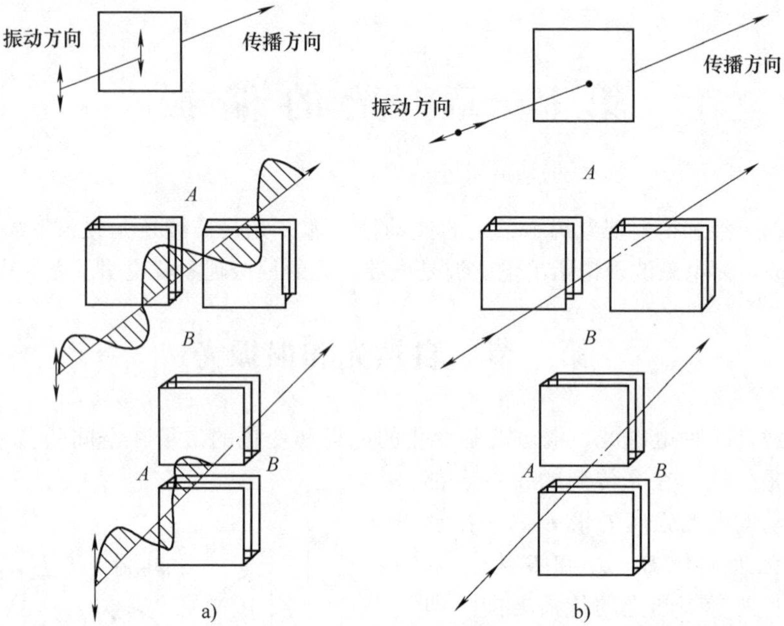

图 11-2　横波与纵波

a）横波　b）纵波

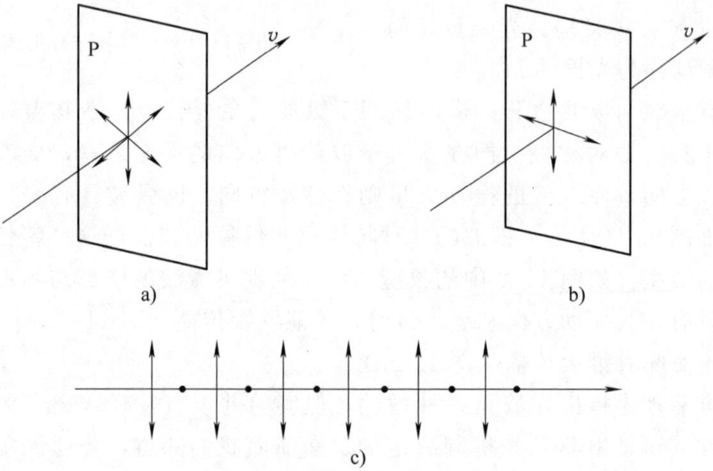

图 11-3　自然光的分解及标识

a）自然光　b）自然光分解　c）自然光标识

一、自然光

我们把在一切可能的方向都有光振动而各个方向的光矢量的振幅又相等的

光称为自然光（图 11-3a）。对任一取向的光矢量均可在两个相互垂直的方向上分解，再分别把这个方向的各个分量合起来成为两个相互垂直、振幅相等的光矢量，因此，也可用图 11-3b 所示的方法来表示自然光。但应注意，由于自然光中光振动的无规律性，所以这两个互相垂直的光矢量之间并没有恒定的相位差，不能合成为一个单独的矢量。

为了简明地表示光的传播，常用和传播方向垂直的短线表示在纸面上的光振动，而用点表示和纸面垂直的光振动（图 11-3c）。对自然光，点和短线一个隔一个呈等距分布，表示没有哪一个方向的光振动占优势。

自然光经过某些物质反射、折射和吸收后，可能只保留某一方向的光振动。这种光振动只在某一固定方向的光叫作线偏振光，简称偏振光（图 11-4a、b）。偏振光的振动方向与传播方向组成的平面叫作振动面。若光线中某一方向的光振动比与之垂直方向的光振动占优势，这种光就叫作部分偏振光（图 11-4c、d）。

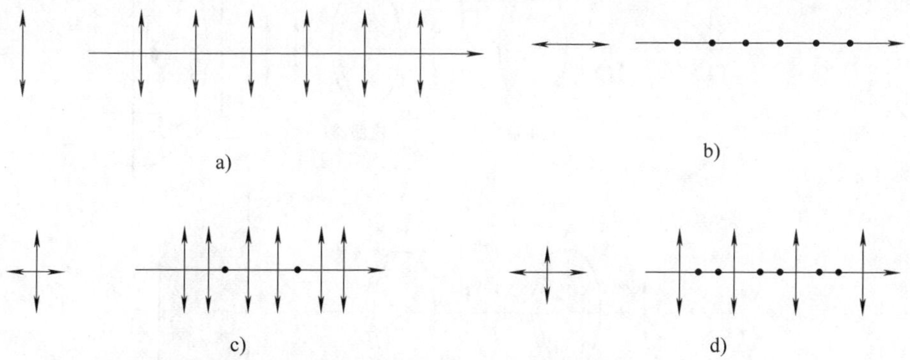

图 11-4　线偏振光与部分偏振光

a）振动方向在纸面上的线偏振光　b）振动方向垂直纸面的线偏振光

c）在纸面上的振动较强的部分偏振光　d）垂直于纸面的振动较强的部分偏振光

二、偏振片　起偏与检偏

将自然光变为偏振光的过程称为起偏，所用的光学仪器件称为起偏器。检验某束光是否为偏振光，称为检偏，所用的光学器件称为检偏器。

某些物质（例如硫酸金鸡钠碱晶体）能吸收某一方向的光振动，而只让与这个方向垂直的光振动通过。把这种晶体涂敷于透明薄片上，就成为偏振片。通常用的起偏器和检偏器均为偏振片。当自然光照射在偏振片上时，它只允许某一特定方向的光振动通过，这个方向叫作偏振化方向。为了便于说明，我们在表示偏振片的图上，用记号“↕”来表示它的偏振化方向。图 11-5 表示自然光从偏振片射出

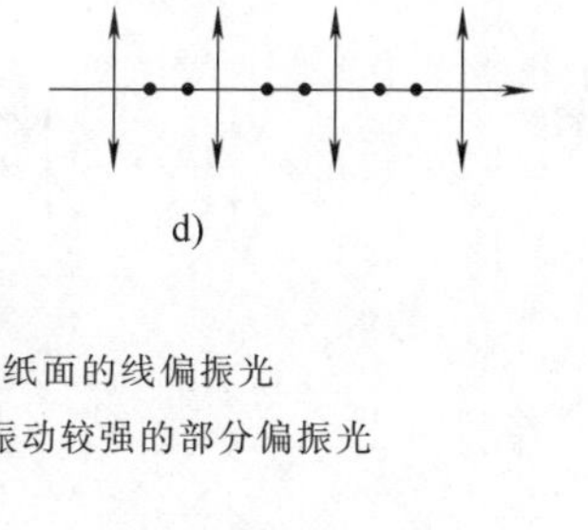

图 11-5　偏振片作为起偏器用

后，就成为光振动平行于偏振化方向的偏振光，该偏振片起起偏器的作用。

偏振片也可以当检偏器来使用。如图 11-6 所示，自然光通过偏振片 A 后成为线偏振光，再投射到偏振片 B 上，当 B 的偏振化方向与 A 的偏振化方向相同时，则该偏振光可继续透过偏振片 B 射出（图 11-6a），如果把偏振片 B 转过 90°角，当 B 的偏振化方向与 A 的偏振化方向垂直时，则该偏振光就不能透过偏振片 B 射出（图 11-6b）。我们以光的传播方向为轴，在偏振片 A 不动的情况下，把偏振片 B 方向转一周的过程中，就会发现透过 B 的光强由全明逐渐变为全暗，又由全暗变为全明，再全暗再全明，共经历了两个全明和全暗的过程。但若照射在 B 上的是一束自然光，那么在旋转 B 的过程中，就不会出现两明和两暗的现象。因此，偏振片 B 就起检偏振器的作用，可用来检查入射光是否为偏振光。

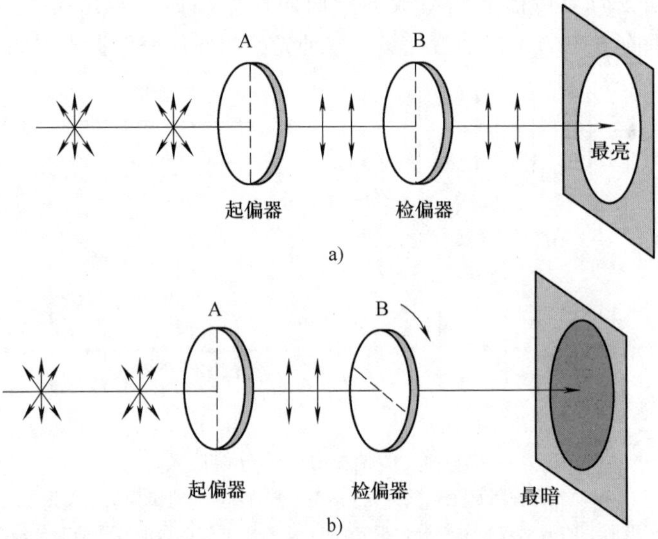

图 11-6　起偏振器和检偏振器

上述事实表明光波没有绕传播方向的对称性，从而证实了光的横波性质。上述现象还可用图 11-7 更形象地表示。

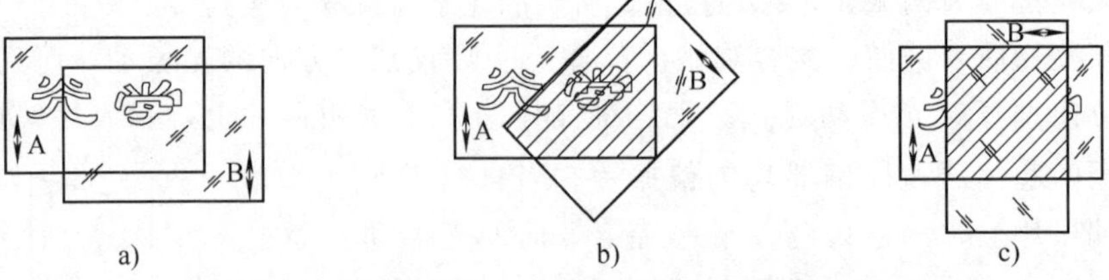

图 11-7　偏振片的应用

a）偏振片 A、B 的偏振化方向相同　b）偏振片 A、B 的偏振化方向成一不为 90°的交角

c）偏振片 A、B 的偏振化方向互相垂直

第二节　马吕斯定律

偏振光通过检偏振器后，其光强的变化有什么规律呢？1809 年，马吕斯从实验中发现光强为 I_0 的偏振光透过检偏振器后，其光强（不考虑吸收）变为

$$I = I_0 \cos^2 \alpha \tag{11-1}$$

式中，α 是起偏器和检偏器两个偏振化方向间的夹角。

式（11-1）称为马吕斯定律。现证明如下：

如图 11-8 所示，A 和 B 分别表示起偏器和检偏器，A 的偏振化方向为 $\boldsymbol{N}$ 方向，B 的偏振化方向为 $\boldsymbol{N}'$方向，α 表示它们的偏振化方向之间的夹角。若起偏器产生的偏振光振幅为 A_0，当它投射到检偏器上时，我们可将 A_0 分解为两个分量，一个为平行于 $\boldsymbol{N}$ 方向（即 B 的偏振化方向）上的分量 $A_1 = A_0 \cos\alpha$，另一个为垂直于 $\boldsymbol{N}$ 方向上的分量 $A_2 = A_0 \sin\alpha$。显然，垂直于 $\boldsymbol{N}$ 方向的光振动 A_2 不能通过检偏器，所以通过检偏器后，光振动的振幅为 A_1。设入射偏振光的光强为 I_0，经检偏器出来的偏振光的光强为 I，因为光强与振幅的平方成正比，故有

$$\frac{I}{I_0} = \frac{A_1^2}{A_0^2} = \frac{A_0^2 \cos^2 \alpha}{A_0^2} = \cos^2 \alpha$$

即

$$I = I_0 \cos^2 \alpha$$

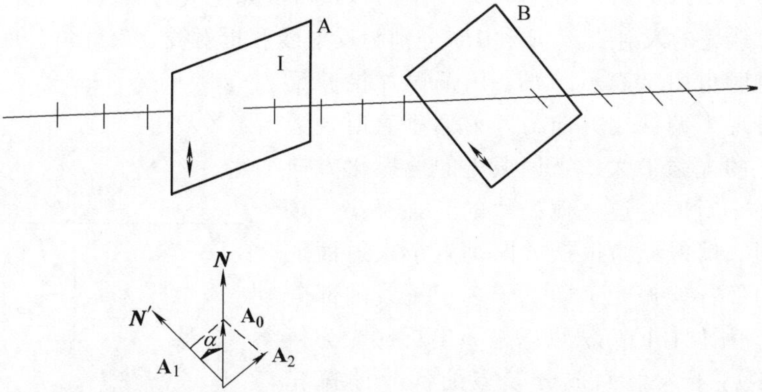

图 11-8　马吕斯定律的证明

例如，当起偏器与检偏器的偏振化方向平行，即 $\alpha = 0°$，或 180°时，则 $I = I_0$，光强最大。如它们彼此正交，即 $\alpha = 90°$或 270°时，则 $I = 0$，光强最小，这时没有光从检偏器中射出。若 α 介于上述各值之间，则光强在最大和零之间，因此检偏器不仅可以用来检查入射光是否为偏振光，并且还可以确定出偏振化的方向。

例 11-1　一束自然光入射到互相重叠的四块偏振片上，每块偏振片的偏振化方向相对前面一块偏振片沿顺时针（迎着透射光看）转过 30°角，问入射光中

有百分之几透过这组偏振片（不计偏振片对光的吸收）?

解　设入射光的光强为 I_0，透过第一、二、三和四块偏振片后光强分别为 I_1、I_2、I_3 和 I_4。因自然光可以看作振动方向互相垂直、互相独立、光强相等的两个线偏振光，由第一块偏振片的起偏作用，透过沿其偏振化方向的光强为

$$I_1 = 1/2 I_0$$

射入第二块偏振片的光为线偏振光，透过它的光强为 I_2，根据马吕斯定律，

$$I_2 = I_1 \cos^2\alpha = \frac{1}{2} I_0 \cos^2\alpha$$

同理，可得 I_3 为

$$I_3 = I_2 \cos^2\alpha = \frac{1}{2} I_0 \cos^4\alpha$$

$$I_4 = I_3 \cos^2\alpha = \frac{1}{2} I_0 \cos^6\alpha = \frac{1}{2} I_0 \left(\frac{\sqrt{3}}{2}\right)^6 = 0.21 I_0$$

即入射光的 21% 能透过偏振片组。

第三节　反射和折射时光的偏振

实验发现，当自然光入射到两种媒质的分界面上时，反射光和折射光都是部分偏振光。如图 11-9 所示，MM'是两种媒质（如空气与玻璃）的分界面，SI 是一束自然光的入射线，IR 和 IR'分别为反射线和折射线。入射角、反射角用 i 表示，折射角用 γ 表示。如果用偏振片检验反射光，发现当偏振化方向与入射面垂直时，透过偏振光的光强最大；当偏振光的偏振化方向与入射面平行时，透过偏振片的光强最小。该结果说明，反射光为偏振方向垂直于入射面成分较多的部分偏振光（即点子多于短线的部分偏振光）。用同样的方法可以检验出折射光为偏振方向平行于入射面成分较多的部分偏振光（即短线多于点的部分偏振光），如图 11-9 所示，这一现象是马吕斯于 1808 年发现的。

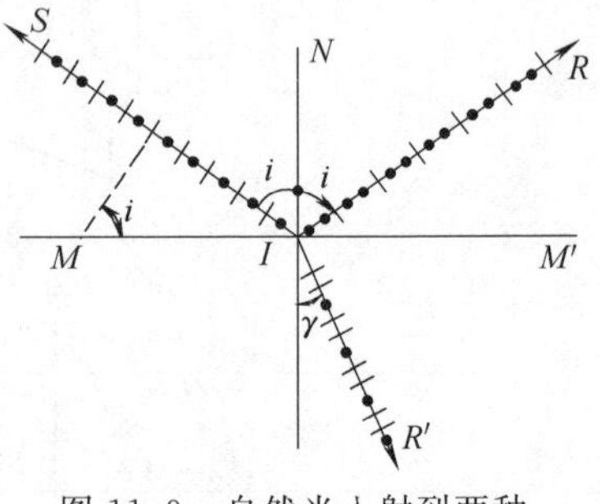

图 11-9　自然光入射到两种媒质的分界面

1812 年，布儒斯特在研究反射光和折射光的偏振时发现，反射光和折射光的偏振化程度与入射角 i 有关。设 n_1 为媒质 1（例如空气）的折射率，n_2 为媒质 2（例如玻璃）的折射率，当入射角 i 等于某一特定值 i_0，而 i_0 满足下式

$$\tan i_0 = \frac{n_2}{n_1} \tag{11-2}$$

时，反射光中就只有垂直于入射角的光振动，而没有平行于入射角的光振动，这

时反射光为偏振光，而折射光仍为部分偏振光，如图11-10所示。式（11-2）称为布儒斯特定律，i_0 称为起偏角或布儒斯特角。

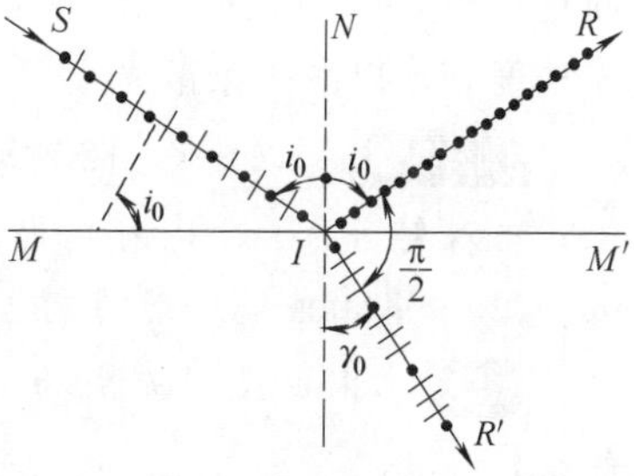

图11-10　折射光为短线多于点的部分偏振光

根据折射定律，入射角 i_0 与折射角 γ_0 的关系为

$$\frac{\sin i_0}{\sin\gamma_0} = \frac{n_2}{n_1}$$

而在入射角为起偏振角时，又有

$$\tan i_0 = \frac{\sin i_0}{\cos i_0} = \frac{n_2}{n_1}$$

所以有

$$\sin\gamma_0 = \cos i_0$$

即

$$i_0 + \gamma_0 = \pi/2$$

此结果说明，当入射角为起偏振角时，反射光与折射光互相垂直。

综上所述可知，当入射角 i 等于起偏振角 i_0 时，反射光成为完全偏振光，其振动面与入射面垂直，这就是反射起偏振法。例如光自空气入射向玻璃而反射时，有 $n_1=1$，$n_2=1.5$，则由式（11-2）得起偏振角 i_0 应为56.3°；光自空气射到水面上时，$n_2=1.33$，由式（11-2）可得起偏振角 i_0 为53.1°。

在两种介质的分界面上，利用起偏角反射是获得偏振光的一种简单方法。但是在这种方法中，不但全偏振的反射光与入射光不在一条直线上，使用不便，而且经过一次反射、折射后，反射光虽然是完全偏振光，但光强很小，它仅占入射光中垂直于入射面的振动的光能的一小部分（约15%）；因此折射光（或叫透射光）应是部分偏振光，它占有入射光中的平行于入射面的振动的全部光能和垂直于入射面的振动的大部分光能。为了增强反射全偏振光的光强度和折射光的偏振化程度，可以把玻璃片叠起来，成为玻璃片堆。当自然光以布儒斯特角入射，并连续通过许多玻璃片（玻璃片堆）时，如图11-11所示，入射光在各层玻璃面上经过多次的反射和折射，使得反射光的能量加强，同时折射光的偏振化程度也逐渐增高。当玻璃片足够多时，最后透射出来的折射光就接近于完全偏振光，

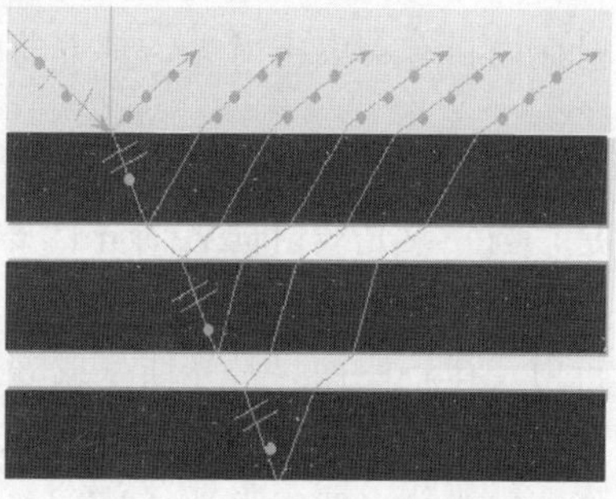

图11-11　玻璃片堆

而且还与入射光在同一方向上。在这里，所用玻璃堆片的质量要好，表面平，光洁度好，以减少杂散光。

例 11-2　如图 11-12 所示，自然光由空气入射到折射率 $n_2=1.33$ 的水面上，当入射角为 i 时反射光为完全偏振光。今有一块玻璃浸入水中，其折射率 $n_3=1.5$，若由玻璃反射的光也为完全偏振光，求水面与玻璃之间的夹角 α。

解　根据反射光成为完全偏振光的条件

$$i+\gamma=90°$$

由图可知，$i_2=\gamma+\alpha$，α 为所求的角，由折射定律可得

$$\sin\gamma=\frac{n_1}{n_2}\sin i=\frac{n_1}{n_2}\cos\gamma$$

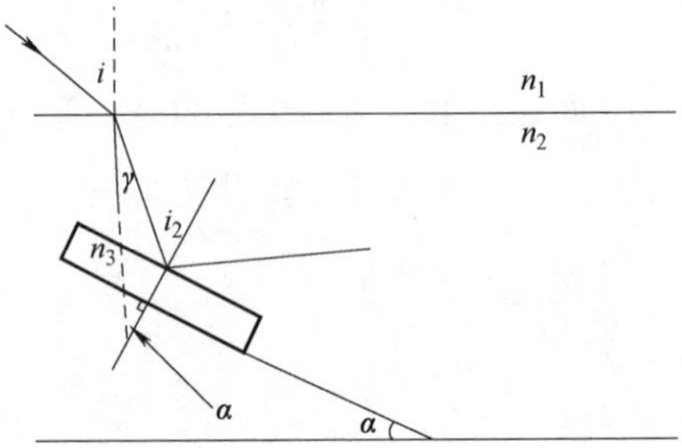

图 11-12　例 11-2 图

即　$$\tan\gamma=\frac{n_1}{n_2}=\frac{1}{1.33}$$

所以　$$\gamma=36°56'$$

又因 i_2 是布儒斯特角，由布儒斯特定律可得

$$\tan i_2=\frac{n_3}{n_2}=\frac{1.5}{1.33}$$

则　$$i_2=48°26'$$

所以　$$\alpha=i_2-\gamma=48°26'-36°56'=11°30'$$

第四节　光的双折射现象

一、光的双折射现象

我们知道，一束光线在两种光学各向同性媒质的分界面上发生折射时，在入射面内只有一束折射光，其方向由折射定律决定，即

$$\frac{\sin i}{\sin\gamma}=\frac{n_2}{n_1}=n_{21}=\text{恒量}$$

但是，当一束光线射向各向异性媒质（例如方解石等晶体）的表面时，它的折射光不是一束，而是两束，如图 11-13 所示，其中一束折射光线遵从上述通常的折射定律，叫做寻常光线（或 o 光），另一束折射光，则不遵从通常的折射定律，且随入射光的方向而变化，在一般情况下，这束折射光不在入射面内，故叫作非常光线（或 e 光），如图 11-14a 所示，这种现象就称为双折射现象。

图 11-13 所示的晶体是方解石（$CaCO_3$）晶体，虽然它的棱边可以有任意长度，但是晶体的界面总是钝角为 102°，锐角为 78°的平行四边形。用一细束平行

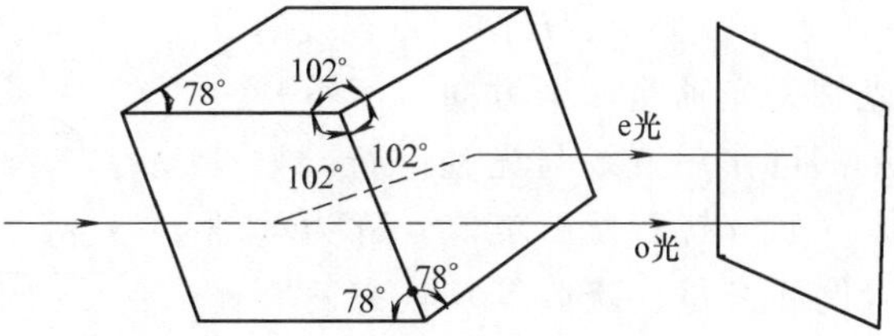

图 11-13　方解石

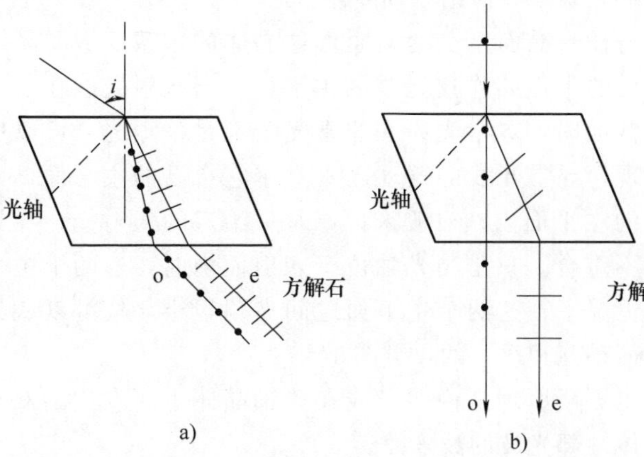

图 11-14　自然光通过方解石时 o 光和 e 光的偏振情况

光投射在透明的方解石表面，在晶体内将出现传播方向稍有不同的两束折射光。如果光束足够细，晶体又足够厚，则从晶体射出来的两束光可以完全分开，如图 11-13 所示。例如把一块透明的方解石晶体放在有字的纸面上，可以看到晶体下的字呈现双像。

实验证明，无论入射角 i 怎样变化，o 光总是遵守通常的折射定律，而 e 光却不同，它不一定在入射面内，而且对不同的入射角 i，$\frac{\sin i}{\sin\gamma}$的量值也不是恒量，甚至在入射角 $i=0$ 时，寻常光线沿原方向前进，而非常光线一般不沿原方向前进，如图 11-14b 所示，这时，如果把方解石晶体旋转，将发现 o 光不动，而 e 光却随着晶体的旋转而转动起来。

产生双折射现象的原因，是由于寻常光线与非常光线在晶体中传播的速度不同，寻常光线在晶体中各个方向的传播速度相同，而非常光线的传播速度却随方向而变化，即在晶体中每个方向都有两个光速，一个是寻常光的速度，另一个是非常光的速度，在一般情况下，这两个速度不相等，但晶体中有这样的一个方向，沿这一方向，寻常光线与非常光线的传播速度相等，这一方向称为晶体的光轴。例如方解石晶体有两个特殊的顶点 A 和 B（图 11-15），A、B 两顶点的棱边的夹角都是 102°的钝角。如果方解石是各棱边的长度都相等的平行六面体，如图 11-15 所示，则 A、B 两顶点连线的方向就是方解石的光轴。光轴是一个方向，而不是一直线，经过每一点都可作一直线与光轴平行。只具有一个光轴的晶体（如方解石及石英等）称为单轴晶体。有些晶体（例如云母、硫黄等）具有两个光轴，称为双轴晶体，光通过双轴晶体时，可以观察到比较复杂的现象，本章只讨论单轴晶体。

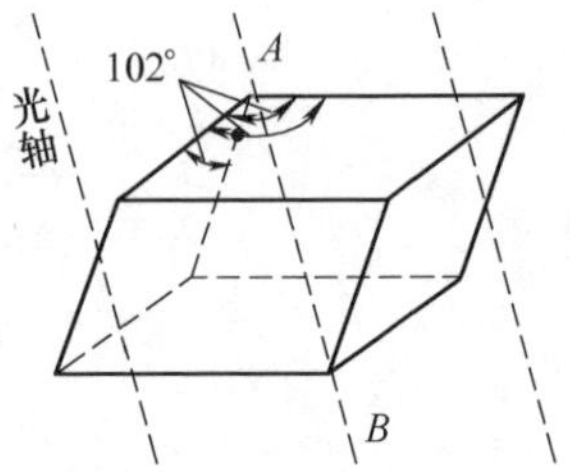

图 11-15　方解石光轴

通过光轴并与任一晶面正交的面叫作这晶体的主截面。在晶体中任一已知光线和光轴所组成的平面叫作这光线的主平面。当入射光线在主截面内亦即入射面是晶体的主截面时，寻常光线和非常光线都是偏振光，可以用检偏器来检验。实验结果发现，寻常光线的振动面垂直于它自己的主平面，而非常光线的振动面在它自己的主平面内。一般来说，对一给定的入射光，寻常光线和非常光线的主平面并不重合，只是当光轴位于入射面内时，这两个主平面才严格地重合，但在一般情况下，这两个主平面之间夹角很小，故可以认为寻常光线和非常光线的振动面是互相垂直的，见图 11-14。

下面我们用惠更斯原理来说明光线在单轴晶体中所发生的双折射现象，并用作图法给出晶体内部光波的波阵面。

我们知道，在晶体中寻常光线和非常光线是以不同的速度传播的。寻常光线沿不同方向的传播速率相同，因此寻常光线波面上一点在晶体中发出的次波波面是球面，而非常光线沿不同方向的传播速率不同，其波面上一点在晶体中发出的次波波面是以光轴为轴的旋转椭球面。如图 11-16 所示，在光轴方向上，寻常光线和非常光线的速率相等，两波面相切；在垂直于光轴的方向上，o 光和 e 光的速率相差最大。用 v_o 表示 o 光在晶体中的传播速率，n_o 表示它的折射率，v_e 表示 e 光在晶体中沿垂直于光轴方向的传播速率，n_e 表示它在这个方向上的折射率。这个折射率 n_e 叫作 e 光的主折射率，e 光在其他方向的折射率则介于 n_o 和 n_e 之间。表 11-1 列出了几种晶体的折射率。

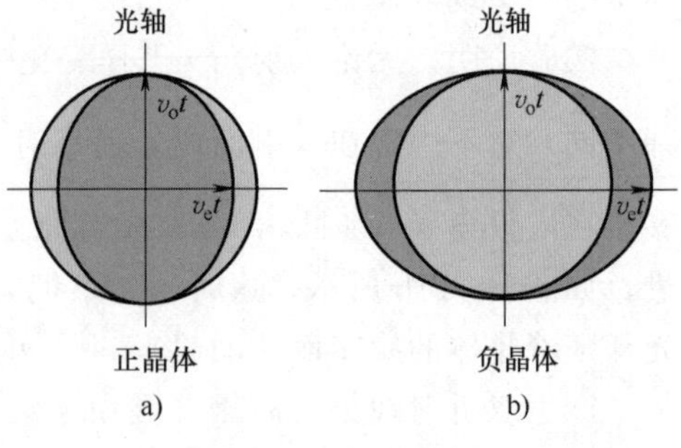

图 11-16　单轴晶体中 o 光和 e 光的波面

对于有些晶体，$v_o > v_e$，亦即 $n_e > n_o$，那么球面包围椭球面，如图 11-16a 所示，这类晶体，例如石英等，称为正晶体。另外有些晶体，$v_o < v_e$，亦即 $n_e < n_o$，则椭球面包围球面，如图 11-16b 所示，这类晶体，例如方解石等，称为负晶体。

表 11-1　几种双折射晶体的折射率

晶体	n_o	n_e	n_e-n_o
方解石	1.6584	1.4864	−0.1720
电气石	1.669	1.638	−0.031
白云石	1.6811	1.500	−0.1811
菱铁矿	1.875	1.635	−0.240
石英	1.5443	1.5534	+0.091
冰	1.309	1.313	+0.004

根据上述球面波和旋转椭球面波的概念，在下述三种特殊情况下（其中晶体的光轴都在入射面内），我们可以简单地用作图法求出单轴晶体中寻常光线和非常光线的波阵面。

（1）倾斜入射的平面　如图 11-17a 所示，AC 是平面入射波的波振面，当入射波由 C 点传到 D 点时，自 A 向晶体内已发出球形和椭球形两个子波波振面。这两个子波波振面相切于光轴上的 G 点。从 D 点画出两个平面 DE 和 DF 分别与球面和椭球面相切。在晶体中，DE 是寻常光线的新波振面，DF 是非常光线的新波振面。引 AE 和 AF 两线，就得到两条光线在晶体中传播的方向。这里可看到非常光线的传播方向与波振面并不垂直。

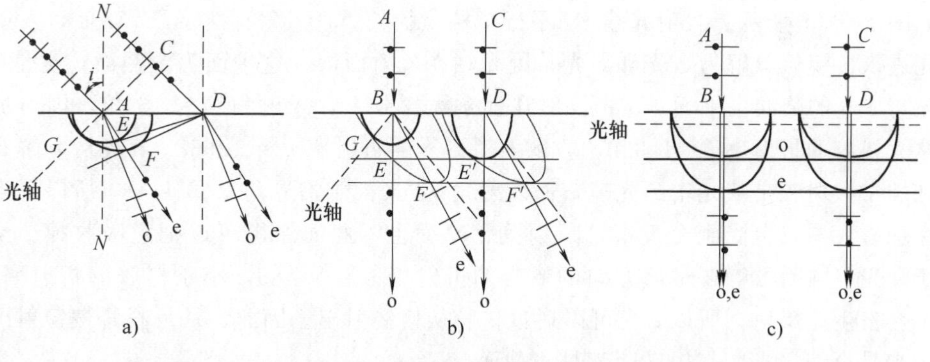

图 11-17　用作图法求波阵面

a）平面波倾斜射入方解石的双折射现象　b）平面波垂直射入方解石的双折射现象

c）平面波垂直射入方解石（光轴在折射面内并平行于晶面）的双折射现象

（2）垂直入射的平面波（晶体的光轴与晶体斜交）　当平面波射到晶体的表面时，自平面波波振面上任意两点 B 与 D 向晶体内发出球形和椭球形两个子波波振面（图 11-17b）。这两个子波波振面相切于光轴上的 G 点。作 EE' 和 FF' 面分别与上述两子波波振面相切，即得寻常光线与非常光线在晶体中的波振面。引 BE 和 BF 两线，就得到两条光线在晶体中的传播的方向。

(3) 垂直入射的平面波（晶体的光轴平行于晶面）　这里，两种光线折射后仍沿原入射方向传播（图 11-17c）。但应注意，两者的传播速率和折射率都不相等，因而和光线在晶体内沿光轴方向传播时具有同速率、同折射率、无双折射现象的情况是有基本区别的。

二、尼科耳棱镜

由以上我们知道，利用晶体的双折射现象从一束自然光可以获得振动面相互垂直的两束偏振光，这两束偏振光的分开程度取决于晶体的厚度。纯净天然晶体的厚度一般较小，因而两偏振光的分开程度很小，实用价值不大。尼科耳棱镜是将两块根据特殊要求加工的直角方解棱镜用特种树脂粘合成一体的长方形柱形棱镜。在这棱镜中，使一束偏振光透过，使另一束偏振光受到全反射而被移去。因而尼科耳棱镜和偏振片是用于产生和检查偏振光的仪器，其详细构造和原理如下：

如图 11-18a 所示，取一方解石晶体，它的长度约等于其厚度的三倍，天然方解石的两个端面与底边成 71°角，即平行四边形 $A'CN'M$ 的两对角为 71°角，把两个端面磨掉一部分，使与底边成 68°角，即使平行四边形 $A'CN'M$ 成为 $ACNM$，然后将晶体沿着垂直于 $ACNM$ 及两端的平面剖成两块，把剖面磨光并用加拿大树胶粘合起来即成为尼科耳棱镜，光轴在 $ACNM$ 平面内与 AC 成 48°角，如图 11-18b 所示。入射光线 SI 平行于棱镜的长边，入射面为 $ACNM$ 面，入射光进入棱镜后分解为 o 光和 e 光，因光轴在入射面内，这平面为主截面，也是 o 光与 e 光的公共主平面。o 光投射在加拿大树胶上，入射角约为 76°角，因为加拿大树胶的折射率 $n=1.550$，方解石对 o 光的折射率 $n_o=1.658$，o 光从方解石到加拿大树胶是从光密到光疏，而入射角 76°又大于临界角（69°15′），所以 o 光在加拿大树胶上受到全反射，反射到 CN 面上，此面涂黑可以把它吸收掉。至于 e 光，则因方解石对该方向的 e 光的折射率 $n_e=1.486$，小于树胶的折射率，不会发生全反射，所以 e 光可以通过树胶从棱镜射出。因此，从尼科耳棱镜射出的光是全偏振光，其振动面就是主截面。

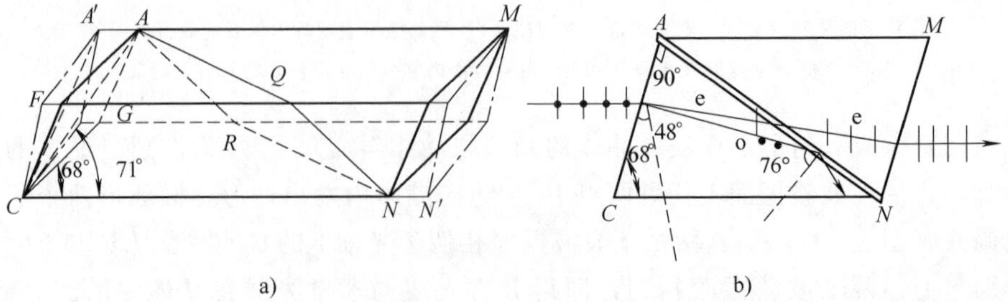

图 11-18　尼科耳棱镜

三、二色性

单轴晶体对寻常光线与非常光线的吸收性能一般来说是相等的。但也有一些晶体，如电气石，吸收寻常光的性能特别强，在1mm厚的电气石晶体内，寻常光线几乎全部被吸收。晶体对寻常光与非常光具有选择吸收的这种性能，称为二色性。利用二色性可以制成起偏器，例如电气石便可以用作起偏器。这种起偏器的缺点是对各种颜色的非常光亦有选择性吸收，使偏振光带黄色。

在一般科研和工业技术中广泛使用的起偏、检偏元件——人造偏振片，就是用人工方法制成的具有二色性的晶片。例如，我们前面介绍过的偏振片，就是利用二色性很强的细微晶体制成的。例如，将碘化硫金鸡钠微晶（具有很强的二色性）悬浮在胶体中，当胶体拉成薄膜时，这些微晶随着拉伸方向整齐排列，起一块大片二色性晶体的作用，这样可以制成大面积的偏振片。近年来由于塑料工业的发展，已制成多种偏振片，如H片、K片等，这类偏振片可制成直径大至数十厘米的尺寸，而且具有成本低廉、轻便以及可大量生产等优点，所以在实际生产中得到广泛的应用，但透过偏振片的偏振光有偏振不纯的缺点。

四、人为双折射现象

上面我们讨论的是光通过天然晶体时所产生的双折射现象。有些非晶体，例如塑料、玻璃、环氧树脂等通常是各向同性的，没有双折射现象，但我们可以用人工的方法，使这些非晶体物质呈现双折射现象，这叫作人为双折射。

对透明的塑料或玻璃等物质施以机械力（压力或张力），可使这些物质具有与方解石晶体相类似的各向异性的光学性质，即会产生双折射现象，这种利用机械外力使非晶体产生的双折射现象叫作光弹性效应。

对另一些物质（如二硫化碳、三氯甲烷等），在强大的电场作用下也会改变各向同性为各向异性的光学性质，利用这种方法所产生的双折射现象叫作电光效应，亦称克尔效应，这是为纪念克尔（Kerr）于1875年最早发现此现象而命名的。

现在，人们已广泛地应用光弹性方法检测物体内部的胁强，从而为设计机械部件和大型建筑提供了科学依据和实验手段，而用克尔效应制成的光开关器件已广泛用于光速摄影和各种激光装置中。

第五节　旋光现象

阿喇果（Arago）在1811年发现，当偏振光通过某些透明物质时，偏振光的振动面将以光的传播方向为轴线旋转一定的角度，这种现象称为旋光现象。能产生旋光现象的物质叫旋光物质。例如石英晶体、糖溶液、酒石酸溶液等都是旋光物质。实验证明，偏振光通过旋光物质后，其振动面旋转的角度决定于旋光物质的性质、厚度以及入射光的波长等。

观察偏振光振动面的旋转装置（亦称旋光仪），如图 11-19 所示。M 为起偏器，N 为检偏器，C 为盛有液体旋光物质的管子，两端为透明的玻璃片，B 是滤光器，可以产生单色光。观察之前，管中没有注入液体，并使 M 和 N 的偏振化方向互相垂直。这时若以自然光照射 M，则透过 N 的光强为零，视场全暗，然后把液体旋光物质注入管内，由于振动面的旋转，在 N 后将看到视场由原来的全暗变为明亮，旋转检偏器 N，使视场再度变为全暗，这时 B 所转过的角度就是偏振光振动面所转过的角度 $\Delta\psi$。对于旋光性物质的溶液，当入射的单色光波长一定时，振动面的旋转角度 $\Delta\psi$ 决定于

$$\Delta\psi = \alpha l c \tag{11-3}$$

式中，l 为旋光物质的透光长度；c 为旋光物质的浓度；α 为一与旋光物质有关的常数。

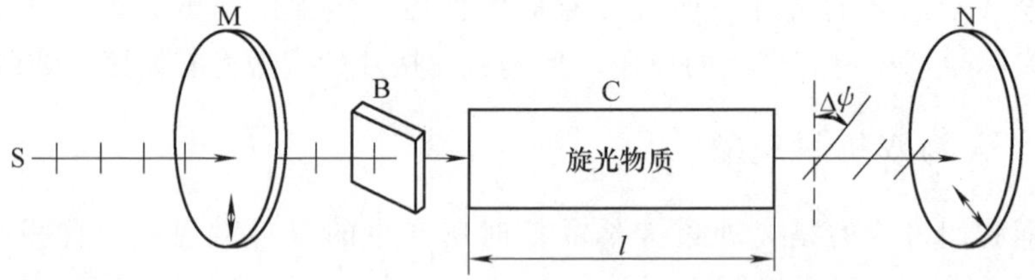

图 11-19　观察偏振光振动面的旋转的实验装置

在制糖工业中，利用糖溶液的旋光性，通过图 11-19 的装置，在已知糖溶液的 α 及 l 的条件下测出 $\Delta\psi$，就可根据式（11-3）计算出糖溶液的浓度，所以这种旋光仪又叫作糖量计。

对于固体旋光物质，其旋转角 $\Delta\psi$ 决定于

$$\Delta\psi = \alpha l$$

式中，α 和 l 的意义同上，如厚度为 1mm 的石英晶片，可使波长 $\lambda=5890\text{Å}$ 的黄光振动面旋转 21.7°，使 $\lambda=4047\text{Å}$ 的紫光旋转 45.9°。

不同的旋光物质可以使偏振光的振动面向不同的方向旋转，如果面对光源观测，那么使振动面向右（顺时针方向）旋转的物质就称为右旋物质，使振动面向左（反时针方向）旋转的物质就称为左旋物质。石英晶体，由于结晶形态的不同具有左旋和右旋两种类型。

第六节　偏振光的干涉

自然光通过双折射物质后，所产生的振动面相互正交的两束偏振光是不相干的。因为在

自然光中，不同振动面上的光振动，是由光源中不同原子和分子产生的，相互之间没有联系，也没有恒定的相位差，所以不能产生干涉现象。但是由同一单色偏振光通过双折射物质后，所产生的两束偏振光却可能是相干的，如图 11-20 所示，当作为起偏器和检偏器的两偏振片Ⅰ和Ⅱ正交时，没有光通过。但若在Ⅰ和Ⅱ之间插入一个薄晶板 C，其光轴 ZZ'平行于晶板表面，则有光从Ⅱ射出。若晶板为楔形，则有明暗相间的条纹出现，这就是偏振光的干涉现象。

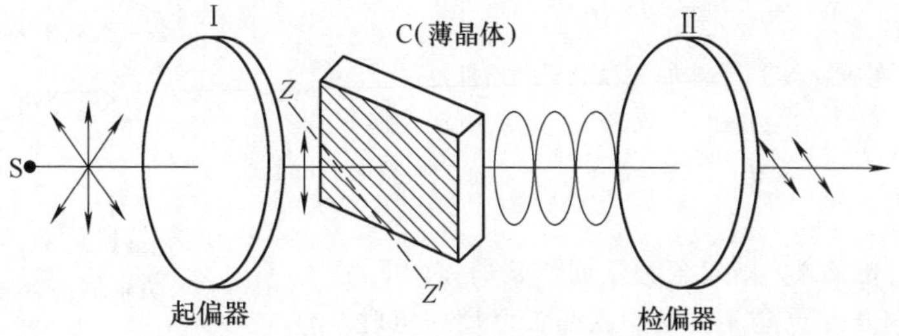

图 11-20 偏振光的干涉

如图 11-21 所示，直线 N 和 N'分别表示正交偏振片Ⅰ和Ⅱ的偏振化方向，从起偏器射出的线偏振光其光振幅为 A，经过晶板 C 后，成为两束相互之间有相位差而振动面相互垂直的偏振光，即振幅分别为 A_e 和 A_o 的 e 光和 o 光。它们在透出偏振片Ⅱ后的振幅分别为 A_{2e} 和 A_{2o}。由图可以看出

$$A_{2e} = A_e \sin\theta = (A\cos\theta)\sin\theta$$

$$A_{2o} = A_o \cos\theta = (A\sin\theta)\cos\theta$$

两式表明，e 光和 o 光在 N'振幅相等，可见，通过 N'的两光是频率相同、振动重合、相位差恒定的相干光，因而能够产生偏振光的干涉现象。**两相干偏振光振幅的确定**

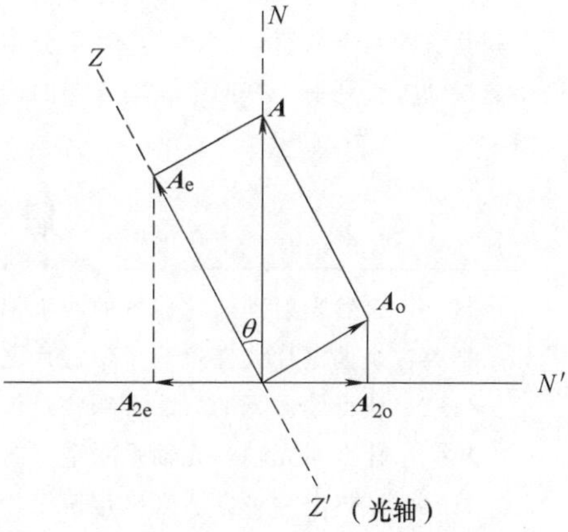

图 11-21 偏振片Ⅰ、Ⅱ的偏振化方向相互垂直

当 $N \perp N'$时，两光的相位差为

$$\delta_{\perp} = \frac{2\pi}{\lambda}(n_o - n_e)d + \pi \tag{11-4}$$

式中，第一项$\frac{2\pi}{\lambda}(n_o - n_e)d$ 为两光透过晶板的相位差；第二项为两光的 A_e 与 A_o 在 N'上的投影方向相反所引起的相位差。设 $n_o > n_e$，则两偏振光通过 N'后干涉加强和减弱的条件分别是

$$\delta_{\perp} = \frac{2\pi}{\lambda}(n_o - n_e)d + \pi = \begin{cases} 2k\pi & (k = 1,2,3,\cdots) \quad 加强 \\ (2k+1)\pi & (k = 1,2,3,\cdots) \quad 减弱 \end{cases} \tag{11-5}$$

当 $N /\!/ N'$时，即把偏振片Ⅱ绕入射光方向转过 90°，使两偏振片Ⅰ和Ⅱ的偏振化方向相

互平行放置（图 11-22）时，则

$$A_{2o}=A_o\sin\theta=A\sin^2\theta$$

$$A_{2e}=A_e\cos\theta=A\cos^2\theta$$

以上两式表明，在一般 θ 值的情形下，在 N' 方向上的两相干光的振幅是不相等的，而且两相干光振动在 N' 上的分量方向相同，它们的相位差为

$$\delta_{11}=\frac{2\pi}{\lambda}(n_o-n_e)d$$

因此，两相干光透过 N' 后干涉加强和减弱的条件是

$$\delta_{11}=\frac{2\pi}{\lambda}(n_o-n_e)d=\begin{cases}2k\pi & (k=1,2,3,\cdots)\quad 加强\\(2k+1)\pi & (k=1,2,3,\cdots)\quad 减弱\end{cases}$$

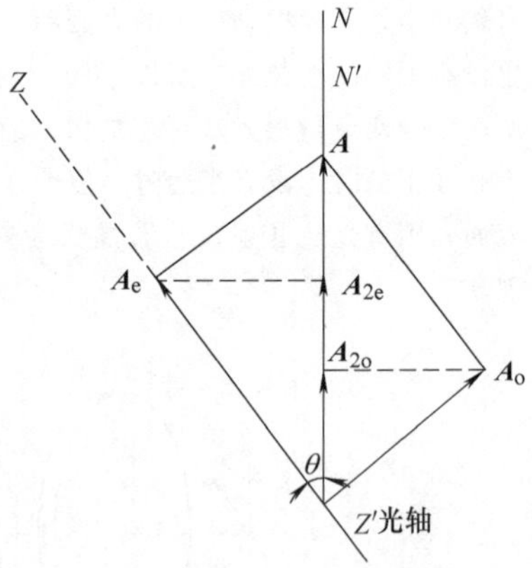

图 11-22　偏振片Ⅰ、Ⅱ的偏振化方向相互平行

如果用白光光源，则对各种不同波长的光，干涉加强和减弱的条件也是不同的。在晶板厚度一定时，满足干涉减弱条件的波长的光即从白光中消失，因而视场中出现一定的色彩，这种现象叫色偏振。

从以上的讨论可以看出，偏振片Ⅰ的作用是产生偏振光，晶片 C 的作用是把偏振光分解为互相垂直的两个分振动，并使这两个分振动具有一定的相位差，而偏振片Ⅱ的作用是把这两个分振动投影到一个方向上，同方向的偏振光才能发生干涉，不同方向的偏振光不能发生干涉。

思　考　题

11-1　自然光射到前后放置的两个偏振片上，这两个偏振片的取向使得光不能透过，如果把第三个偏振片放在这两个偏振片之间，是否可以有光透过？

11-2　获得偏振光的方法有哪些？什么是起偏角？

11-3　什么叫光轴？光轴是一个方向还是一条线？

11-4　试想出一种办法来确定偏振片的偏振化方向。

11-5　用偏振片制成的太阳眼镜为什么会减轻眼睛的疲劳？

11-6　自然光和圆偏振光都可以看成是等幅垂直偏振光的合成，它们之间主要的区别是什么？部分偏振光和椭圆偏振光呢？

习　　题

11-1　使自然光通过两个偏振化方向相交 60°的偏振片，透射光强为 I_1。今在两个偏振片之间再插入另一偏振片，它的偏振化方向与前两个偏振片均成 30°角，则透射光强为多少？

11-2　如果起偏振器和检偏振器的偏振化方向之间的夹角为 30°。(1) 假定没有吸收，则自然光通过起偏器和检偏器，其出射光强与原来光强之比是多少？(2) 如果起偏器和检偏器分别吸收了 10%的可通过光线，则出射光强与原来光强之比是多少？

11-3　在如习题 11-3 图所示的各种情况中，以非偏振光或偏振光入射于界面时，问折射光和反射光各属于什么性质的光？并在图中所示的折射光线和反射光线上用点和短线箭头把振动方向表示出来。图中 $i_0=\operatorname{arccot} n$，$i\neq i_0$。

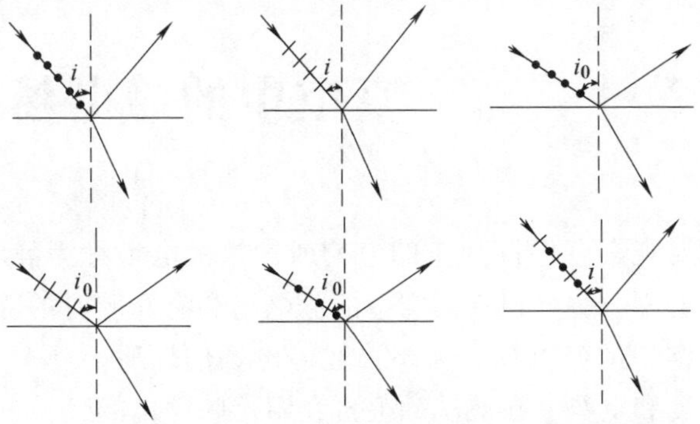

习题 11-3 图

11-4　水的折射率为 1.33，玻璃的折射率为 1.50。当光由水中射向玻璃而反射时，起偏振角为多少？当光由玻璃射向水中而反射时，起偏振角又为多少？

11-5　怎样测定不透明介质（例如珐琅）的折射率？今测得釉质的起偏振角 $i_0=58.0°$，试求它的折射率。

11-6　一束光射入装在玻璃容器（$n=1.50$）里的液体上，从底部反射，反射光与容器底部成 42°37′角度时是完全偏振光，求液体的折射率。

11-7　两偏振片的方向成 30°夹角时，透射光强为 I_1，若入射光不变而使两偏振片方向间夹角变为 45°，则透射光强将如何变化？

11-8　用方解石割成一个正三角形棱镜，其光轴与棱镜的棱边平行，亦即与棱镜的正三角形横截面相垂直，如习题 11-8 图所示。今有一束天然光射入棱镜，为使棱镜内 e 光折射线平行于棱镜的底边，该入射光的入射角 i 应为多少？并在图中画出 o 光的光路。已知 $n_o=1.66$，$n_e=1.49$。

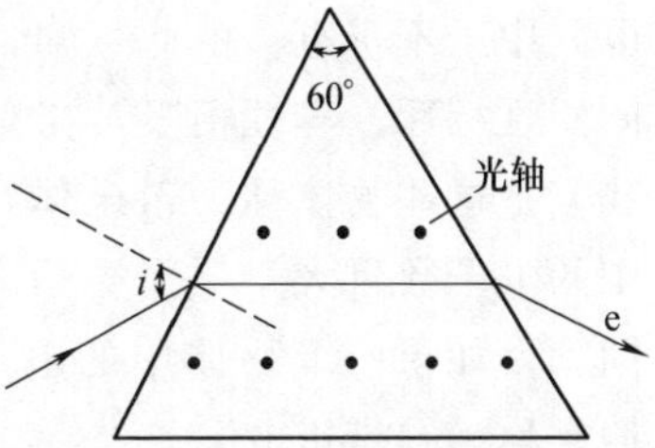

习题 11-8 图

11-9　参看偏振光干涉的实验装置图 11-22，若将晶体板 C 换成夹角 $\alpha=0.33°$的石英劈尖（其光轴平行于棱边），用 $\lambda=6563\text{Å}$ 的光照射可看到干涉条纹。试计算相邻两条纹间距离，已知对该波长石英的折射率 $n_o=1.542$，$n_e=1.551$。

第五篇　电　磁　学

第十二章　真空中的静电场

通常把与相对观察者保持静止的电荷所产生的电场称为静电场。静电学就是研究静电场的科学，主要包括真空中的静电场和有介质时的静电场两大部分。本章主要讨论真空中的静电场。为了描述静电场的性质，首先介绍两个基本的物理量：电场强度和电势。在此基础上再介绍反映静电场性质的两个基本定理：静电场中的高斯定理和环路定理。

第一节　电荷　电荷守恒定律　库仑定律

一、电荷的量子化

1. 电荷与电性

迄今为止，人们已经完全认识到自然界的实体物质大多是由原子构成的，而原子是由电子、质子、中子等基本粒子构成的，其中电子带负电，质子带正电，中子不带电。由此可知，自然界中的电荷有“正”、“负”之分，正负电荷间**同性相斥、异性相吸**。在有些情况下，一些物体中的正负电荷数不一定相等，我们把这些物体称为**带电体**，而很小的带电体通常被称为**电荷**。如果一个物体中的电子数目大于质子数目，我们就说这个物体显负电，通常称为“带负电”；同理，如果一个物体中的电子数目小于质子数目，我们就说这个物体显正电，通常称为“带正电”。

2. 起电方式

将一个不带电物体变为带电体的过程称为起电，常见的起电方式有以下几种：

(1) 摩擦起电　人们对电的认识最初来源于摩擦起电。两个不同的物体，例如玻璃棒与丝绸、橡胶棒与毛皮，经过相互摩擦后都能吸引轻小的物体，如纸屑等。人们定义用丝绸摩擦过的玻璃棒所带的电荷为正电荷，用毛皮摩擦过的橡胶棒所带的电荷为负电荷。电子之所以呈负电，质子之所以呈正电也是由此定义而来的。

玻璃棒与丝绸摩擦，玻璃棒上之所以带正电，是因为玻璃棒上的电子在摩擦的过程中转移到了丝绸上，因此，玻璃棒上的电子数目小于质子数目，玻璃棒就呈正电，丝绸因得到电子而呈负电；同理，橡胶棒与毛皮摩擦，橡胶棒上之所以带负电，是因为毛皮上的电子在摩擦的过程中转移到了橡胶棒上，因此，橡胶棒上的电子数目大于质子数目，橡胶棒就呈负电，毛皮因失去电子而呈正电。

(2) 接触起电　假设有两个可带电的物体，如图 12-1 所示。起初一个带电，一个不带电，现将两个物体接触一下再分开，并利用验电器可以检验出两个物体此时均带电，且为同种电荷。

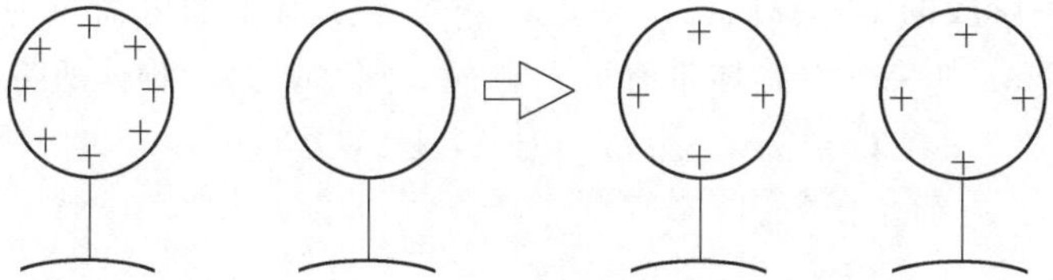

图 12-1　接触起电

就起初不带电的物体而言，在与带电的物体接触时，两个物体在保持接触的时刻，它们实际上构成了一个新的物体，由于这个新物体上的电荷要重新分布（电荷分布规律，将在下一章中讲到），使得原来不显电性的部分也显电性，很自然，当两个物体分开时，原来不带电的物体就带电了。由于是同种电荷的重新分布，所以被分开的两个物体自然带同种电荷。

(3) 感应起电　假设有两个相互接触、且不显电性的物体被放置在一个带电物体的附近，如图 12-2 所示。由于静电感应，这两个相互接触物体上的电荷由于受到带电物体上的电荷的作用，同性相斥、异性相吸，所以在靠近带电物体一端出现与带电体上电荷相反的电荷，在远离带电物体一端出现与带电体上电荷相同的电荷，即电荷重新分布，但总的电荷的代数和为零。此时，若先将这两个物体分开，再移去带电物体，就可以发现，被分开的这两个物体均带上了电，且为等量异种电荷。

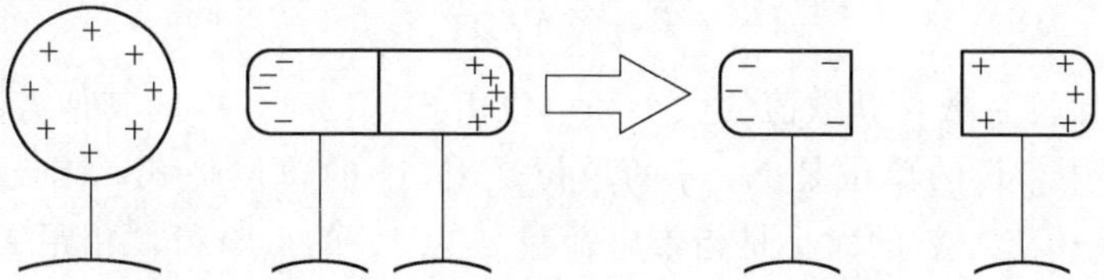

图 12-2　感应起电

如果我们仔细分析以上几种起电方式，就会发现，无论是摩擦起电、接触起电，还是感应起电，各个过程中并没有电荷的产生或消失，电荷（由于正电荷在原子核中，不能转移，实际转移的是负电荷，即电子）只是由一个物体转移到了另一个物体（或由物体的一端转移到了另一端），总的电荷数目保持不变，我们把这种现象称为**电荷守恒定律**。

3. 电荷的量子化

在经典物理中，电子被认为是最基本的、也是不可再分的粒子，因此，电子在转移的过程中，只能是整数个电子的转移，由此可知，任何一个物体如果带电，其电荷量只能是一个电子所带电荷量的整数倍。这种物体所带电荷量只能是一个电子所带电荷量的整数倍的现象被称为**电荷的量子化**。

通过高中阶段的学习我们已经知道，一个电子所带的电荷量为 $e=1.602\times 10^{-19}$C（库仑）。如果一个物体带有 n 个电荷，那么，这个物体所带电荷量为

$$Q = ne, \qquad (n=\pm 1, \pm 2, \pm 3, \cdots)$$

式中，n 被称为电荷量子数。

二、点电荷与真空中的库仑定律

库仑定律是关于两个点电荷之间相互作用的定律。要了解库仑定律，首先要了解什么是点电荷。所谓点电荷是指相互作用的带电体本身的几何尺寸与它们之间的间距相比可以忽略不计，即带电体本身的几何尺寸、电荷分布等因素对用库仑定律处理问题的结果影响不大，这样的带电体就称为**点电荷**。由此可以看出，点电荷与质点类似，也是一个理想的物理模型，具有相对性。要提醒的是：不是带电体几何尺寸很小就可以当点电荷处理，也不是带电体几何尺寸比较大就不能当点电荷处理。一个带电体能否被认为是点电荷，要根据具体问题具体处理。在下一节中，通过对不同带电体所激发的静电场的求解及讨论，对点电荷的定义就会有更深刻的理解。

库仑定律是法国科学家库仑通过对1777年开始的著名扭称实验进行总结，于1785年确定的一个试验定律，此定律构成了静电学的基础，其数学表达式如下

$$F_{12} = k\frac{q_1 q_2}{r_{12}^2} \tag{12-1}$$

式中，k 为比例系数，其数值的大小和单位由式（12-1）中的其他各量决定。在国际单位制中，F 的单位是N，q 的单位是C，r 的单位是m，因此，k 的单位为：$N\cdot m^2\cdot C^{-2}$，k 的大小是指带电荷量各为1C的点电荷，相距1m，作用力为1N时所对应的大小。由实验测得：$k=8.98755\times 10^9 N\cdot m^2\cdot C^{-2}$。由于静电学中的其他公式是由库仑定律推导出的，为了以后方便，在国际单位制中通常用一个物理学中的基本常量 ε_0 代替 k，两者的关系为

$$k=\frac{1}{4\pi\varepsilon_0} \tag{12-2}$$

ε_0 被称为真空中的介电常数。

$$\varepsilon_0=\frac{1}{4\pi k}=8.8542\times10^{-12}\mathrm{C^2/(N\cdot m^2)}$$

将式（12-2）代入式（12-1）得

$$F_{12}=\frac{1}{4\pi\varepsilon_0}\frac{q_1q_2}{r_{12}^2} \tag{12-3}$$

考虑到电荷之间的作用力是矢量，为了更准确地描述作用力的性质，在此引入一个“单位矢量”$\boldsymbol{r}_0$，其物理意义如图 12-3 所示。

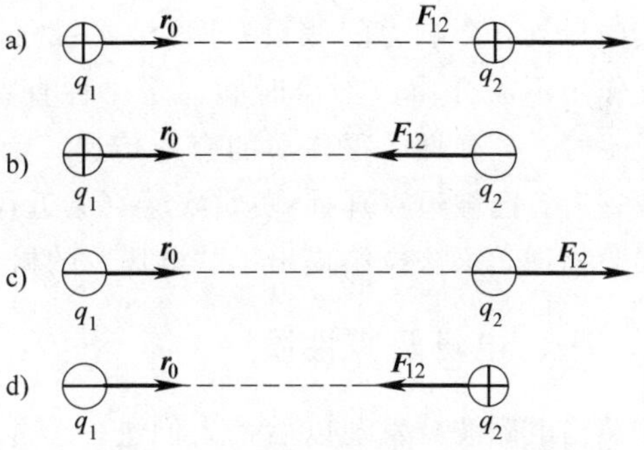

图 12-3　电荷间作用力的单位矢量

由图 12-3 可以看出，单位矢量 $\boldsymbol{r}_0$ 的方向与电荷的正负无关，它是由作用电荷（q_1）指向被作用电荷（q_2）的单位矢量，其大小为

$$|\boldsymbol{r}_0|=1$$

有时也表示为

$$\boldsymbol{r}_0=\frac{\boldsymbol{r}_{12}}{r_{12}}$$

当 q_1、q_2 为同号时，$q_1q_2>0$，则 $\boldsymbol{F}_{12}$ 与 $\boldsymbol{r}_0$ 方向相同，如图 12-3a、c 所示，$\boldsymbol{F}_{12}$ 表现出斥力；当 q_1、q_2 异号时，则 $q_1q_2<0$，$\boldsymbol{F}_{12}$ 与 $\boldsymbol{r}_0$ 方向相反，如图 12-3b、d 所示，$\boldsymbol{F}_{12}$ 表现出引力。

在考虑了力的矢量性后，库仑定律的数学表达式可以改写为

$$\boldsymbol{F}_{12}=\frac{1}{4\pi\varepsilon_0}\frac{q_1q_2}{r_{12}^2}\boldsymbol{r}_0 \tag{12-4}$$

根据作用力与反作用力的关系可知 $\boldsymbol{F}_{12}=-\boldsymbol{F}_{21}$，即 $F_{12}=F_{21}$。

由于在现实中，一个电荷通常受不止一个电荷的作用，此时，库仑力与一般力一样，同样具有叠加性，如图 12-4 所示。

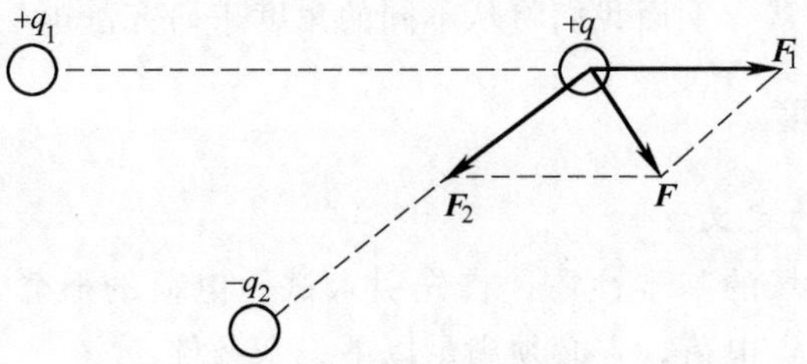

图 12-4　库仑力的叠加

$$\boldsymbol{F}=\boldsymbol{F}_1+\boldsymbol{F}_2+\cdots+\boldsymbol{F}_n=\frac{q}{4\pi\varepsilon_0}\sum_{i=1}^{n}\frac{q_i}{r_i^2}\boldsymbol{r}_{i0} \tag{12-5}$$

如果作用电荷是连续分布的，则式（12-5）中的求和号将变为积分号。

第二节　电场　电场强度　电场强度叠加原理

我们知道，两个电荷之间有相互作用力，而力又有三要素：大小、方向、作用点。关于大小和方向，库仑定律已经给出了明确的说明，而作用点在哪里？这种相互作用力是靠什么实现的呢？对此问题，历史上曾经有过不同的假设，其中最具有影响力的假设有两个：一是超距作用，这种观点认为电荷之间的相互作用不需介质、不需时间，是一种直接作用；二是靠“以太”这种看不见、摸不着、高弹性、很稀薄的介质传递。前者违背了力的三要素原则，不可能实现；后者已被迈克耳孙-莫雷实验（见近代物理有关内容）所否定。后来，英国实验物理学家法拉第提出了“电场”的概念，并被实践证明是正确的。

一、电场及其性质

当电磁波被发现以后，人们进一步发现，电场、磁场可以脱离电荷和电流而存在，在真空中它有恒定的传播速度——光速，而且它与实体物质一样具有能量、动量，这充分说明电场和磁场是一种以特殊形态存在的物质。既然是一种物质，它一定具有一般物质的性质：具有质量、能量、动量等。其特殊性表现在：一是叠加性——许多个场可以同时占有同一空间；二是其速度要么以光速传播，要么相对电荷和电流（或者观察者）静止。

人们把相对观察者静止的电荷所产生的电场称为静电场，静电场主要表现为以下两种性质：

1）静电场对放入其中的电荷有力的作用——静电场力。

2）当电荷在电场中运动时，静电场对电荷做功——静电场力的功。

由此可以看出，电荷与电荷之间的相互作用是靠其周围各自所激发的电场的相互作用而实现的，实际上也是物质与物质之间的作用，很自然，这种作用并不违背力的三要素。下面我们将从不同的角度来研究静电场的性质。

二、电场强度

1. 电场强度的定义

为了了解静电场的基本性质，首先引入试验电荷的概念。所谓试验电荷就是一个非常微小的点电荷，它必须满足以下三个条件：

1）带电荷量非常小——由于任何电荷均会在其周围激发静电场，当试验电荷被放入待测电场中时，它必然会对原有的待测电场的分布产生影响。为了将此影响降低到实验精度范围内，试验电荷带的电荷量必须非常小。

2）体积非常小——只有试验电荷自身的体积非常小，所测试的位置才有确定的意义。

3）均采用正电荷——通过下一节的学习可以看出，正的试验电荷和负的试验电荷放入同一个电场中的同一位置对待测电场分布的影响不同，因此，为了得到相同的测量结果，建议试验电荷统一采用正电荷。

以点电荷为例，将试验电荷 q_0 放在点电荷所产生的电场中的不同位置上，一般情况下，它所受的力的大小和方向是不同的（图 12-5a）。而在电场中的同一位置 P 点依次放置不同的试验电荷 q_0，$2q_0$，$3q_0$，…。可以发现，试验电荷在该点所受电场力的方向恒定，大小与试验电荷所带电荷量成正比（图 12-5b、c、d），即试验电荷在该点所受电场力与试验电荷所带电荷量的比值为一个恒定的矢量，即

$$\frac{\boldsymbol{F}}{q_0}=\frac{2\boldsymbol{F}}{2q_0}=\frac{3\boldsymbol{F}}{3q_0}=\cdots=\text{恒定矢量} \tag{12-6}$$

由式（12-6）可以看出，该比值与试验电荷无关，只与 P 点电场的性质有关。因此，人们用此比值来描述电场的性质。令

$$\boldsymbol{E}=\frac{\boldsymbol{F}}{q_0} \tag{12-7}$$

为 P 点的电场强度。即电场中任一点 P 的电场强度 $\boldsymbol{E}$ 的大小和方向是将单位试验电荷放在该点时所受力的大小和方向。注意：该电场强度的定义式虽然是从点电荷得出的，但对任意形式的电场均适用。

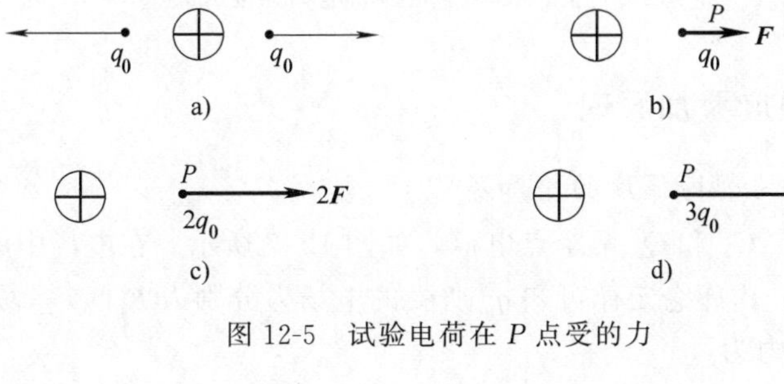

图 12-5　试验电荷在 P 点受的力

在国际单位制中，力的单位是牛顿（N），电荷量的单位是库仑（C），由式（12-7）可以知道电场强度的单位是牛顿每库仑，符号为 N/C，其量纲为$\mathrm{I^{-1}LMT^{-3}}$。

若电场中某点的电场强度 $\boldsymbol{E}$ 已知，则由式（12-7）可知置于该点的点电荷 q_0 所受的电场力为

$$\boldsymbol{F} = q_0 \boldsymbol{E} \tag{12-8}$$

由式（12-8）可知，如果 $q_0>0$，则电场力的方向与该点电场强度的方向相同；如果 $q_0<0$，则电场力的方向与该点电场强度的方向相反。

2. 点电荷的电场强度

对于点电荷 q 而言，其周围的电场也应用试验电荷去测试。将试验电荷 q_0 放在距点电荷 r 处，则由库仑定律式（12-4）可知，试验电荷 q_0 所受的电场力为

$$\boldsymbol{F} = \frac{1}{4\pi\varepsilon_0}\frac{q_0 q}{r^2}\boldsymbol{r}_0$$

根据电场强度的定义式（12-7），r 处的电场强度为

$$\boldsymbol{E} = \frac{\boldsymbol{F}}{q_0} = \frac{1}{4\pi\varepsilon_0}\frac{q}{r^2}\boldsymbol{r}_0 \tag{12-9}$$

当 $q>0$ 时，则 $\boldsymbol{E}$ 与 $\boldsymbol{r}_0$ 同向；当 $q<0$ 时，则 $\boldsymbol{E}$ 与 $\boldsymbol{r}_0$ 反向。电场强度的大小只与点电荷的电荷量和位置有关，再结合单位矢量 $\boldsymbol{r}_0$ 的定义，可知正、负电荷周围的电场强度分布如图 12-6 所示。

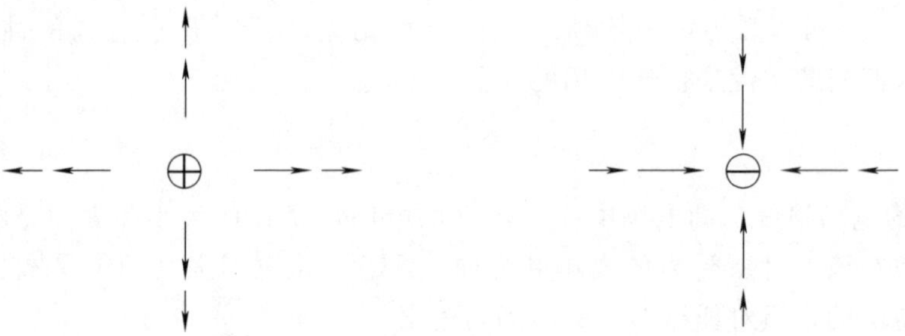

图 12-6　正、负电荷周围的电场强度分布

三、电场强度叠加原理

1. 点电荷系的电场强度的叠加原理

设真空中存在 Q_1 和 Q_2 两个点电荷，如图 12-7 所示。在电场中的 P 点放置一个试验电荷 q_0，由库仑定律可知 q_0 所受的电场力分别为 $\boldsymbol{F}_1$、$\boldsymbol{F}_2$，那么，试验电荷 q_0 所受的合力为

$$\boldsymbol{F}=\boldsymbol{F}_1+\boldsymbol{F}_2$$

由电场强度的定义式（12-7）可知，P 点的电场强度为

$$\boldsymbol{E} = \frac{\boldsymbol{F}}{q_0} = \frac{\boldsymbol{F}_1}{q_0} + \frac{\boldsymbol{F}_2}{q_0}$$

实验证明，此结论可以推广到 n（$n>2$）个电荷的情况，即

$$\boldsymbol{F} = \boldsymbol{F}_1 + \boldsymbol{F}_2 + \cdots + \boldsymbol{F}_n$$

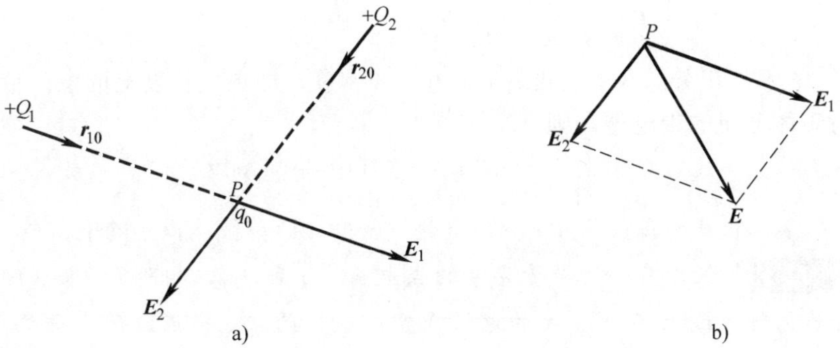

图 12-7 电场强度的叠加

则 P 点的电场强度为

$$\boldsymbol{E}=\frac{\boldsymbol{F}}{q_0}=\frac{\boldsymbol{F}_1}{q_0}+\frac{\boldsymbol{F}_2}{q_0}+\frac{\boldsymbol{F}_3}{q_0}+\cdots+\frac{\boldsymbol{F}_n}{q_0}$$

如果用 $\boldsymbol{E}_1$，$\boldsymbol{E}_2$，…，$\boldsymbol{E}_n$ 分别表示各个电荷单独存在时在 P 点产生的电场强度，则

$$\boldsymbol{E}=\boldsymbol{E}_1+\boldsymbol{E}_2+\boldsymbol{E}_3+\cdots+\boldsymbol{E}_n=\sum_{i=1}^{n}\boldsymbol{E}_i \tag{12-10}$$

结论：一个点电荷系在空间某点 P 产生的电场强度等于各个点电荷单独存在时在该点所产生的电场强度的矢量和。这个结论被称为电场强度叠加原理。

2. 连续带电体的电场强度

以面分布的带电体为例，假设某任意面上分布有电荷，如图 12-8 所示。根据微积分知识，可以将带电面分割成许许多多个电荷元，每个电荷元都满足点电荷的要求。取其中任意一个电荷元 $\mathrm{d}q$，假设 $\boldsymbol{r}$ 是 P 点相对该电荷元的位置矢量，则根据点电荷的电场强度定义式（12-9），电荷元 $\mathrm{d}q$ 在 P 点产生的电场强度为

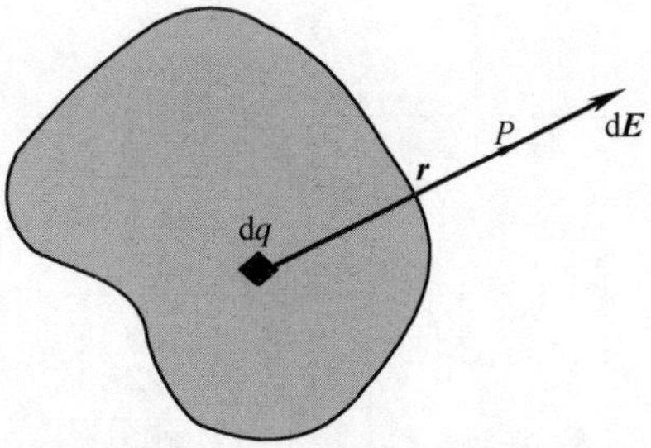

图 12-8 连续带电体的电场

$$\mathrm{d}\boldsymbol{E}=\frac{1}{4\pi\varepsilon_0}\frac{\mathrm{d}q}{r^3}\boldsymbol{r} \tag{12-11}$$

那么，在任意面上分布的所有电荷在 P 点产生的电场强度为

$$\boldsymbol{E}=\int_S\frac{1}{4\pi\varepsilon_0}\frac{\mathrm{d}q}{r^3}\boldsymbol{r}\qquad 其中\ \mathrm{d}q=\sigma\mathrm{d}S \tag{12-12}$$

式中，S 表示被积分的面积；σ 是电荷面密度，即单位面积上的电荷量。

同理：对于线分布的带电体，则

$$E=\int_l \frac{1}{4\pi\varepsilon_0}\frac{\mathrm{d}q}{r^3}\boldsymbol{r}\qquad (\text{其中 } \mathrm{d}q=\lambda\mathrm{d}l) \tag{12-13}$$

式中，l 表示被积分的线的长度；λ 是电荷线密度，即单位长度上的电荷量。

对于体分布的带电体，则

$$E=\int_V \frac{1}{4\pi\varepsilon_0}\frac{\mathrm{d}q}{r^3}\boldsymbol{r}\qquad (\text{其中 } \mathrm{d}q=\rho\mathrm{d}V) \tag{12-14}$$

式中，V 表示被积分体的体积；ρ 是电荷体密度，即单位体积上的电荷量。

例 12-1　假设有一对等量异号的点电荷 $+q$ 和 $-q$，相距 l。求（1）两点电荷连线的延长线上任一点 A 的电场强度；（2）两点电荷连线的中垂线上任一点 B 的电场强度。

解　（1）假设 A 点距两个电荷中点的距离为 r，则电荷 $+q$ 和 $-q$ 在 A 点产生的电场强度的大小分别为

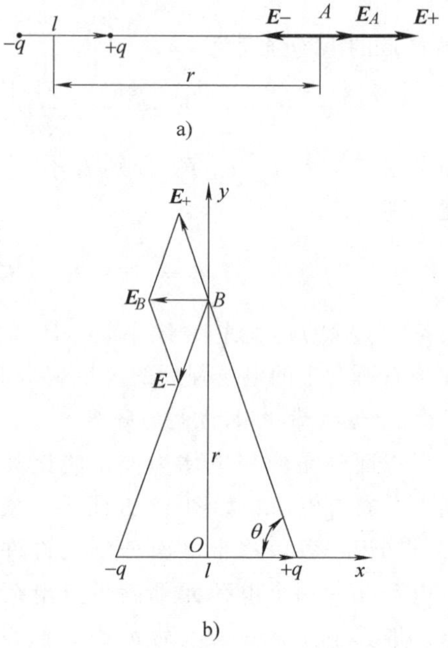

图　12-9

$$E_+=\frac{1}{4\pi\varepsilon_0}\frac{q}{\left(r-\frac{l}{2}\right)^2};$$

$$E_-=\frac{1}{4\pi\varepsilon_0}\frac{q}{\left(r+\frac{l}{2}\right)^2}$$

其方向如图 12-9a 所示。由电场强度叠加原理可知，A 点的电场强度为

$$E_A=E_+-E_-$$

$$=\frac{q}{4\pi\varepsilon_0}\left[\frac{1}{\left(r-\frac{l}{2}\right)^2}-\frac{1}{\left(r+\frac{l}{2}\right)^2}\right]$$

$$=\frac{2qrl}{4\pi\varepsilon_0 r^4\left(1-\frac{l}{2r}\right)^2\left(1+\frac{l}{2r}\right)^2}$$

令 $ql=p$，若 $r\gg l$，则

$$E_A=\frac{1}{4\pi\varepsilon_0}\frac{2p}{r^3} \tag{12-15a}$$

方向：由于 E_+ 大于 E_-，所以 A 点电场强度的方向与 E_+ 在 A 点产生的电场强度同向。

（2）以 l 的中点 O 为原点，取如图 12-9b 坐标系，设中垂线上任一点 B 与 O 的距离为 r，则

$$E_+=\frac{1}{4\pi\varepsilon_0}\frac{q}{r^2+\left(\frac{l}{2}\right)^2};\qquad E_-=\frac{1}{4\pi\varepsilon_0}\frac{-q}{r^2+\left(\frac{l}{2}\right)^2}$$

由图 12-9b 的对称性可知：B 点的电场强度在 y 轴上的分量为 0，B 点的电场强度沿 x 轴负向，则

$$E_y = (E_+)_y + (E_-)_y = 0$$

$$E_x = (E_+)_x + (E_-)_x = 2(E_+)_x\cos\theta = \frac{1}{4\pi\varepsilon_0}\frac{lq}{\left[r^2+\left(\frac{l}{2}\right)^2\right]^{3/2}}$$

令 $ql=p$，若 $r\gg l$，则　　$$E_B = \frac{1}{4\pi\varepsilon_0}\frac{p}{r^3} \qquad (12\text{-}16a)$$

当 $r\gg l$ 时，由等量异号的点电荷 $+q$ 和 $-q$ 组成的系统被称为电偶极子，由负电荷 $-q$ 到正电荷 $+q$ 的矢径 $\boldsymbol{l}$ 称为电偶极子的轴，q 与 l 的乘积称为电偶极距（简称电距），用 $\boldsymbol{p}$ 表示

$$\boldsymbol{p} = q\boldsymbol{l}$$

则式（12-15a）可以写为　　$$\boldsymbol{E}_A = \frac{1}{4\pi\varepsilon_0}\frac{2\boldsymbol{p}}{r^3} \qquad (12\text{-}15b)$$

式（12-16a）可以写为　　$$\boldsymbol{E}_B = -\frac{1}{4\pi\varepsilon_0}\frac{\boldsymbol{p}}{r^3} \qquad (12\text{-}16b)$$

例 12-2　电荷 q 均匀分布在半径为 R 的圆环上，试计算圆环轴线上，距离环心 x 处 P 点的电场强度。

解　如图 12-10 所示，以圆心 O 为原点，以轴线为 x 轴建立坐标系。

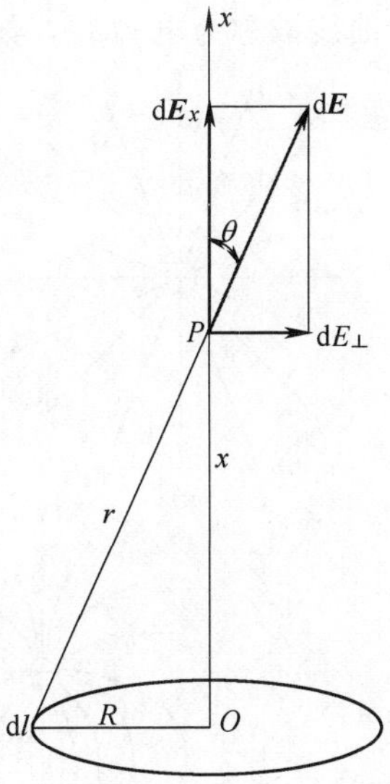

图 12-10　带电圆环的电场强度

在圆周上取电荷元 dl，此电荷元在 P 点产生的电场强度为 d$\boldsymbol{E}$，其中

$$\mathrm{d}q = \frac{q}{2\pi R}\mathrm{d}l$$

则 d$\boldsymbol{E}$ 的大小为

$$\mathrm{d}E = \frac{1}{4\pi\varepsilon_0}\frac{\mathrm{d}q}{r^2} = \frac{1}{4\pi\varepsilon_0}\frac{q}{2\pi R}\frac{\mathrm{d}l}{r^2}$$

将 d$\boldsymbol{E}$ 进行正交分解，根据对称性，有

$$\oint \mathrm{d}E_\perp = 0$$

$$E = \oint \mathrm{d}E_x = \oint \mathrm{d}E\cos\theta = \oint \frac{1}{4\pi\varepsilon_0}\frac{q}{2\pi R}\frac{\cos\theta}{r^2}\mathrm{d}l$$

由图可知：$\cos\theta = \dfrac{x}{r}$，$r^2 = R^2 + x^2$，代入上式，得

$$E = \oint \frac{1}{4\pi\varepsilon_0}\frac{q}{2\pi R}\frac{x}{(R^2+x^2)^{3/2}}\mathrm{d}l = \frac{1}{4\pi\varepsilon_0}\frac{qx}{(R^2+x^2)^{3/2}}$$

讨论：当 $x \gg R$ 时，$(R^2+x^2)^{3/2} \approx x^3$，则

$$E \approx \frac{1}{4\pi\varepsilon_0}\frac{q}{x^2}$$

此式与点电荷电场强度公式相同。

由此得出结论：当距离远远大于带电体的几何尺寸时，无论带电体的形状如何，都可以按点电荷处理。

第三节　电力线　电通量

对于任何一个带电体，其周围某点的电场强度可以用试验电荷测试，并利用电场强度的定义式确定该点的电场强度。但是，要了解该带电体周围电场强度分布的整体情况，靠上述方法并不是一件容易的事。为了形象、直观地描述电场的分布，引入电力线这个概念。

一、电力线

任何带电体周围任一点的电场强度都有确定的大小和方向，我们在电场中画一系列曲线，使得曲线上每一点的切线方向都与该点的电场强度方向一致，这些曲线被称为电力线，如图 12-11 所示。应当注意的是：电力线绝不是电荷

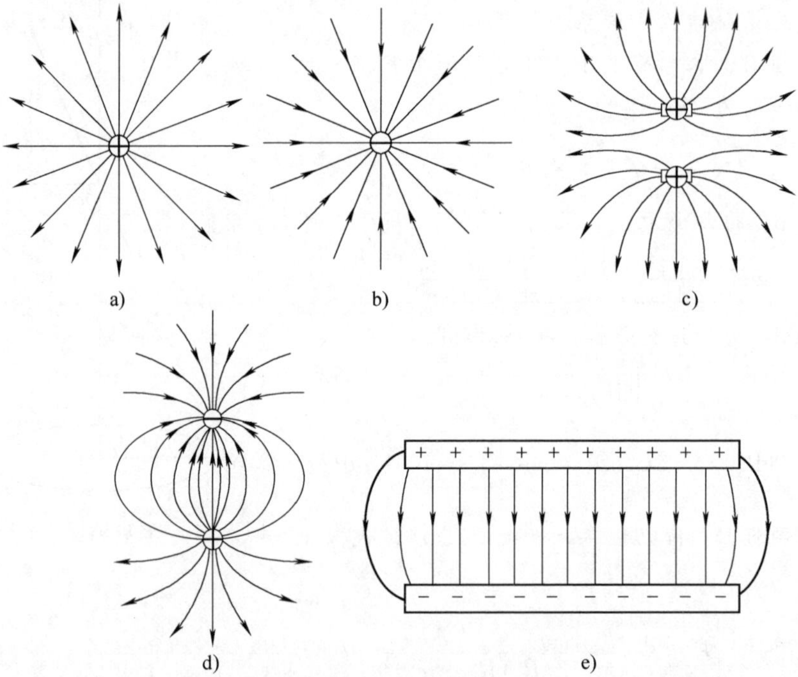

图 12-11　电力线

受力作用后的运动方向；电力线是为了形象、直观地描述电场的分布而引入的，客观实际中并不存在。

电力线的性质：

1）电力线起始于正电荷，终止于负电荷，不会构成闭合曲线；在没有电荷的地方，电力线不会中断。

2）由于电场中每一点只有一个确定的方向，因而任意两条电力线不会相交，如果相交，则在相交处就会有不止一个切线方向，这与电力线的定义相矛盾。

3）电力线的疏密程度在一定程度上标志着电场强度的大小。由图 12-11 可以看出，电力线密集的地方电场强度较大，而电力线稀疏的地方电场强度较小。

定义：垂直穿过单位面积的电力线的条数被称为电力线密度。规定电场中任一点的电力线密度等于该点的电场强度的大小，用数学式表示为

$$E=\frac{\mathrm{d}N}{\mathrm{d}S}$$

由上式可知，电力线密度处处相等的电场称为均匀电场，简称匀强电场，如图 12-11e 所示。否则就是非均匀电场，如图 12-11a、b、c、d 所示。

二、电通量

通过电场中某一面的电力线的条数被称为穿过该面的电通量，用符号 Φ_e 表示。下面分几种情况分别讨论不同电场对不同面的电通量。

1. 均匀电场对在其中的有限平面的电通量

（1）电场强度 $\boldsymbol{E}$ 垂直于平面 S 时（图 12-12a）　根据电力线密度的规定

$$\frac{\Phi_e}{S}=E$$

所以

$$\Phi_e=ES$$

（2）平面 S 的法线 $\boldsymbol{n}$ 与匀强电场 $\boldsymbol{E}$ 成 θ 角时（图 12-12b）　由于电场强度 $\boldsymbol{E}$ 穿过 S 面的电通量等于穿过 S 面在垂直于电场强度 $\boldsymbol{E}$ 方向上的投影面 $S'(=S\cos\theta)$ 的电通量，所以

$$\Phi_e=ES'=ES\cos\theta$$

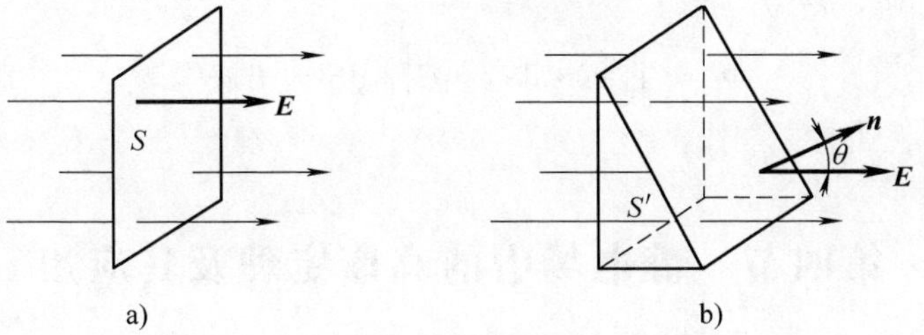

图 12-12　电通量

2. 电场对任意曲面的电通量（图12-13）

在曲面 S 上取一面积元 dS，由于面积元很小，故做两个假设：面积元 dS 被认为是平面；dS 上的电场强度被认为是匀强电场。这样，dS 面上的电通量为

$$d\Phi_e = E\cos\theta dS$$

通过整个 S 的电通量就等于通过各个面积元的电通量的和

$$\Phi_e = \int_S d\Phi_e = \int_S E\cos\theta dS$$

如果任意曲面是闭合面，则

$$\Phi_e = \oint_S E\cos\theta dS = \oint_S \boldsymbol{E} \cdot d\boldsymbol{S} \tag{12-17}$$

例12-3　如图12-14所示，在均匀电场中放置一个半径为 R 的封闭圆柱面，且轴线与电场 $\boldsymbol{E}$ 平行。求通过此封闭面的电场强度通量。

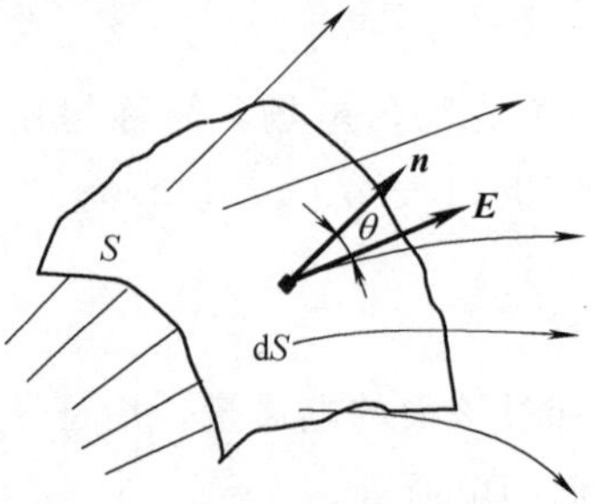

图12-13　任意曲面的电通量

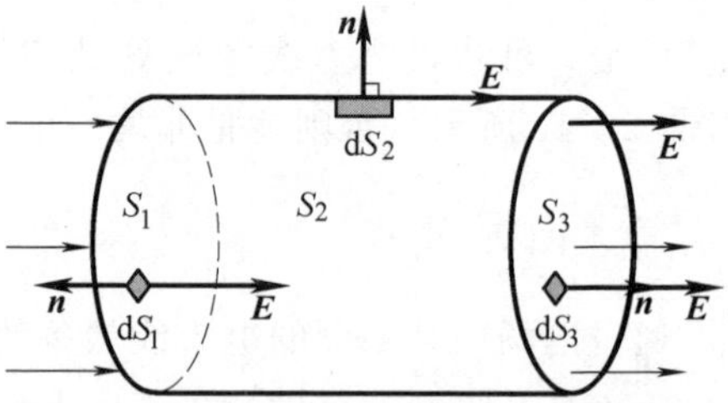

图12-14　封闭圆柱面的电通量

解　分析　此封闭面由三个面 S_1、S_2、S_3 组成，通过此封闭面的总电场强度通量等于分别通过三个面 S_1、S_2、S_3 的电通量之和。

对于 S_1 面，$\theta=180°$，则

$$\Phi_1 = \int_{S_1} \boldsymbol{E} \cdot d\boldsymbol{S} = -E\int_{S_1} dS = -E\pi R^2$$

对于 S_2 面，$\theta=90°$，则

$$\Phi_2 = \int_{S_2} \boldsymbol{E} \cdot d\boldsymbol{S} = 0$$

对于 S_3 面，$\theta=0°$，则

$$\Phi_3 = \int_{S_3} \boldsymbol{E} \cdot d\boldsymbol{S} = E\int_{S_3} dS = E\pi R^2$$

故 $\Phi=\Phi_1+\Phi_2+\Phi_3=0$

第四节　静电场中的高斯定理及其应用

高斯定理是关于电场强度对置于电场中任意封闭面的电通量的定理，更重

要的是，它是说明静电场两个基本性质的其中一个定理。

一、高斯定理

为了得到高斯定理，先从最简单的情形讲起。

1. 一个放在球心的点电荷 $+q$ 对此球面的电通量

如图 12-15 所示，由于点电荷置于球心，所以球面上任何一点的法线方向与该点电场的方向一致，即沿法向向外。球面上任一点 P 的电场强度大小为

$$E=\frac{1}{4\pi\varepsilon_0}\frac{q}{R^2}$$

因此，通过整个球面的电通量为

$$\oint_S E\cos\theta \mathrm{d}S=\oint_S E\mathrm{d}S=\frac{1}{4\pi\varepsilon_0}\frac{q}{R^2}\oint_S \mathrm{d}S$$

$$=\frac{1}{4\pi\varepsilon_0}\frac{q}{R^2}\times 4\pi R^2=\frac{q}{\varepsilon_0}$$

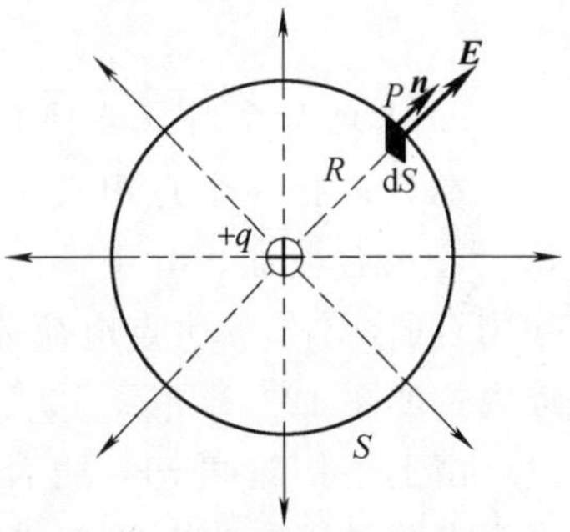

图 12-15 通过球面的电通量

由此可知，电通量与球面半径无关，只与电荷的大小及介质有关。

2. 一个点电荷对任意闭合曲面的电通量，可分为两种情况讨论：

(1) 点电荷在任意闭合曲面内　以点电荷为球心，以任意长度为半径作一球面 S，如图 12-16a 所示。因为在两个面之间无任何电荷，根据电力线的性质可知，点电荷发出的电力线对任意闭合曲面的电通量等于对球面 S 的电通量，即

$$\oint_{S'} E\cos\theta \mathrm{d}S=\oint_S E\cos\theta \mathrm{d}S=\frac{q}{\varepsilon_0}$$

结论：任意闭合曲面内的一个点电荷对该曲面的电通量都等于 q/ε_0，与闭合曲面的形状无关。

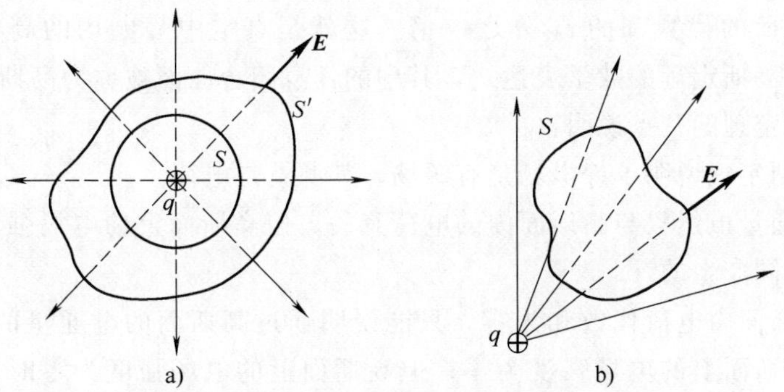

图 12-16 点电荷对任意闭合曲面的电通量

（2）点电荷在任意闭合曲面外　如图 12-16b 所示，电荷在闭合曲面之外，无论是正电荷还是负电荷，其电力线如果穿过闭合曲面，穿过的次数一定是偶数。电力线由曲面穿出时，电通量为正；电力线穿入曲面时，电通量为负。由于穿出、穿入的电力线条数相等，因此电通量相互抵消，即当点电荷在任意闭合曲面外时，穿过闭合曲面的总通量为零——闭合面外的电荷对闭合面的电通量没有贡献。数学表达式为

$$\oint_S \boldsymbol{E} \cdot \mathrm{d}\boldsymbol{S} = 0$$

3. 点电荷系对任意闭合曲面的电通量

在分布有一个点电荷系的空间任意作一个闭合曲面，其中 m 个点电荷分布在闭合曲面外，n 个点电荷分布在闭合曲面内，如图 12-17 所示。

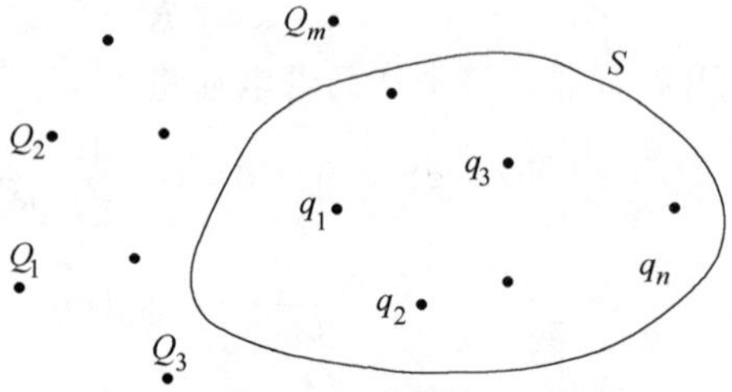

图 12-17　点电荷系对任意闭合曲面的电通量

由上述结论可知，闭合曲面外的 m 个点电荷对闭合曲面的电通量没有贡献，因此，下面求电通量的过程中不考虑它们；闭合曲面内的 n 个点电荷对闭合曲面的电通量为

$$\begin{aligned}\oint_S \boldsymbol{E} \cdot \mathrm{d}\boldsymbol{S} &= \oint_S (\boldsymbol{E}_1 + \boldsymbol{E}_2 + \cdots + \boldsymbol{E}_n) \cdot \mathrm{d}\boldsymbol{S} \\ &= \oint_S \boldsymbol{E}_1 \cdot \mathrm{d}\boldsymbol{S} + \oint_S \boldsymbol{E}_2 \cdot \mathrm{d}\boldsymbol{S} + \cdots + \oint_S \boldsymbol{E}_n \cdot \mathrm{d}\boldsymbol{S} \\ &= \frac{q_1}{\varepsilon_0} + \frac{q_2}{\varepsilon_0} + \cdots + \frac{q_n}{\varepsilon_0} = \frac{1}{\varepsilon_0}\sum_{i=1}^{n} q_i\end{aligned}$$

即

$$\oint_S \boldsymbol{E} \cdot \mathrm{d}\boldsymbol{S} = \frac{1}{\varepsilon_0}\sum_i q_i \tag{12-18}$$

式（12-18）表明：在真空中，通过任意闭合曲面的电通量等于该曲面所包围的所有电荷的代数和的 ε_0 分之一倍。这就是真空中静电场的高斯定理，式（12-18）是高斯定理的数学表达式，其中的任意闭合曲面被称为高斯面。

对高斯定理的几点说明：

1）高斯定理说明了静电场是有源场，其源就是电荷。

2）电通量虽然只与高斯面内的电荷有关，但高斯面上的电场强度是由空间所有电荷共同产生的。

3）高斯面内电荷代数和为零，只能说明通过高斯面的电通量的总和为零，并不能说高斯面上的电场强度为零；但高斯面上的电场强度为零时，通过高斯面的电通量一定为零。

二、高斯定理的应用

高斯定理是说明静电场性质的定理，不过可以将其作为求电场强度的一种方法。从理论上讲，高斯定理在任何情况下都成立，但作为求电场强度的一种方法，只能求那些具有特殊对称性的带电体周围的电场强度。其步骤如下：①分析电场的对称性；②根据电场的对称性选择合适的高斯面；③根据高斯定理求出电场强度。

例 12-4 已知一无限长均匀带电直导线，电荷线密度为 λ。求该带电导体周围的电场分布。

解 由图 12-18 可以看出，无限长均匀带电直导线周围的电力线垂直于导线向外，以导线为对称轴。因此，选择以导线为轴的圆柱面为高斯面，如图所示。设高斯面的半径为 r，高度为 h，则

$$\oint_S \boldsymbol{E}\cdot \mathrm{d}\boldsymbol{S} = \int_{S_1} E\cos\alpha \mathrm{d}S + \int_{S_2} E\cos\alpha \mathrm{d}S + \int_{S_3} E\cos\alpha \mathrm{d}S$$

由于上、下底面上任一点的电场强度方向垂直于该点的法线方向，所以

$$\int_{S_1} E\cos\alpha \mathrm{d}S = \int_{S_3} E\cos\alpha \mathrm{d}S = 0$$

又因为侧面上 $\cos\alpha=1$，且侧面上各点电场强度的大小是一个恒量，所以

$$\oint_S \boldsymbol{E}\cdot \mathrm{d}\boldsymbol{S} = \int_{S_2} E\cos\alpha \mathrm{d}S = \int_{S_2} E\mathrm{d}S = E\int_{S_2} \mathrm{d}S = E\times 2\pi rh \tag{1}$$

高斯面内包围的电荷的代数和为

$$\sum_i q_i = \lambda h \tag{2}$$

由高斯定理可知

$$E\times 2\pi rh = \frac{\lambda h}{\varepsilon_0}, \quad 即\ E = \frac{\lambda}{2\pi\varepsilon_0}\frac{1}{r} \tag{3}$$

由式（3）可知，无限长均匀带电直导线外电场强度的分布如图 12-19 所示，方向：垂直于导线向外。

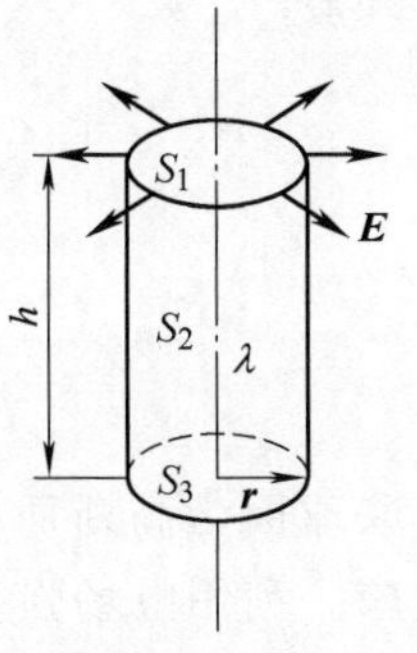

图 12-18　以导线为轴的圆柱面为高斯面

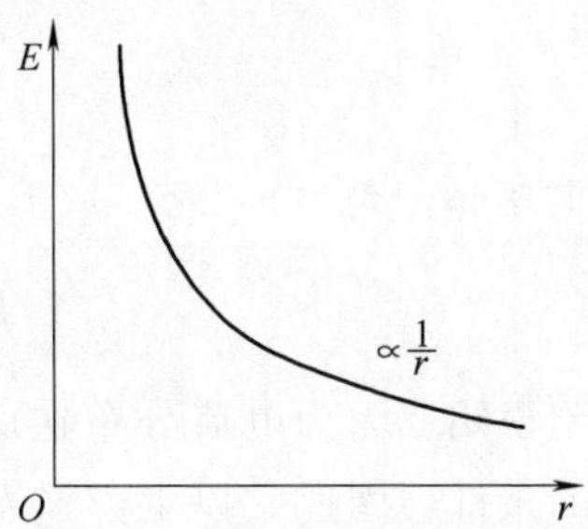

图 12-19　带电导线外电场强度分布

例 12-5　已知电荷 Q 均匀分布在半径为 R 的球面上。求球面内外各点的电场强度。

解　由于电荷的分布具有球对称性，所以空间任一点电场强度的方向均沿半径向外，在任一同心球面上各点电场强度的大小相等，且任一同心球面上各点电场强度的方向与法线方向一致（图 12-20a）。

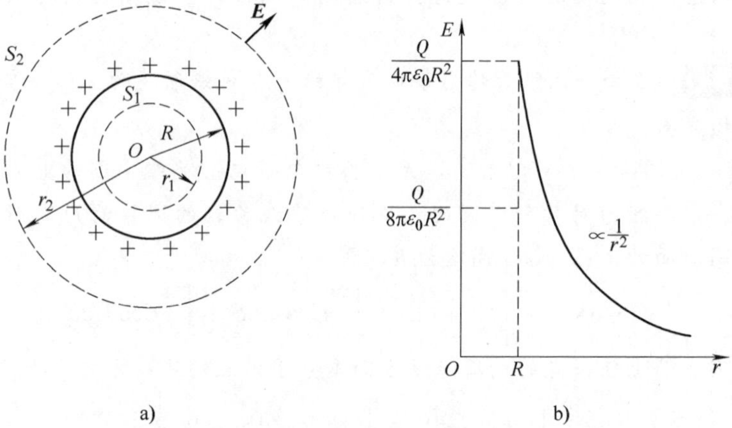

图 12-20　均匀带电球面的电场强度

球面内：以半径为 $r_1(R>r_1)$ 的同心球面为高斯面，则

$$\oint_{S_1} \boldsymbol{E}_1 \cdot \mathrm{d}\boldsymbol{S} = E_1 \oint_{S_1} \mathrm{d}S = E_1 \times 4\pi r_1^2 \tag{1}$$

$$\frac{1}{\varepsilon_0}\sum_i q_i = 0 \tag{2}$$

由高斯定理知：式(1)=式(2)，于是

$$E_1 = 0 \tag{3}$$

球面外：以半径为 $r_2(R<r_2)$ 的同心球面为高斯面，则

$$\oint_{S_2} \boldsymbol{E}_2 \cdot \mathrm{d}\boldsymbol{S} = E_2 \oint_{S_2} \mathrm{d}S = E_2 \times 4\pi r_2^2 \tag{4}$$

$$\frac{1}{\varepsilon_0}\sum_i q_i = \frac{Q}{\varepsilon_0} \tag{5}$$

由高斯定理知：式(4)=式(5)，于是

$$E_2 = \frac{1}{4\pi\varepsilon_0}\frac{Q}{r_2^2} \tag{6}$$

特别说明：因为电荷分布在球面上，所以不能取球面为高斯面，否则违背点电荷的条件，因此，以上方法对球面上的点不适应。利用电场强度叠加原理可以证明：当 $r=R$ 时，电场强度不是 $Q/(4\pi\varepsilon_0 R^2)$，而是 $Q/(8\pi\varepsilon_0 R^2)$。因此

$$E=\begin{cases}=0 & (r<R)\\ =\dfrac{Q}{8\pi\varepsilon_0 R^2} & (r=R)\\ =\dfrac{Q}{4\pi\varepsilon_0 r^2} & (r>R)\end{cases} \tag{12-19}$$

均匀分布在球面上的电荷在球面内外各点的电场强度分布如图 12-20b 所示。

例 12-6　已知电荷面密度为 σ 的无限大带电平面，试求带电平面两侧任一点的电场强度。

解　由于是无限大平面，所以平面两侧任一点都可以认为在无限大平面的中垂线上。根据对称性，平面两侧任一点的电场强度均与平面的法线方向一致，且在与平面等距离的各点的电场强度相等。

作如图 12-21 所示的圆柱面为高斯面 S，且它的轴线与平面的法线方向一致；两底面与平面平行且等距离。通过闭合面高斯面 S 的电通量等于通过两底面 S_1、S_2 及侧面 S_3 的电通量之和。

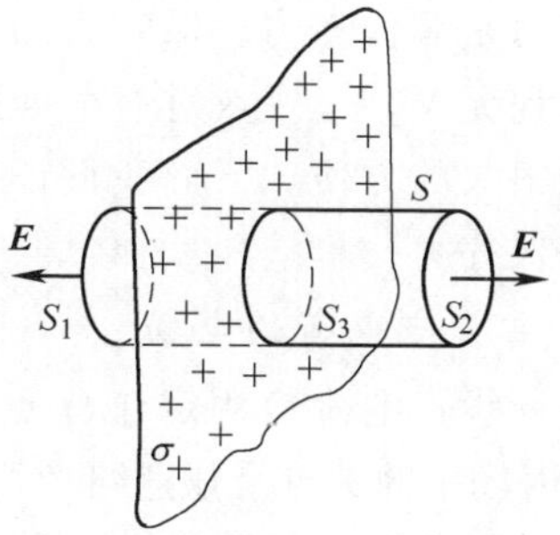

图 12-21　带电平面的电场强度

$$\oint_S \boldsymbol{E}\cdot \mathrm{d}\boldsymbol{S}=\int_{S_1}\boldsymbol{E}\cdot \mathrm{d}\boldsymbol{S}+\int_{S_2}\boldsymbol{E}\cdot \mathrm{d}\boldsymbol{S}+\int_{S_3}\boldsymbol{E}\cdot \mathrm{d}\boldsymbol{S} \tag{1}$$

由于侧面上任一点的电场强度均垂直于法线，而在两底面上电场强度方向与法线方向一致，则

$$\int_{S_3}\boldsymbol{E}\cdot \mathrm{d}\boldsymbol{S}=0 \tag{2}$$

$$\int_{S_1}\boldsymbol{E}\cdot \mathrm{d}\boldsymbol{S}+\int_{S_3}\boldsymbol{E}\cdot \mathrm{d}\boldsymbol{S}=2\int_{S_1}\boldsymbol{E}\cdot \mathrm{d}\boldsymbol{S}=2ES_1 \tag{3}$$

其中，S_1 为底面面积，综合式(1)、式(2)、式(3)三式可得

$$\oint_S \boldsymbol{E}\cdot \mathrm{d}\boldsymbol{S}=2ES_1 \tag{4}$$

高斯面内所包围的电荷的代数和为 $\sum q_i=\sigma S_1$，由高斯定理得

$$2ES_1=\frac{1}{\varepsilon_0}\sigma S_1$$

$$E=\frac{\sigma}{2\varepsilon_0} \tag{12-20}$$

由式 (12-20) 可知，无限大带电平面两侧的电场强度为匀强电场，其大小处处相等，与距离无关；电场强度的方向分别与平面两侧的法线方向一致。

第五节　静电场力的功　环路定理　电势能

在本章第二节中我们曾引入电场强度的概念来描述电场，这一节再引入一个概念——电势，从另一个角度来描述电场的性质。

一、静电场力的特点

我们知道，力分为保守力和非保守力。重力、弹性力及万有引力是保守力，而摩擦力是非保守力。保守力的特点是做功与过程无关，这一点对有些问题的处理会带来很大的方便。下面我们证明静电场力也是保守力。

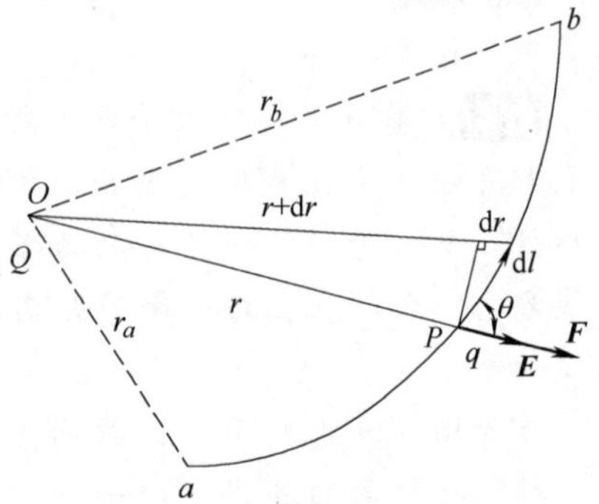

图 12-22　电场力对电荷做功

1. 点电荷的电场

设点电荷 Q 固定在 O 点，将一个电荷 q 由场中的 a 点沿任意路径移到 b 点，求电场力对电荷 q 所做的功（图 12-22）。

由于电荷 q 在电场中的不同地方所受的力的大小不同，因而这是典型的变力做功的问题。对于变力做功，我们常在运动过程中取一个积分元 $\mathrm{d}l$，此处电场力的大小为 $\boldsymbol{F}=q\boldsymbol{E}$。由于积分元取得很小，所以做两个近似：将曲线当直线处理；将变力当恒力处理。由此电场力 $\boldsymbol{F}$ 在位移元 $\mathrm{d}\boldsymbol{l}$ 上对电荷 q 所做的功为

$$\mathrm{d}W=\boldsymbol{F}\cdot\mathrm{d}\boldsymbol{l}=q\boldsymbol{E}\cdot\mathrm{d}\boldsymbol{l}=qE\cos\theta\mathrm{d}l$$

式中，θ 是 $\boldsymbol{F}$ 与 $\mathrm{d}\boldsymbol{l}$ 的夹角，且 $\mathrm{d}l\cos\theta=\mathrm{d}r$，所以

$$\mathrm{d}W=qE\,\mathrm{d}r=\frac{Qq}{4\pi\varepsilon_0 r^2}\mathrm{d}r$$

当电荷 q 从 a 点移到 b 点时，电场力所做的总功为

$$W=\int_a^b\mathrm{d}W=\int_a^b q\boldsymbol{E}\cdot\mathrm{d}\boldsymbol{l}=\int_{r_a}^{r_b}\frac{Qq}{4\pi\varepsilon_0 r^2}\mathrm{d}r=\frac{Qq}{4\pi\varepsilon_0}\left(\frac{1}{r_a}-\frac{1}{r_b}\right)\qquad(12\text{-}21)$$

式中，r_a、r_b 分别表示 a、b 两点相对 Q 的距离。由式（12-21）可以看出：点电荷的静电场力所做的功仅与电荷 q 的初、末位置有关，与路径无关。

2. 点电荷系的电场

对于点电荷系可以逐个按式（12-21）求出各个点电荷 Q_1、Q_2、…、Q_n 对 q 所做的功 W_1、W_2、…、W_n，则点电荷系对电荷 q 所做的总功为

$$W=W_1+W_2+\cdots+W_n=\sum_{i=1}^{n}\frac{Qq_i}{4\pi\varepsilon_0}\left(\frac{1}{r_a}-\frac{1}{r_b}\right)\qquad(12\text{-}22)$$

如果是连续带电体，只要将式（12-22）中的求和变为积分即可。

如果 a、b 两点重合，即 $r_a=r_b$，则

$$q\oint_L \boldsymbol{E}\cdot d\boldsymbol{l}=0$$

因为 $q\neq 0$，则

$$\oint_L \boldsymbol{E}\cdot d\boldsymbol{l}=0 \tag{12-23}$$

我们把电场强度 $\boldsymbol{E}$ 对任意闭合路径的积分称为电场强度的环流。由式（12-23）可以看出：在静电场中电场强度 $\boldsymbol{E}$ 的环流为零，我们把这一结论称为电场强度的环流定律。由此可以得出结论：静电场力做功与路径无关，静电场力是保守力，静电场是保守场。

电场强度的环流定律与高斯定理一样，也是说明静电场性质的定律。高斯定理说明静电场是有源场；环流定律则说明静电场是保守场——无旋场。它们可以推广到任意电磁场中，是描述电场性质的两个基本规律。

二、电势能

在力学中，对于保守场，如重力场、引力场等，我们引入了势能的概念，在电学中称这种势能为电势能。在图 12-22 中，用 W_{ab} 表示电荷 q 从 a 点移到 b 点的过程中电场力所做的功，由式（12-21）可以看出 W_{ab} 的值是形式相同的两项之差，前、后两项分别称为电荷 q 在电场中 a 点、b 点的电势能，分别用 E_{pa}、E_{pb} 表示，则

$$W_{ab}=q\int_a^b \boldsymbol{E}\cdot d\boldsymbol{l}=E_{pa}-E_{pb} \tag{12-24}$$

和其他形式的势能一样，电势能之差具有绝对意义，但就某点的电势能而言具有相对意义，要确定某点的电势能，首先要选取零势能点。当产生电场的电荷分布在有限区域内时，通常取无限远处为零电势能点。在图 12-22 中，假设 b 点在无限远处，则式（12-24）变为

$$E_{pa}=W_{a\infty}=q\int_a^\infty \boldsymbol{E}\cdot d\boldsymbol{l} \tag{12-25}$$

即：电荷 q 在电场中任一点 a 的电势能等于把电荷 q 从 a 点移到无限远处过程中电场力所做的功。要指出的是，习惯上把 E_{pa} 叫做电荷 q 在 a 点的电势能，但电势能并不是 q 一个电荷独有的，而是 Q 和 q 两个电荷所构成的系统所共有的。

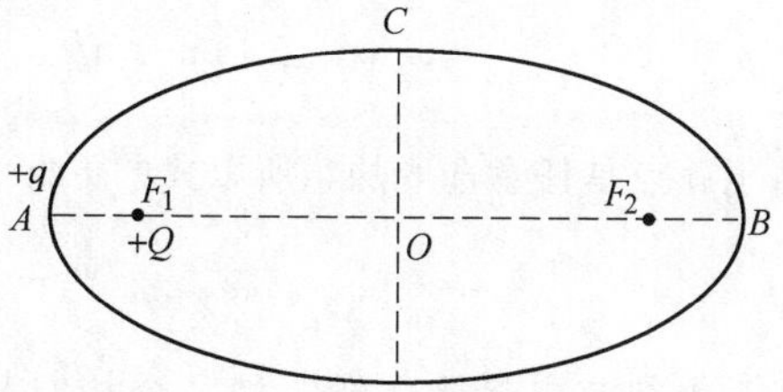

图 12-23　例 12-7 图

例 12-7　如图 12-23 所示，假设有一个点电荷 $+Q$ 处在“远地点”为 R、“近

地点”为 r 的椭圆的一个焦点 F_1 上，现将另一个点电荷 $+q$ 从近地点 A 沿 ACB 弧移到远地点 B。求电场力对电荷 $+q$ 所做的功。

解　由于静电场是保守场，静电场力是保守力，而保守力对点电荷所做的功与路径无关。由式（12-21）可以知道将点电荷 $+q$ 从近地点 A 沿 ACB 弧移到远地点 B 电场力所做的功就等于电荷 $+q$ 在 A、B 两点的电势能之差。

由式（12-21）得

$$W_{AB}=q\int_r^R \boldsymbol{E}\cdot \mathrm{d}\boldsymbol{r}=\frac{Qq}{4\pi\varepsilon_0}\left(\frac{1}{r}-\frac{1}{R}\right)$$

第六节　电势　电势叠加原理　电场强度与电势的关系

为了描述静电场的性质，在本章第二节中，我们引入了电场强度的概念，本节我们再引入另一个能够反映电场性质的物理量——电势。

一、电势与电势差

(1) 电势　由式(12-25)可以看出，电荷 q 在电场中任一点 a 的电势能 E_{pa} 不仅与电场的性质及 a 点的位置有关，而且与电荷 q 有关。因此，电势能并不能完全反映电场的性质，但电势能 E_{pa} 和电荷 q 的比值与 q 无关，用它可以表征 a 点的电场性质，我们把这个物理量称为 a 点的电势，用 V_a 表示，则

$$V_a=\frac{E_{pa}}{q}=\frac{W_{a\infty}}{q}=\int_a^{\infty}\boldsymbol{E}\cdot \mathrm{d}\boldsymbol{l} \tag{12-26}$$

即：电场中 a 点的电势等于把单位正电荷由 a 点移到无限远处的过程中，电场力所做的功。电势是标量，有正、有负，因为无限远处电势能为零，所以无限远处电势也为零。

在国际单位制中，电势的单位是伏特，符号为 V，1V = 1J/C，其量纲为 $\mathrm{I^{-1}L^2MT^{-3}}$。

(2) 点电荷的电势　将点电荷的电场强度公式代入电势的定义式（12-26）中，沿任意一根电力线积分

$$V_a=\int_a^{\infty}\boldsymbol{E}\cdot \mathrm{d}\boldsymbol{l}=\frac{q}{4\pi\varepsilon_0}\int_{r_a}^{\infty}\frac{\mathrm{d}r}{r^2}=\frac{1}{4\pi\varepsilon_0}\frac{q}{r_a}$$

由于 a 点是任意选取的，所以式的下标 a 可以略去，这样便得到点电荷的电势公式

$$V=\frac{1}{4\pi\varepsilon_0}\frac{q}{r} \tag{12-27}$$

电势与电势能一样，是一个相对量，其电势为零的点可以任意选定，如何选取，可以根据问题的方便来选取零势能点。一般情况下，当电荷分布在有限

区域内时，选取无限远处为零势能点。有时也选取大地为零势能点，这样便于与其他带电体的电势做比较。

(3) 电势差　所谓电势差就是指两点的电势之差。根据式（12-26），电场中任意两点 a、b 之间的电势差

$$V_a - V_b = \int_a^{\infty} \boldsymbol{E} \cdot \mathrm{d}\boldsymbol{l} - \int_b^{\infty} \boldsymbol{E} \cdot \mathrm{d}\boldsymbol{l} = \int_a^b \boldsymbol{E} \cdot \mathrm{d}\boldsymbol{l} \qquad (12\text{-}28)$$

即：在电场中，将单位正电荷从 a 点移到 b 点电场力所做的功就等于 a、b 两点间的电势差。电势是相对量，与零势能点的选取有关；而电势差是绝对量，与零势能点的选取无关。因而，在实际工作中常用的是两点的电势差，而不是电势。

由式（12-28）可以看出，如果我们选取的积分路径与电场强度的方向一致，则积分大于零，即 $V_a > V_b$，说明沿着电力线的方向电势在不断降低；反之，逆着电力线的方向电势在不断升高。即：将正电荷沿电力线方向移动，电场力做正功；将负电荷沿电力线方向移动，电场力做负功。同理：将正电荷逆着电力线方向移动，电场力做负功；将负电荷逆着电力线方向移动，电场力做正功。

二、电势叠加原理　电势的计算

(1) 电势叠加原理　假设电场是由一组点电荷 q_1、q_2、q_3、…产生的，这些点电荷单独存在时所产生的电场强度分别为 $\boldsymbol{E}_1$、$\boldsymbol{E}_2$、$\boldsymbol{E}_3$、…。由电场强度叠加原理可知，点电荷组在空间产生的总电场强度为

$$\boldsymbol{E} = \boldsymbol{E}_1 + \boldsymbol{E}_2 + \boldsymbol{E}_3 + \cdots$$

由电势定义式（12-26），点电荷组在 a 点的电势为

$$\begin{aligned} V_a &= \int_a^{\infty} \boldsymbol{E} \cdot \mathrm{d}\boldsymbol{l} = \int_a^{\infty} (\boldsymbol{E}_1 + \boldsymbol{E}_2 + \boldsymbol{E}_3 + \cdots) \cdot \mathrm{d}\boldsymbol{l} \\ &= \int_a^{\infty} \boldsymbol{E}_1 \cdot \mathrm{d}\boldsymbol{l} + \int_a^{\infty} \boldsymbol{E}_2 \cdot \mathrm{d}\boldsymbol{l} + \int_a^{\infty} \boldsymbol{E}_3 \cdot \mathrm{d}\boldsymbol{l} + \cdots \\ &= V_1 + V_2 + V_3 + \cdots = \sum_i V_i \end{aligned}$$

其中，V_1、V_2、V_3、…为点电荷 q_1、q_2、q_3、…单独存在时在 a 点产生的电势。将点电荷电场强度公式代入上式，得

$$V_a = \frac{1}{4\pi\varepsilon_0}\frac{q_1}{r_1} + \frac{1}{4\pi\varepsilon_0}\frac{q_2}{r_2} + \frac{1}{4\pi\varepsilon_0}\frac{q_3}{r_3} + \cdots = \frac{1}{4\pi\varepsilon_0}\sum_i \frac{q_i}{r_i} \qquad (12\text{-}29)$$

式中，r_i 为 a 点到点电荷 q_i 的距离。式（12-29）表示：点电荷系在其激发的电场中某点的电势等于各个点电荷单独存在时在该点产生的电势的代数和。这一结论被称为静电场中的电势叠加原理。

对于连续带电体，我们将其看成是由无数多个点电荷元 $\mathrm{d}q$ 组成，由点电荷电势公式（12-27）得任意电荷元在距其 r 处的 a 点产生的电势为

$$\mathrm{d}V=\frac{1}{4\pi\varepsilon_0}\frac{\mathrm{d}q}{r}$$

由电势叠加原理知，连续带电体在 a 点产生的总电势为

$$V=\int\mathrm{d}V=\frac{1}{4\pi\varepsilon_0}\int\frac{\mathrm{d}q}{r} \tag{12-30}$$

(2) 电势的计算　通过上述讨论可知，计算电势已有两种方法：

1) 利用电势叠加原理计算电势。如果电荷分布已知，可利用点电荷系的电势公式（12-29）或连续带电体电势公式（12-30）直接计算。

2) 利用电势与电场强度的积分关系计算电势。如果电荷分布已知，则先计算出带电体的电场强度分布，再利用电势与电场强度的积分关系

$$V=\int_a^{\infty}\boldsymbol{E}\cdot\mathrm{d}\boldsymbol{l}$$

计算电势；如果电场强度分布已知，则可直接利用上式计算电势。

例 12-8　如图 12-24 所示，电荷 q 均匀地分布在半径为 a 的圆环上。试计算圆环轴线上与环心相距 x 处的 P 点的电势。

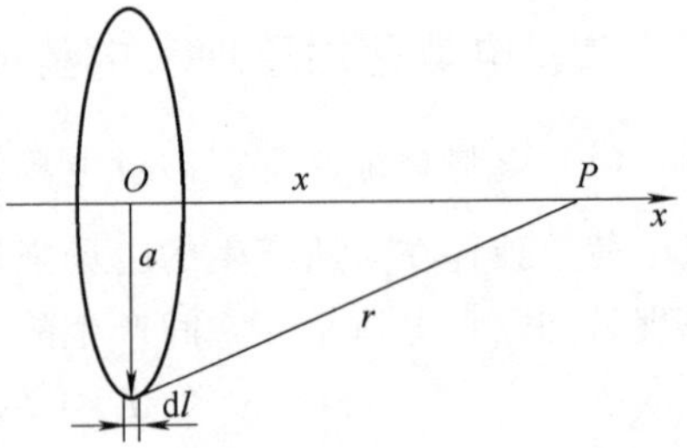

图 12-24　例 12-8 图

解　将圆环看成无数个电荷元的结合体，利用电势叠加原理求电势。

在圆环上取电荷元

$$\mathrm{d}q=\frac{q}{2\pi a}\mathrm{d}l$$

电荷元在 P 点的电势为

$$\mathrm{d}V=\frac{1}{4\pi\varepsilon_0}\frac{\mathrm{d}q}{r}=\frac{1}{4\pi\varepsilon_0}\frac{1}{r}\frac{q}{2\pi a}\mathrm{d}l$$

P 点总电势为

$$V_P=\int\mathrm{d}V=\frac{1}{4\pi\varepsilon_0 r}\oint\frac{q}{2\pi a}\mathrm{d}l=\frac{1}{4\pi\varepsilon_0}\frac{q}{r}=\frac{q}{4\pi\varepsilon_0}\frac{1}{\sqrt{x^2+a^2}}$$

讨论：当 $x\gg a$ 时，$x^2+a^2\approx x^2$，则上式变为：$V_P\approx\dfrac{1}{4\pi\varepsilon_0}\dfrac{q}{x}$

无论带电体是何形状，当距离远远大于带电体的尺寸时，可以将带电体当作点电荷处理。

例 12-9　如图 12-25 所示，求均匀带电球面在空间激发的电场的电势分布。

解　设均匀带电球面所带电荷量为 q。

(1) 求电场强度　分别在球面内、外作半径为 r_1、r_2 的同心球面，以此同心球面为高斯面，由高斯定理求出球面内外的电场强度分布。由例 12-5，球面

内外的电场强度分布为

$$E_{内}=0 \quad (r<R)$$

$$E_{外}=\frac{q}{4\pi\varepsilon_0 r^2} \quad (r>R)$$

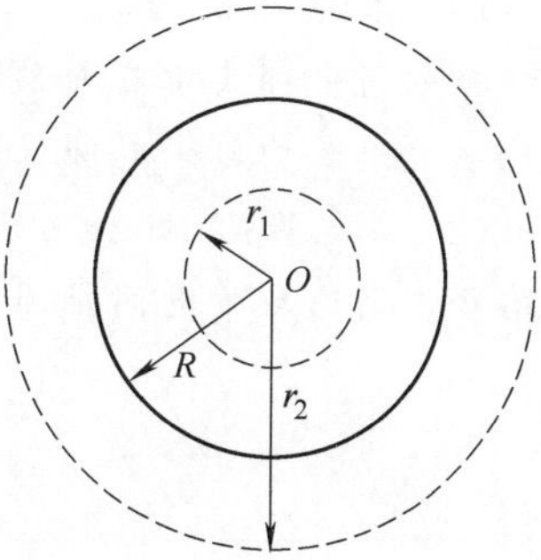

图 12-25 例 12-9 图

(2) 求电势 利用电势与电场强度的积分关系计算电势，沿径向积分

$$V_{内}=\int \boldsymbol{E}\cdot \mathrm{d}\boldsymbol{l}=\int_{r_1}^{R} E_{内}\ \mathrm{d}r+\int_{R}^{\infty} E_{外}\ \mathrm{d}r$$

$$=\frac{1}{4\pi\varepsilon_0}\int_{R}^{\infty}\frac{q}{r^2}\mathrm{d}r=\frac{1}{4\pi\varepsilon_0}\frac{q}{R}$$

此结果表明：球面内各点的电势相等，且等于球面上的电势。

$$V_{外}=\int \boldsymbol{E}\cdot \mathrm{d}\boldsymbol{l}$$

$$=\int_{r}^{\infty} E_{外}\ \mathrm{d}r$$

$$=\frac{1}{4\pi\varepsilon_0}\int_{r}^{\infty}\frac{q}{r^2}\mathrm{d}r=\frac{1}{4\pi\varepsilon_0}\frac{q}{r}(r>R)$$

此结果表明：球面外任一点的电势相当于把电荷全部集中在球心的一个点电荷的电势，如图 12-26 所示。同学们可以自己证明，此结论对球壳、球体形均匀带电体同样适用。

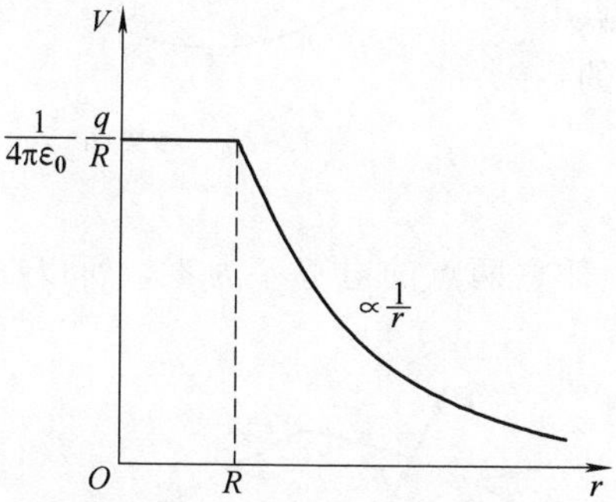

图 12-26 例 12-9 结果

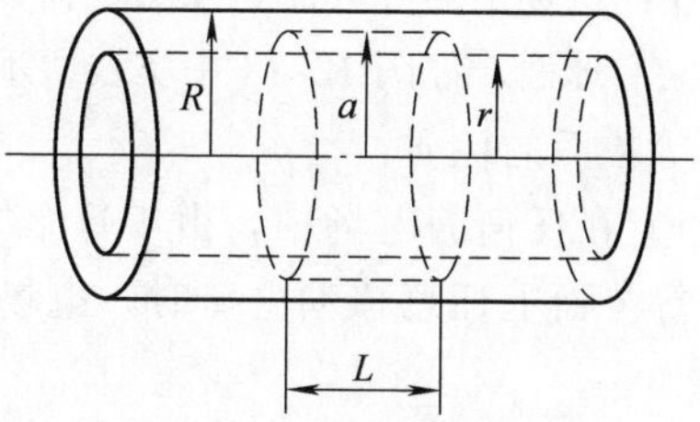

图 12-27 例 12-10 图

例 12-10 求内、外半径分别为 r、$R(R>r)$ 的均匀带电同轴圆柱面间的电势差。已知内、外圆柱面单位长度所带电荷量分别为 $+\lambda$、$-\lambda$，如图 12-27 所示。

解

(1) 求电场强度 取半径为 $a(R>a>r)$、长度为 L 的同轴圆柱面为高斯面，利用高斯定理可得带电同轴圆柱面间的电场强度为

$$E=\frac{\lambda}{2\pi\varepsilon_0 a} \quad (R>a>r)$$

此结果与例12-4的结果相同，说明无限长均匀带电圆柱面外的电场强度相当于把电荷全部集中在轴线上的一根无限长均匀带电导线外的电场强度。这一结论对无限长均匀带电圆柱体（壳）也适用，请同学们自己证明。

(2) 求电势差　根据电势差的定义式(12-28)，取垂直于轴线向外的方向为积分路径，则均匀带电同轴圆柱面间的电势差为

$$\Delta V=\int_r^R \boldsymbol{E}\cdot \mathrm{d}\boldsymbol{l}=\int_r^R \frac{\lambda}{2\pi\varepsilon_0}\frac{\mathrm{d}a}{a}$$

$$=\frac{\lambda}{2\pi\varepsilon_0}(\ln R-\ln r)=\frac{\lambda}{2\pi\varepsilon_0}\ln\frac{R}{r}$$

三、等势面　电场强度与电势的关系

(1) 等势面　静电场中各点的电势一般情况下是不相等的，但也有许多点的电势处于同一个值，而另外一些点的电势又处于另一个值，我们定义由许多电势相等的点所构成的面为等势面。以点电荷为例，其电势分布为$V=\dfrac{1}{4\pi\varepsilon_0}\dfrac{q}{r}$，由此式可以看出，与点电荷$q$距离相等的点，其电势相等，这些点构成了一个以点电荷q为球心的球面，另一些电势相等的点又构成了另一个同心球面……即点电荷产生的电场中的等势面是以点电荷q为球心的一系列同心球面，如图12-28中实线所示。

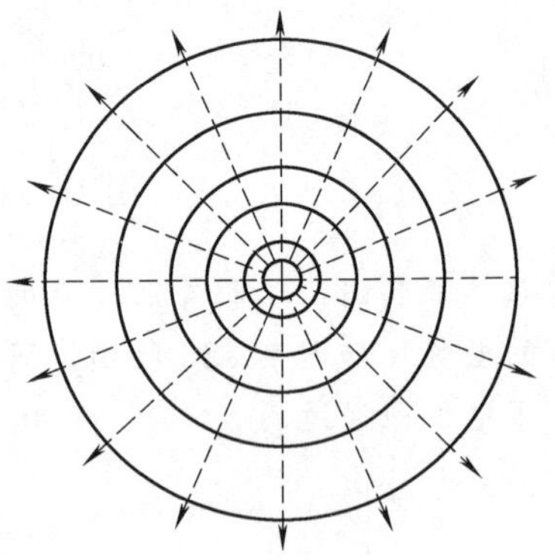

图12-28　等势面

等势面的性质：

1) 在任何静电场中，由于每个等势面上任意两点的电势差为零，所以在同一个等势面上任意移动电荷时，电场力做功为零。

2) 在任何静电场中，电力线垂直于等势面，即电力线的方向要么与该点的电场强度方向一致，要么与该点的电场强度方向相反。如果不垂直，电场强度在等势面上有分量，沿着这个分量方向移动电荷，电场力做功将不为零，这与性质1)相矛盾。即，在图12-29中，θ一定为90°。

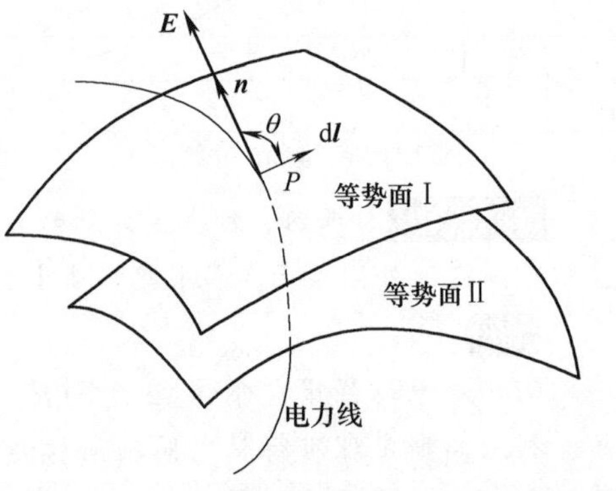

图12-29　电力线垂直于等势面

3) 两个电势不同的等势面不能相

交，否则在相交处将有两个不同的电势值。我们知道，同一个等势面上任何一点的电势只能有唯一的值。

（2）电场强度与电势的关系　假设有两个等势面 S、S'，其电势分别为 V、$V+\mathrm{d}V$，如图 12-30 所示。现将一单位正电荷由 S 面上的 a 点移到 S' 面上的 b 点，电场力所做的功为

$$V_a - V_b = E\cos\theta \mathrm{d}l$$

又　$$V_a - V_b = V - (V + \mathrm{d}V) = -\mathrm{d}V$$

且 $\boldsymbol{E}$ 在 $\mathrm{d}\boldsymbol{l}$ 上的分量为：$E\cos\theta = E_l$

所以　$$-\mathrm{d}V = \boldsymbol{E}_l \cdot \mathrm{d}\boldsymbol{l}$$

即　$$\boldsymbol{E}_l = -\frac{\mathrm{d}V}{\mathrm{d}\boldsymbol{l}}$$

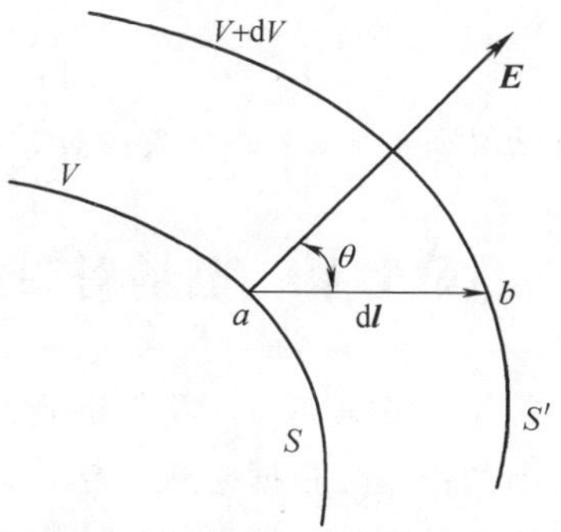

图 12-30　电场强度与电势的关系

将此结果运用到三维空间，则

$$\begin{cases} E_x = -\dfrac{\mathrm{d}V}{\mathrm{d}x} \\ E_y = -\dfrac{\mathrm{d}V}{\mathrm{d}y} \\ E_z = -\dfrac{\mathrm{d}V}{\mathrm{d}z} \end{cases} \tag{12-31}$$

将式（12-31）写成矢量式

$$\boldsymbol{E} = -\mathbf{grad}V \tag{12-32}$$

式中，**grad** 表示梯度，具体表示为：$\mathbf{grad} = \dfrac{\mathrm{d}}{\mathrm{d}x}\boldsymbol{i} + \dfrac{\mathrm{d}}{\mathrm{d}y}\boldsymbol{j} + \dfrac{\mathrm{d}}{\mathrm{d}z}\boldsymbol{k}$。

式（12-32）的物理意义为：在静电场中，任意一点的电场强度 $\boldsymbol{E}$ 等于该点电势梯度的负值。这就是电场强度与电势的关系，利用这一关系，在已知电势分布的前提下，也可以方便地求出电场中任意一点的电场强度。这种方法与以前讲过的利用电场强度叠加原理和高斯定理求电场强度的方法相比，在某些情况下要简便。下面举例说明：

例 12-11　由均匀带电圆环轴线上电势的表达式求其轴线上的电场强度分布。

解　由例 12-8 可知，半径为 R、带电荷量为 q 的均匀带电圆环轴线上距离圆心 x 处的电势为

$$V = \frac{1}{4\pi\varepsilon_0}\frac{q}{\sqrt{R^2 + x^2}}$$

由电场强度与电势的微分关系可得

$$E=-\frac{dV}{dx}=-\frac{d}{dx}\left[\frac{1}{4\pi\varepsilon_0}\frac{q}{\sqrt{R^2+x^2}}\right]$$

$$=\frac{1}{4\pi\varepsilon_0}\frac{qx}{(R^2+x^2)^{3/2}}$$

此结果与例12-2的结果一致，但这种方法较例12-2所用的方法简便。

第七节　电场对带电粒子的作用及电荷的运动规律

在本章第一节，我们讲到静电场的几个性质之一是电场对在电场中的电荷有力的作用。根据牛顿力学原理可知，受到力作用的电荷必然要运动。本节将讨论电荷在外电场中的运动规律。

一、电偶极子在均匀电场中的运动

假设有一个电矩为 $\boldsymbol{P}$ 的电偶极子，被放在均匀电场 $\boldsymbol{E}$ 中，电荷所带电荷量分别为 $-q$、$+q$，$\boldsymbol{l}$ 表示从电荷 $-q$ 到电荷 $+q$ 的矢径。那么，正负电荷所受的电场力分别为 $+q\boldsymbol{E}$、$-q\boldsymbol{E}$，这两个力大小相等、方向相反，但不在同一条直线上，如图12-31所示。因此，两个力形成了一个力偶，设 θ 为电矩 $\boldsymbol{P}$ 与电场强度 $\boldsymbol{E}$ 之间的夹角，则力偶形成的力矩的大小为

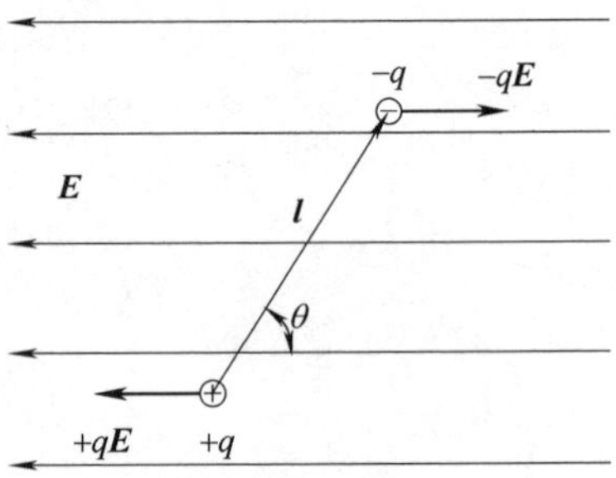

图12-31　电偶极子在均匀电场中的运动

$$M=2\times\left(qE\times\frac{l}{2}\sin\theta\right)=pE\sin\theta$$

由于力矩、电矩和电场强度都是矢量，且 θ 为电矩 $\boldsymbol{P}$ 与电场强度 $\boldsymbol{E}$ 之间的夹角，由数学知识可知，上式可以写成矢量叉乘的形式

$$\boldsymbol{M}=\boldsymbol{P}\times\boldsymbol{E}$$

二、带电粒子在均匀电场中的运动

质量为 m、带电荷量为 q 的粒子放在电场强度为 $\boldsymbol{E}$ 的均匀电场中，其受到的电场力为

$$\boldsymbol{F}=q\boldsymbol{E}$$

在忽略重力的情况下，根据牛顿第二定律，粒子的加速度 $\boldsymbol{a}$ 的大小为

$$a=\frac{q}{m}E$$

当 m、q、$\boldsymbol{E}$ 已知时，由上式可知粒子的加速度是一个恒量，其方向决定于电荷的正负。当 $q>0$ 时，加速度 $\boldsymbol{a}$ 与电场 $\boldsymbol{E}$ 同向；当 $q<0$ 时，加速度 $\boldsymbol{a}$ 与电场 $\boldsymbol{E}$ 反向。如果初速度 $\boldsymbol{v}_0$ 与 $\boldsymbol{E}$ 同向（反向），则粒子做匀加速（减速）直线运动；如果初速度 $\boldsymbol{v}_0$ 与 $\boldsymbol{E}$ 成一定夹角 θ，则粒子做类似于质点在重力场中的一般的抛物运动。

如图 12-32 所示，在平行金属板 S_1、S_2 上施加一定的电压，在忽略边缘效应的情况下，两板间就形成均匀电场 $\boldsymbol{E}$，两板外 $\boldsymbol{E}=0$，设带电荷量为 $q<0$ 的粒子以初速度 $\boldsymbol{v}_0$ 沿垂直于电场强度 $\boldsymbol{E}$ 的方向进入电场区，取如图 12-32 所示的坐标系。经受力分析可知，粒子所受电场力沿 y 轴正向，在 x 方向不受力的作用，则

$$x = v_0 t$$

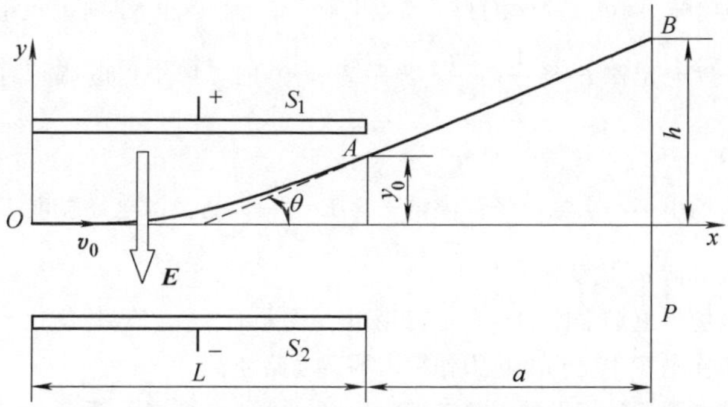

图 12-32　带电粒子在均匀电场中的运动

$$y = \frac{1}{2}at^2 = \frac{1}{2}\frac{|q|E}{m}t^2$$

消去以上两式中的参数 t，将得到粒子在电场区的轨迹方程

$$y = \frac{1}{2}\frac{|q|E}{mv_0^2}x^2 \tag{12-33}$$

由式（12-33）可知，粒子在电场区将做抛物线运动。

设平行板的长度为 L，屏幕 P 到平行板的间距为 a。当粒子离开电场区时的速率为

$$\begin{cases} v_x = v_0 \\ v_y = at = \dfrac{|q|E}{m}\dfrac{L}{v_0} \end{cases}$$

则粒子离开电场区时的偏转角 θ 满足

$$\tan\theta = \frac{v_y}{v_x} = \frac{|q|EL}{mv_0^2}$$

则粒子到达屏幕时的 y 轴坐标为

$$h = y_0 + a\tan\theta = \frac{|q|EL^2}{2mv_0^2} + a \cdot \frac{|q|EL}{mv_0^2} = \frac{|q|EL}{mv_0^2}\left(\frac{L}{2} + a\right) \tag{12-34}$$

讨论：1）一般情况下，$a \gg L$，则

$$h \approx \frac{|q|ELa}{2mv_0^2} = \frac{|q|}{m}\frac{ELa}{2v_0^2} \tag{12-35}$$

2）在其他量已知的前提下，通过测量 h 的值，可以得到粒子的荷质比为

$$\frac{|q|}{m} = \frac{2hv_0^2}{ELa} \tag{12-36}$$

思　考　题

12-1　带电物体很小时是否就可以看作点电荷？带电物体很大时是否就不能看作点电荷？

12-2　对于库仑定律 $F = \frac{1}{4\pi\varepsilon_0}\frac{Qq}{r^2}$，当距离 $r \to 0$ 时，两个点电荷间的作用力是否为无限大？为什么？

12-3　静电场中某一点的电场强度定义为 $\boldsymbol{E} = \frac{\boldsymbol{F}}{q_0}$，能否说电场强度 E 与静电场力 F 成正比？与试探电荷 q_0 成反比？为什么？

12-4　静电场中电场强度的分布可以用电力线来形象、直观地描述。那么，电力线是否是试探电荷在电场中受到电场力作用后的运动路径？

12-5　当带电圆环轴线上的点趋于无限远时，轴线上的电场强度公式可近似为什么样？将它与点电荷的电场强度公式做比较，比较结果说明了什么？

12-6　如果通过一个闭合曲面的总电通量为零，闭合曲面上的电场强度是否为零？这个闭合曲面内的电荷的代数和是否一定为零？试举例说明。

12-7　下列几种情况中哪些适合用高斯定理计算电场强度？并说明是否有高斯定理不适用的带电导体？为什么？

（1）半球面带电体；（2）带有一个球形空腔的不同心的均匀带电球体；（3）葫芦状均匀带电体；（4）电四极子。

12-8　试说明如何用电场叠加原理计算无限大均匀带电平面外任意一点的电场强度。（1）将其看成无数同心均匀带电圆环的叠加；（2）将其看成无数个无限长直均匀带电导体的叠加。

12-9　环流定理 $\oint \boldsymbol{E} \cdot \mathrm{d}\boldsymbol{l} = 0$ 说明了静电场的什么性质？试列表比较静电场与重力场性质的共同点。

12-10　在未选定电势零点之前，讲静电场中某点的电势值有无意义？为什么？选择不同零势点对电场中任意两点的电势差有无影响？

12-11　对于电偶极子，我们通常选取两个点电荷连线的中点为零势能点，选其他点为零势点可以吗？

12-12　对于一般的带电体，通常选无限远处为零势能点。这一点对于无限长直带电

导线适用吗？为什么？如果不适用，那么这类问题的零势能点将如何选取？

12-13　在本章中共学习了几种求电场强度的方法？它们各有什么特点？各适用于什么情况？请举例说明。

12-14　为什么电力线一定要垂直于等势面？等势面为什么不能相交？

12-15　电场中某点的电势能的大小与哪些因素有关？将一个正电荷由无限远处沿着中垂线移到电偶极子的中点处，在这一过程中，电场力是否做功？

12-16　电场中某点的电场强度与该点的电势梯度有何关系？

习　题

12-1　如习题12-1图所示，两个质量相等的导体小球（可视为质点）用长度相等的绝缘轻线悬挂于天花板上，在线的长度保持常量时，今使两个小球带等量同号的电荷，欲使$\theta=30°$，求两小球的荷质比。

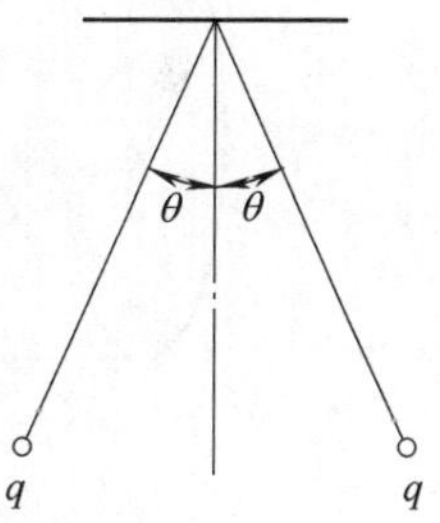

习题12-1图

12-2　在边长为l的正方形的四个顶点上分别放置四个等量的正电荷q。

（1）要使这四个电荷保持受力平衡，应当在什么位置放置一个什么样的电荷？

（2）该电荷所带电荷量为多少？

12-3　一边长为a，电荷面密度为σ的均匀带电平面。试求该平面中垂线上，与平面距离为a处的点的电场强度。

12-4　一半径为R的半圆弧，单位长圆弧上所带电荷的电荷量为$+\lambda$，试求圆心处的电场强度。

12-5　电荷线密度为$+\lambda$的一根无限长均匀带电直导线，其中部被弯成一段半径为R的四分之一圆弧，如习题12-5图所示，试求圆弧的圆心O点的电场强度。

12-6　一无限大均匀带电平面，电荷面密度为$+\sigma$，今在此平面上挖去一个半径为R的圆孔，求圆孔轴线上距圆心x处的电场强度。

12-7　如习题12-7图所示，宽度为a的无限长均匀带电平面，电荷面密度为$+\sigma$，求与带电平面共面，且与其边缘垂直距离为a的P点的电场强度。

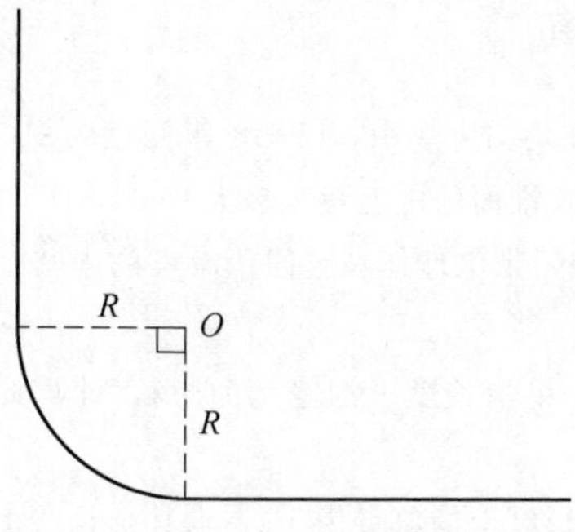

习题12-5图

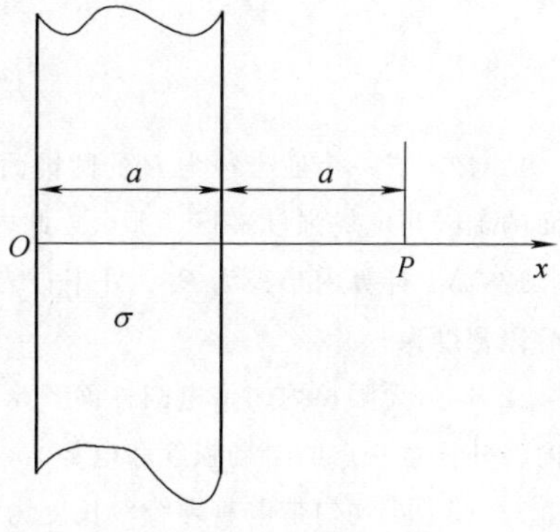

习题12-7图

12-8　一均匀带电圆柱面，半径为 R，高度为 $2R$，电荷面密度为 $+\sigma$，如习题 12-8 图所示，求圆柱体中心 O 点的电场强度。

12-9　已知半径为 R 的均匀带电球体，电荷体密度为 $+\rho$，今在其内挖去一个半径为 r 的球形空腔，如习题 12-9 图所示，设两球心的距离为 a。求空腔内任意一点的电场强度的大小和方向。

12-10　在习题 12-8 图中，如果在 O 点放置一个电荷量为 $+Q$ 的点电荷，那么，该点电荷所产生的电场对此圆柱面的电通量为多少？

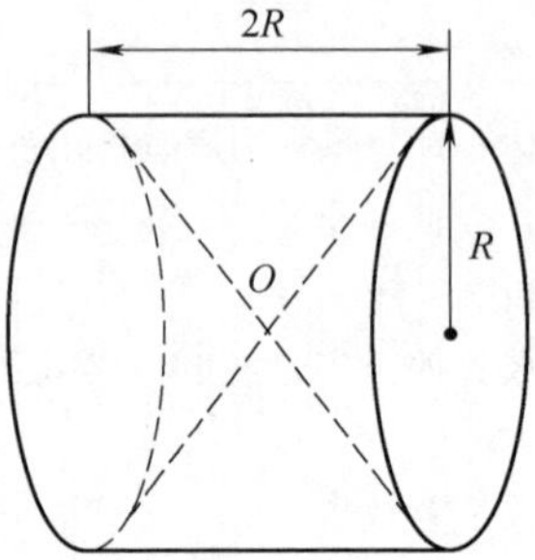

习题 12-8 图

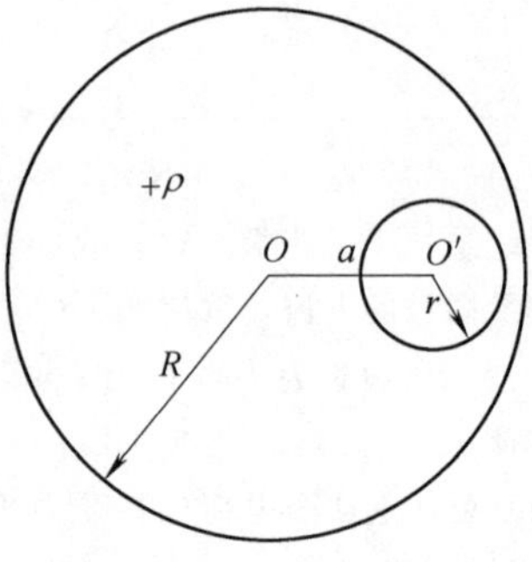

习题 12-9 图

12-11　真空中一立方体形的高斯面，边长 $a=0.1\text{m}$，位于习题 12-11 图中所示的位置，已知空间的电场强度分布为 $E_x=bx$；$E_y=0$；$E_z=0$。常量 $b=1000\text{N/C}\cdot\text{m}$，试求通过该高斯面的电通量。

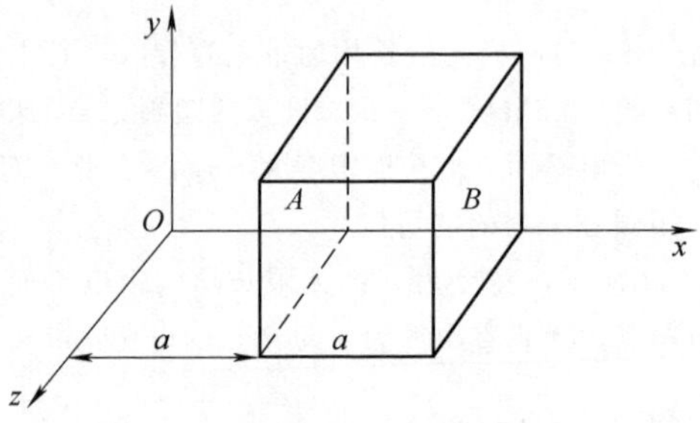

习题 12-11 图

12-12　有一个底半径为 R 的圆锥面，放置在均匀电场中，已知电场强度为 $\boldsymbol{E}$，且圆锥面的轴线与电场强度平行，那么，此电场对于圆锥面的电通量为多大？

12-13　计算内半径为 R_1、外半径为 R_2 的均匀带电球体在空间所激发的电势。已知电荷体密度为 $+\rho$。

12-14　无限长均匀带电圆柱面，半径为 R，单位长度上的电量为 $+\lambda$，计算此圆柱面内、外任意一点的电场强度和电势。

12-15　一均匀带电直导线，长度为 l，单位长度上的电量为 $+\lambda$，求其延长线上距离直导线中点 x 处的电场强度和电势。

12-16　无限大均匀带电平面，电荷面密度为$+\sigma$，今在此平面上挖去一个半径为 R 的圆孔，如习题 12-16 图所示。

（1）利用 12-6 题的结果和电场强度与电势的关系计算圆孔轴线上距圆心 x 处的 p 点的电势。

（2）利用电势叠加原理计算圆孔轴线上距圆心 x 处的 P 点的电势。

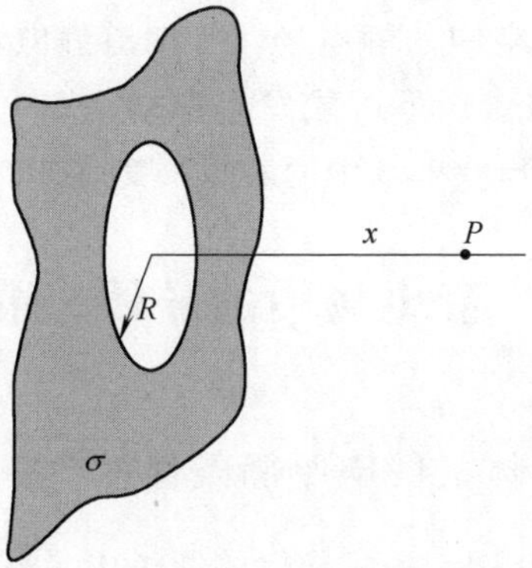

习题 12-16 图

12-17　一无限长均匀带电直导线沿 z 轴放置，线外某区域的电势表达式为：$V = A\ln(x^2 + y^2)$，式中，A 为常量，试求该区域电场强度。

第十三章　静电场中的导体和电介质

上一章我们讨论了真空中的静电场，并知道静电场对放入其中的电荷有力的作用，电荷在这种力的作用下可能发生移动，即电荷在带电体内重新分布。本章主要讲述导体和电介质在电场中的表现及其对外部电场的影响。

第一节　静电场中的导体　静电平衡

一、静电感应　导体的静电平衡条件

导体之所以能导电，是因为构成导体的原子中，最外层的价电子不属于某个原子特有，而是可以在整个导体中自由运动。这种可以在金属中自由移动的电子称为自由电子。无外加电场时，自由电子在金属中只做微观的无规则热运动，而没有宏观的定向运动，且均匀地分布在金属中，与金属原子中的正电荷相互中和，因而导体中没有电流，且整个导体或其中的任意一部分都呈现中性。但在外电场的作用下，导体内的自由电子由于受到电场力的作用，就会逆着电场的方向做宏观的定向移动，从而使导体中的电荷重新分布，这种现象称为静电感应现象。

假如将一块两面平行的金属板垂直于电场的方向插入均匀电场中，如图 13-1 所示。当金属板刚刚放入电场中（图 13-1a）时，金属板中存在着电场，

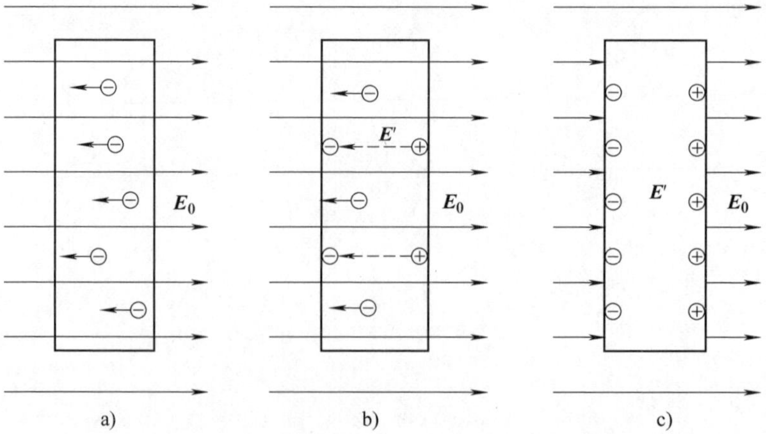

图 13-1　静电感应

a）$t=0$ 时，$E'=0$，$E=E_0$　b）$t>0$ 时，$E'<E_0$，$E=E_0-E'$　c）$t=\infty$ 时，$E'=E_0$，$E=0$

这个电场对金属中的自由电子有力的作用，在这种力的作用下，自由电子开始逆着电场的方向运动。随着时间的延续，金属板一侧表面上有电子积累，同时在金属板的另一侧板面上出现等量的正电荷（图 13-1b）。由于这种等量异号的正负电荷对的产生，在金属板中，同时产生了一个与外电场方向相反且随时间延续不断加强的附加电场 $\boldsymbol{E}'$，此时金属板中的总电场 $\boldsymbol{E}=\boldsymbol{E}_0+\boldsymbol{E}'$，其数值的大小为 $E=E_0-E'$，$E<E_0$。当时间足够长时，附加电场 $\boldsymbol{E}'$ 的大小等于外电场 $\boldsymbol{E}_0$ 的大小，金属板中的总电场 $\boldsymbol{E}=0$。此时导体两侧的正、负感应电荷不再增加（图 13-1c），导体内的自由电荷所受合外力为零，不再做宏观定向运动，这种现象被称为静电平衡。根据以上分析可知，当导体处于静电平衡状态时，导体内部的电场强度一定要为零。

另外，当导体处于静电平衡状态时，除了导体表面以内的电场强度为零以外，外部电场强度一定垂直于导体外表面。假如不垂直，我们可以把电场强度 $\boldsymbol{E}$ 分解为两个分量：一个分量垂直于导体表面；另一个分量平行于导体表面，如图 13-2 所示。其中平行分量将使导体表面的自由电荷沿导体表面运动，这样，导体就不是处于静电平衡状态了。因此，当导体处于静电平衡状态时，外部电场强度一定要垂直于导体表面。

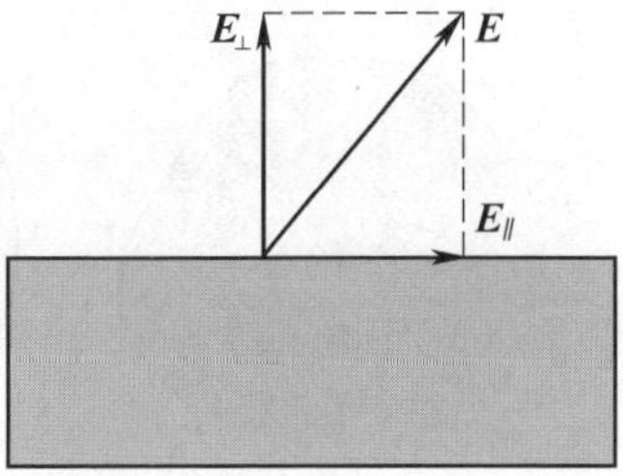

图 13-2　电场强度分解

综上所述，并结合等势面的定义，我们可以总结出导体处于静电平衡状态的条件：

1）在导体内部任何一点的电场强度为零，即 $\boldsymbol{E}=0$。即导体是一个等势体。

2）在导体表面上任何一点，电场强度 $\boldsymbol{E}$ 垂直于导体的表面。即导体表面是一个等势面。

从电势的角度来说，当导体处于静电平衡状态时，导体内部任何一点的电场强度为零，根据电势的定义，可知导体是一个等势体。

这里必须指出：

1）图 13-1 所示的例子采用的是一块两面平行的金属板，实际上，不论导体的大小、形状、材料性质如何，一切导体都有类似的现象。

2）在图 13-1 所示例子中，导体内部自由电荷的重新分布并没有影响导体外部的电场分布。实际上，对于一般导体，当其处于静电平衡状态时，由于电场必须垂直于导体的表面，所以外部电场的分布要因导体表面的不同而发生相应的改变。总之，不论导体形状如何、外部电场如何改变，导体处于静电平衡状态的条件必须满足。

二、在静电平衡条件下，导体上感应电荷的分布

在明确了静电平衡的条件之后，接下来讨论当导体处于静电平衡状态时感应电荷在导体上的分布规律。

1）当导体处于静电平衡时，导体内部没有净电荷，一切净电荷都分布在导体的表面上。

证明：在导体内部任意取一高斯面 S（图 13-3a），由于导体处于静电平衡状态，即导体内部任意一点的电场强度均为零，故 $\oint_S \boldsymbol{E}\cdot \mathrm{d}\boldsymbol{S}=0$，由高斯定理可知高斯面 S 内所包围的净电荷为零，即 $\sum_S q_i=0$。

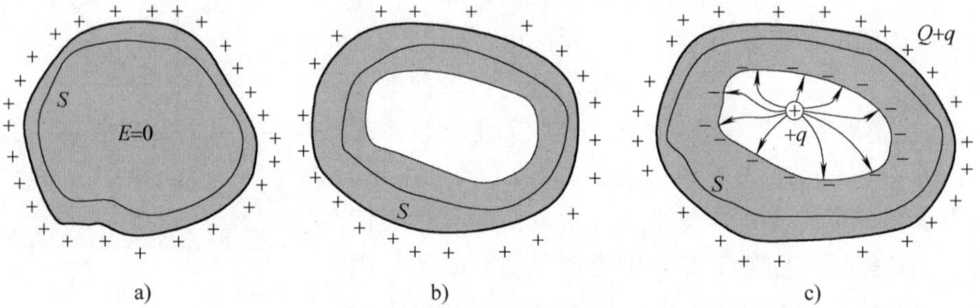

图 13-3　静电平衡条件下导体上感应电荷的分布

此时，我们可以让高斯面 S 不断增大，直到与导体表面内切，上述结论均成立。因此，一切净电荷都分布在导体的表面上。

2）对于内部有空腔的导体，当导体处于静电平衡时，一切净电荷都分布在导体的外表面上。

在上述证明中，让高斯面 S 不断缩小，直到与导体内表面外切，上述结论还是成立的。由此可以证明，一切净电荷都分布在导体的外表面上，如图 13-3b 所示。

3）如果导体空腔内部有电荷 $+q$，如图 13-3c 所示，导体内表面上将出现 $-q$ 的感应电荷，同时，外表面上的静电荷将变为 $Q+q$。

证明：首先让高斯面 S 不断缩小，直到与导体内表面外切，与上述证明同理，$\oint_S \boldsymbol{E}\cdot \mathrm{d}\boldsymbol{S}=0$，由高斯定理可知，高斯面 S 内所包围的净电荷为零，即 $\sum_S q_i=0$，但空腔内部有电荷 $+q$，因此，导体内表面上一定有 $-q$ 的感应电荷。又因为导体上原有的净电荷为 Q，由前面的证明可知，导体外表面上的净电荷将变为 $Q+q$。

综合上述证明可得出结论：被放置在静电场中的导体，当达到静电平衡时，

所感应的净电荷只分布在导体的外表面上。如果导体内有空腔，导体内表面上是否有感应电荷，只决定于空腔内部是否有电荷，与外部电场无关。同样，如果将空腔导体接地，导体外表面的电荷与大地上的电荷中和，导体表面外的电场消失，即内部电场对外部不产生影响，这种现象称为静电屏蔽，如图 13-4 所示。

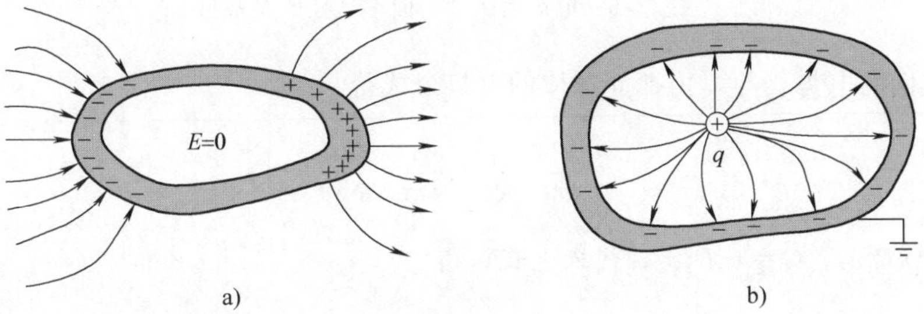

图 13-4　静电屏蔽

金属导体的屏蔽作用在生产实际中有着广泛的应用，例如：常见的通信电缆、电视闭路线等中的金属网，收音机中用于前后级耦合的中周外的铝罩，电工在进行高压带电作业时所穿的用金属软线编织的衣服等。

三、在静电平衡下导体表面电荷分布与导体表面曲率的关系

假设某导体上有净电荷，其电荷面密度为 σ，在导体表面取一微小面元 d$\boldsymbol{S}$，面元上的电场强度为 $\boldsymbol{E}$，且垂直于面元 d$\boldsymbol{S}$。由于面元的范围很小，所以面元上的电场可以看成均匀电场，作如图 13-5 所示的圆柱型高斯面，由高斯定理得

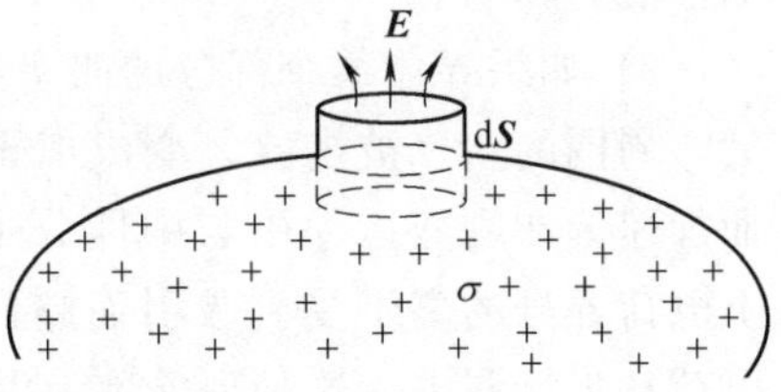

图 13-5　电场强度与电荷密度的关系

$$\oint_{\text{圆柱面}} \boldsymbol{E} \cdot \mathrm{d}\boldsymbol{S} = \frac{1}{\varepsilon_0} \sum q$$

$$\boldsymbol{E} \cdot \mathrm{d}\boldsymbol{S} = \frac{\sigma \mathrm{d}S}{\varepsilon_0}$$

即

$$E = \frac{\sigma}{\varepsilon_0}$$

写成矢量式，则有

$$\boldsymbol{E} = \frac{\sigma}{\varepsilon_0}\boldsymbol{n} \tag{13-1}$$

由式（13-1）可知，导体表面附近的电场强度与电荷面密度成正比。

下面证明电荷面密度与导体表面曲率半径的关系。假设有两个曲率半径分别为 R_1、R_2 的两个金属球，相距非常远（忽略它们之间的相互感应），且由一根很细的金属导线相连，即两个金属球的电势相等，所带电荷量分别为 q、Q，

如图 13-6 所示。

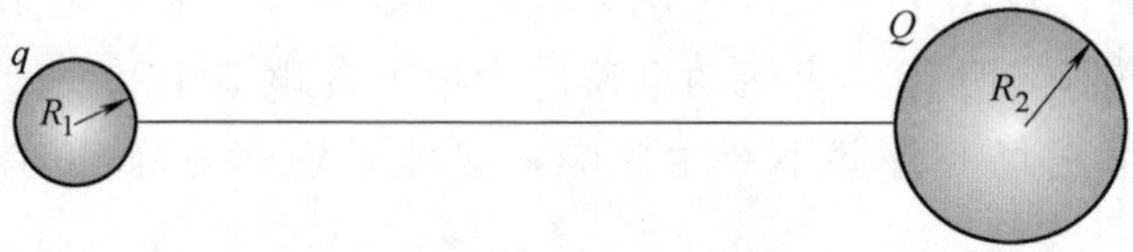

图 13-6　电荷面密度与曲率半径的关系

由于它们的电势相等，由孤立球体的电势公式得

$$\frac{1}{4\pi\varepsilon_0}\frac{q}{R_1}=\frac{1}{4\pi\varepsilon_0}\frac{Q}{R_2}$$

又 $q=4\pi R_1^2\sigma_1$，$Q=4\pi R_2^2\sigma_2$，代入上式，得

$$\sigma_1 R_1=\sigma_2 R_2,\ 或\frac{\sigma_1}{\sigma_2}=\frac{R_2}{R_1}=\frac{Q}{q}$$

即　$E\propto\frac{1}{R}$。

结论：对于一个带电导体而言，曲率半径小的地方，电荷面密度大，电场强度大；曲率半径大的地方，电荷面密度小、电场强度小。

由以上讨论可知：

1）如果利用导体球储存电荷量，则半径越大，储存能力越强；半径越小，储存能力越弱。

2）如果导体某个部分的曲率半径趋于无限小，则此处的电场强度趋于无限大，周围的空气被击穿，变成离子，与尖端上电荷同号的离子受到电场的作用而加速，在剧烈运动中与中性分子发生碰撞，使中性分子进一步电离，与尖端上电荷异号的离子受到吸引而趋向尖端，与尖端上的电荷中和，使得导体上的电荷从尖端漏失。这种现象称为尖端放电。

利用尖端放电现象的实例在实际生活中比较常见，如避雷针等。

尖端放电现象也能用多种多样的实验装置演示。如图 13-7 所示的转轮就是其中比较有趣的一种，把带有尖端的转轮与感应起电器的一个电极相连，除了能听到“吱吱”的放电声音外，还可以看到转轮开始加速转动，直到转速恒定为止。这是因为尖端附近空气中与尖端上同号离子相互排斥而形成离子风，在这种离子风的反作用下，转轮发生了传动。

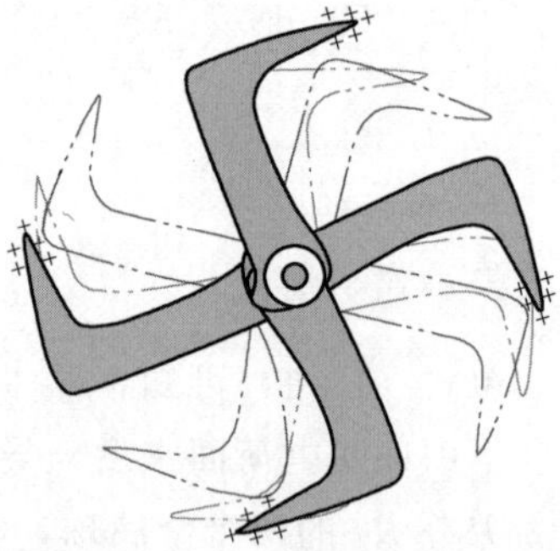

图 13-7　尖端放电实验装置

第二节　电容　电容器

电容器是用来储存电荷或电能的一种装置，也是最常见的三种电器元件（电容、电感和电阻）之一，而电容则是衡量电容器带电能力的量度。

一、孤立导体的电容

在真空中，一个带有电荷量 Q 的孤立导体球，在半径 R 一定的情况下，其电势 V 正比于所带电荷量，而且与导体的形状、尺寸等有关。对于球形带电体，其电势为

$$V=\frac{1}{4\pi\varepsilon_0}\frac{Q}{R}$$

但 $\frac{Q}{V}=4\pi\varepsilon_0 R=$ 常量。实践证明，这一结论对任何带电体均适用，因此，称 $\frac{Q}{V}$ 为孤立导体的电容，用符号 C 表示，即令

$$C=\frac{Q}{V} \tag{13-2}$$

则孤立导体球的电容为

$$C=4\pi\varepsilon_0 R \tag{13-3}$$

如果将上述孤立导体的电势理解为与无限远处的电势差，则电容的定义式（13-2）可以改写为

$$C=\frac{Q}{\Delta V} \tag{13-4}$$

在国际单位制中，电荷量的单位是 C，电势的单位是 V，电容的单位为 F（法）表示，则 1F=1C/1V。但由于 F 这个单位太大，所以在实际工程应用中常用 μF（微法）或 pF（皮法），其相互关系为 $1\text{F}=10^6\mu\text{F}=10^{12}\text{pF}$。

二、电容器

通常将可以带电（等量异号）的导体组成的系统称为电容器，它的种类繁多、大小不一，大的比人还大，小的用高分辨率显微镜才能看到。

1. 平行板电容器

由两块平行等大的金属板构成的电容器称为平行板电容器。假设平行板电容器所带电荷量为 Q，在忽略边缘效应的前提下，两个极板间的电场强度 $\boldsymbol{E}$ 接近于均匀电场。作如图 13-8 所示的高斯面 S，由高斯定理得两个极板间的电场强度为

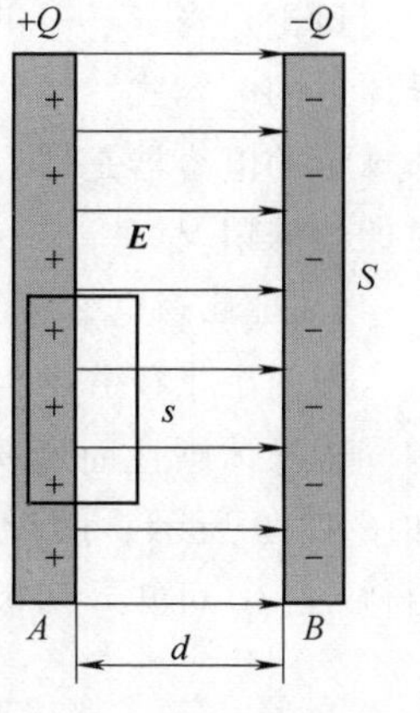

图 13-8　平行板电容器

$$E=\frac{\sigma}{\varepsilon_0}=\frac{Q}{\varepsilon_0 S}$$

则两极板间的电势差为

$$\Delta V=\int_A^B \boldsymbol{E}\cdot \mathrm{d}\boldsymbol{l}=Ed=\frac{Qd}{\varepsilon_0 S}$$

由电容的定义式（13-4）得平行板电容器的电容为

$$C=\frac{Q}{\Delta V}=\frac{\varepsilon_0 S}{d} \tag{13-5}$$

讨论：

1）由式（13-5）可以看出，电容的大小与电容器是否带电无关，只与极板间的介质及电容器的形状、尺寸有关，即电容是电容器本身的性质，是电容器储存电荷（或能量）能力的量度，与其他外界条件无关。这一点，在下面几种电容器中也能得到验证。

2）由式（13-5）也可以看出，当极板间距保持常量时，平行板电容器的电容与极板面积成正比；当极板面积恒定时，平行板电容器的电容与极板间距成反比。

2. 球形电容器

球形电容器是指由两个半径不同的同心导体球面所构成的电容器。假设两个半径为 R_1、R_2 的球面所带电荷量分别为 $+Q$、$-Q$，则根据球面电势公式得球形电容器两极板间的电势差为

$$V_2-V_1=\frac{Q}{4\pi\varepsilon_0}\left(\frac{1}{R_1}-\frac{1}{R_2}\right)=\frac{Q(R_2-R_1)}{4\pi\varepsilon_0 R_1 R_2}$$

由式（13-4），球形电容器电容为

$$C=\frac{Q}{V_2-V_1}=\frac{4\pi\varepsilon_0 R_1 R_2}{R_2-R_1} \tag{13-6}$$

讨论：当 $R_2\to\infty$ 时，$C=4\pi\varepsilon_0 R_1$，这一结果与孤立导体球的电容式（13-3）一致。由此可以看出，孤立导体球形的电容器是球形电容器在外球面半径趋于无穷大时的特殊情况。

3. 圆柱形电容器

由两个半径分别为 R_1、R_2（$l\gg R_2-R_1$，$l\gg R_2$）的同轴导体圆柱面所构成的电容器称为圆柱形电容器，如图 13-9 所示。假设圆柱形电容器所带电荷量为 Q，由例 12-10 可知，两极板间电势差为

$$V_1-V_2=\frac{Q}{2\pi\varepsilon_0 l}\ln\frac{R_2}{R_1}$$

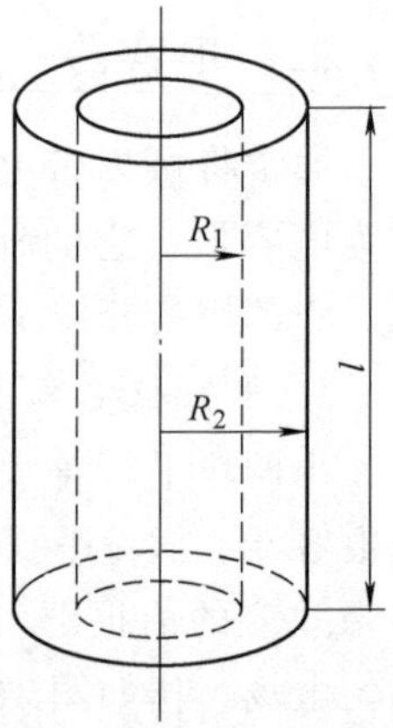

图 13-9　圆柱形电容器

由电容定义式（13-4），圆柱形电容器电容为

$$C=\frac{Q}{V_1-V_2}=\frac{2\pi\varepsilon_0 l}{\ln\dfrac{R_2}{R_1}} \tag{13-7}$$

讨论：令 $R_2-R_1=d$，当 $R_1\gg d$ 时，有

$$\ln\frac{R_2}{R_1}=\ln\frac{R_1+d}{R_1}=\ln\left(1+\frac{d}{R_1}\right)\approx\frac{d}{R_1}$$

则　$C\approx\dfrac{2\pi\varepsilon_0 l}{d/R_1}=\dfrac{2\pi\varepsilon_0 lR_1}{d}=\varepsilon_0\dfrac{S}{d}$，式中，$S=2\pi lR_1$ 是圆柱形电容器极板的面积。由此结果可以看出，当圆柱形电容器的半径趋于无限大时，圆柱形电容器就相当于平行板电容器。原因是在讨论平行板电容器时，我们做了忽略边缘效应的假设，这一假设意味着将平行板电容器的极板看作无限大。从另一个角度来讲，当圆柱面的半径趋于无限大时，圆柱面实际上就是无限大平面。

例 13-1　假设有两根半径为 a、轴线间距为 d 的平行导线，且 $d\gg a$，如图 13-10 所示。求此平行导线单位长度上的电容。

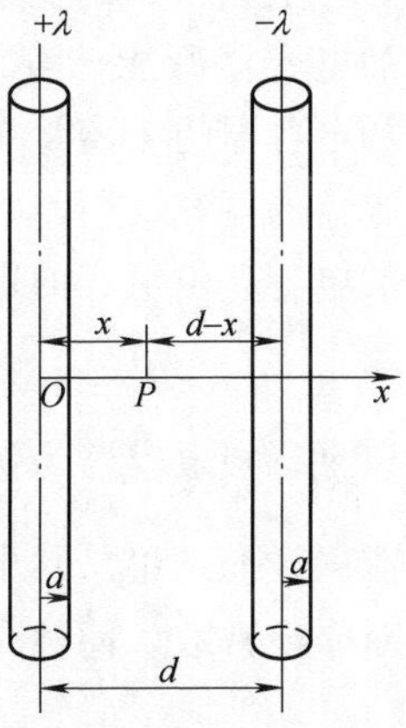

图 13-10　例 13-1 图

解　假设两根平行直导线单位长度所带电荷量分别为 $+\lambda$、$-\lambda$。根据对称性，在由两根平行直导线轴线所构成的平面上，带电平行导线外电力线为垂直于轴线向右。所以，取如图 13-10 所示的坐标系。

由例 12-4 可知，Ox 轴线上任意一点 P 的电场强度为

$$E=\frac{1}{2\pi\varepsilon_0}\left(\frac{\lambda}{x}+\frac{\lambda}{d-x}\right)$$

则两根导线间的电势差为

$$\begin{aligned}\Delta V&=\int_a^{d-a}E\,\mathrm{d}x=\frac{\lambda}{2\pi\varepsilon_0}\int_a^{d-a}\left(\frac{1}{x}+\frac{1}{d-x}\right)\mathrm{d}x\\&=\frac{\lambda}{2\pi\varepsilon_0}\left(\ln\frac{d-a}{a}-\ln\frac{a}{d-a}\right)\\&=\frac{\lambda}{\pi\varepsilon_0}\ln\frac{d-a}{a}\end{aligned}$$

由于 $d\gg a$，所以　$\Delta V\approx\dfrac{\lambda}{\pi\varepsilon_0}\ln\dfrac{d}{a}$

根据电容定义式（13-3），单位长度平行导线的电容为

$$C=\frac{\lambda}{\Delta V}=\frac{\pi\varepsilon_0}{\ln(d/a)}$$

讨论：如果本题所要求的是 l 长度的电容，则

$$C'=\frac{q}{\Delta V}=\frac{\lambda l}{\Delta V}=\frac{\pi\varepsilon_0 l}{\ln(d/a)}$$

第三节　电介质的极化

一、有电介质的电容器

比较几种不同电容器的电容公式可以发现，各种电容器的电容，除了与电容器的几何参数有关外，还有一个共同的特点，那就是电容与电容器中的电介质有关。

如图13-11所示，将几何尺寸完全相同、只是电介质不同的两个电容器并联，并加上相同的电压。实验发现，有电介质的电容器所能储存的电荷量是没有电介质的电容器的 ε_r 倍。用 C 表示有电介质的电容器的电容，用 C_0 表示无电介质的电容器的电容。由电容的定义式可知

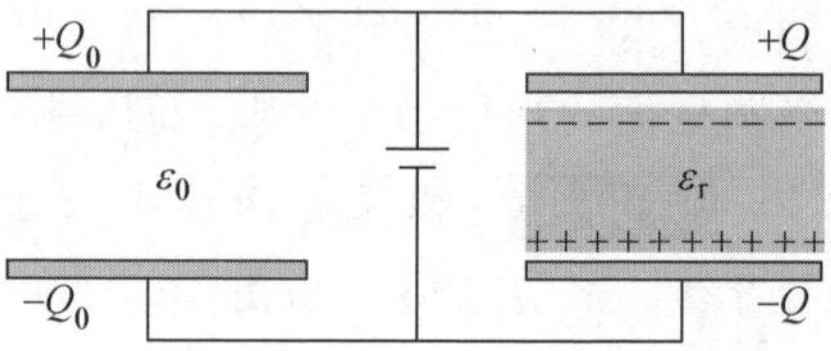

图13-11　电介质不同的电容器并联

$$C=\varepsilon_r C_0 \tag{13-8}$$

以平行板电容器为例，则 $C_0=\varepsilon_0\dfrac{S}{d}$，$C=\varepsilon_r\varepsilon_0\dfrac{S}{d}$。对其他形式的电容器而言，也有同样的结论。其中：$\varepsilon_r$ 称为电介质的相对介电常数；$\varepsilon=\varepsilon_0\varepsilon_r$ 称为电介质的绝对介电常数，简称介电常数。

二、电介质的极化

电介质与金属导体的性质有很大差异，金属中存在大量的自由电荷，在外电场的作用下，这些自由电荷发生宏观的定向运动，直到其产生的附加电场完全抵消外电场为止，这种宏观的定向运动才会停止。而电介质中没有自由电荷或自由电荷很少，其内部的电子受各自原子核的束缚很大，不能在电介质中自由运动。即使有外场的作用，这些电子也只能在其所属的原子核的附近做微小的移动，而不能在整个电介质中做宏观的运动——电介质不能导电。因此，当电介质处于静电平衡时，电介质所产生的附加电场不能与外场抵消，电介质中的电场强度不为零，这一点就是电介质与导体的本质区别。

1. 无极分子的极化

所谓无极分子是指在没有外电场作用的情况下，正、负电荷的中心重合的分子，如图13-12a所示，常见的无极分子有氢气（H_2）、氮气（N_2）、甲烷

（CH_4）、二氧化碳（CO_2）等。这些分子在没有外电场作用时，由于正、负电荷的中心重合，分子中没有电偶极矩。但在外电场的作用下，分子中的正、负电荷的中心发生相对位移，形成了一个电偶极子，它的电偶极矩的方向与外电场 $\boldsymbol{E}_0$ 的方向一致，如图 13-12b 所示。对于整个电介质而言，在外电场的作用下，其中的每一个分子都要形成如图 13-12b 所示的电偶极子，相当于电介质中的所有正、负电荷发生整体平移，因此，电介质的内部依然保持中性，而在垂直于外电场的两个面上形成等量异号的净电荷，如图 13-12c 所示，这种现象称为无极分子的极化。

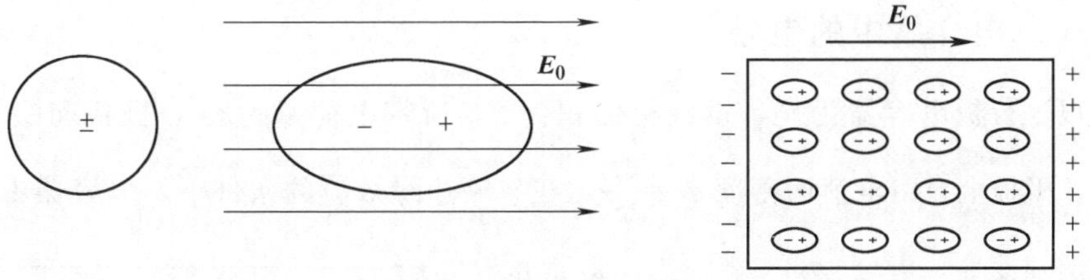

图 13-12 无极分子的极化

2. 有极分子的极化

所谓有极分子是指在没有外电场作用的情况下，正、负电荷的中心本身就不重合的分子。常见的有极分子有氨气（NH_3）、水（H_2O）、一氧化碳（CO）、氯化氢（HCl）等。这些分子在没有外电场作用时，由于正、负电荷的中心本身不重合，每个分子都有固有的电偶极子，不过所有的电偶极子的极矩方向分布是随机的，根据等几率原理可知，整个电介质不显电性，如图 13-13a 所示。但在外电场的作用下，每个分子固有电偶极子都受到一个电力矩的作用，电偶极子的正极将沿着外电场 $\boldsymbol{E}_0$ 的方向发生移动，负极将逆着外电场 $\boldsymbol{E}_0$ 的方向发生移动，如图 13-13b 所示。由于整个电介质中的每个电偶极矩的方向都要趋于外电场方向，在电介质的中部，有电荷移去，也有电荷移来，因而保持中性；在电介质的左右两端则不同，因而呈现净电荷，如图 13-13c 所示，这种现象称为有极分子的极化。

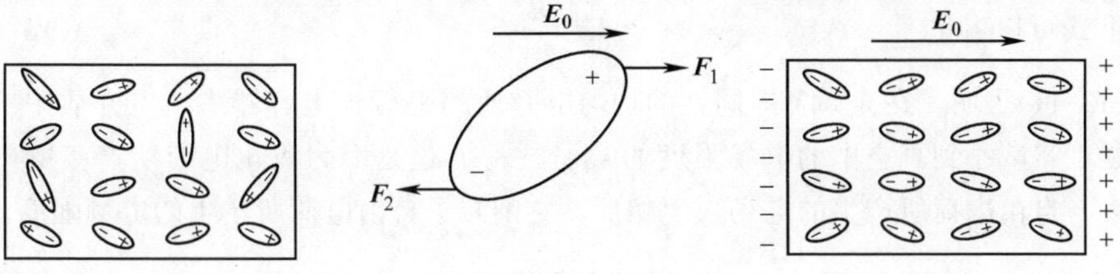

图 13-13 有极分子的极化

综上所述，虽然两种不同的电介质的极化机理不同，但在外电场的作用下所表现出的极化结果是相同的，即在外电场的作用下，电介质的表面都会出现等量异号的束缚电荷。因此，在以后遇到电介质的问题时，我们不再区分电介质是有极分子还是无极分子。

第四节 电介质中的电场 电位移矢量 电介质中的高斯定理

一、电介质中的电场

以平行板电容器为例，设极板面积为 S，所带电荷量为 Q_0，极板间距为 d。所以，极板上自由电荷面密度 $\sigma_0=\frac{Q_0}{S}$，在忽略边缘效应的条件下，电容器中的电场强度的大小为 $E_0=\frac{\sigma_0}{\varepsilon_0}$，方向由正极板指向负极板，如图 13-14 所示。放入电介质后，假设由于极化，在介质的上、下表面上将会出现极化电荷 $+Q'$ 和 $-Q'$，这些极化电荷也要产生一个电场，其电场强度为 $\boldsymbol{E}'$，其方向与自由电荷所产生的电场强度相反，则电介质中的合电场强度 $\boldsymbol{E}$ 的大小为

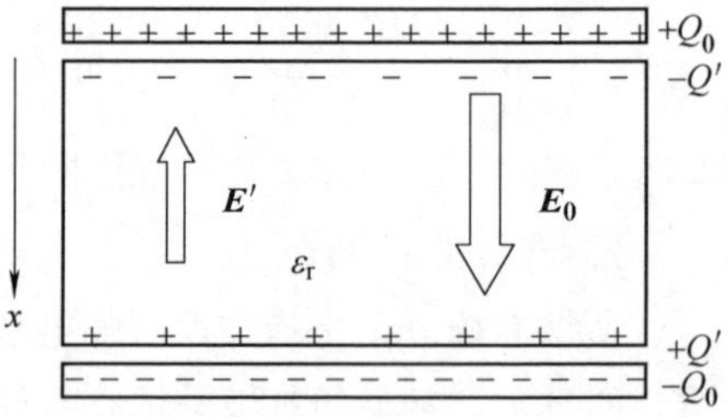

图 13-14 电介质中的电场

$$E=E_0-E' \tag{13-9}$$

写成矢量式，则为

$$\boldsymbol{E}=\boldsymbol{E}_0+\boldsymbol{E}' \tag{13-10}$$

由上一节可知，当电容器两极板间充满相对介电常数为 ε_r 的介质后，电容器的电容将增大 ε_r 倍，即 $C=\varepsilon_r C_0$，或 $C=\varepsilon_r\frac{\varepsilon_0 S}{d}$，两极板间的电压为

$$U=Ed=\frac{Q_0}{C}=\frac{\sigma_0 d}{\varepsilon_r\varepsilon_0}=E_0\frac{d}{\varepsilon_r}$$

由上式可以看出

$$\boldsymbol{E}=\frac{\boldsymbol{E}_0}{\varepsilon_r} \tag{13-11}$$

式(13-11)表明，在充满各向同性的均匀电介质的平行板电容器中，电介质中的电场强度将减小到真空中的电场强度的 ε_r 分之一。这是因为极化电荷所产生的电场强度与自由电荷所产生的电场强度相反，它削减了自由电荷所产生的电场强度。

二、电位移矢量 电介质中的高斯定理

设极板上的自由电荷面密度为 $\pm\sigma_0$，电介质表面极化电荷面密度为 $\pm\sigma'$，由

于平行板电容器极板间的距离相对表面尺寸很小，在忽略边缘效应的条件下，可以将极板看成无限大平面，则自由电荷与束缚电荷所产生的电场强度分别为

$$E_0=\frac{\sigma_0}{\varepsilon_0}\qquad E'=\frac{\sigma'}{\varepsilon_0}$$

代入式（13-9）得

$$E=\frac{\sigma_0-\sigma'}{\varepsilon_0}\tag{13-12}$$

又由式（13-11）

$$E=\frac{E_0}{\varepsilon_r}=\frac{\sigma_0}{\varepsilon_r\varepsilon_0}=\frac{\sigma_0}{\varepsilon}\tag{13-13}$$

合并式（13-12）、式（13-13）得

$$\sigma'=\left(1-\frac{1}{\varepsilon_r}\right)\sigma_0=\frac{\varepsilon-\varepsilon_0}{\varepsilon}\sigma_0\tag{13-14}$$

在图 13-15 中，取高斯面 S，由高斯定理得

$$\oint_S \boldsymbol{E}\cdot d\boldsymbol{S}=\frac{Q_0-Q'}{\varepsilon_0}=\frac{\sigma_0-\sigma'}{\varepsilon_0}S\tag{13-15}$$

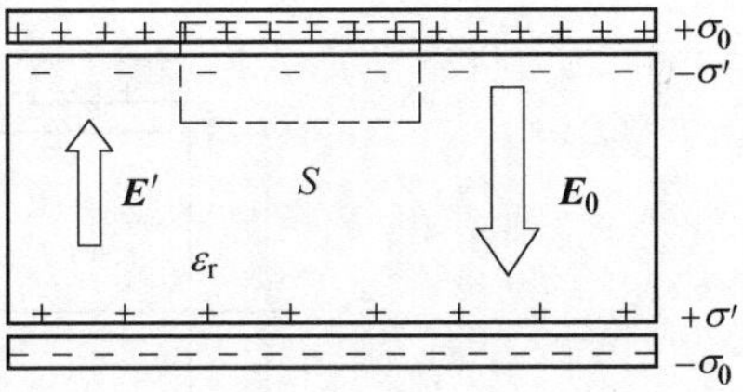

图 13-15　电介质中的高斯定理

由式（13-14）得 $\sigma_0-\sigma'=\frac{\sigma_0}{\varepsilon_r}$，代入式（13-15）有

$$\oint_S \boldsymbol{E}\cdot d\boldsymbol{S}=\frac{\sigma_0}{\varepsilon_0\varepsilon_r}S=\frac{Q_0}{\varepsilon_0\varepsilon_r}\tag{13-16}$$

上式可以改写为

$$\oint_S \varepsilon_0\varepsilon_r\boldsymbol{E}\cdot d\boldsymbol{S}=Q_0$$

令

$$\boldsymbol{D}=\varepsilon_0\varepsilon_r\boldsymbol{E}\tag{13-17}$$

D 被称为电介质中的电位移矢量（亦称 **D** 矢量）。在国际单位制中，电位移矢量的单位是 C/m^2，与电荷面密度的单位相同，量纲为 $IL^{-2}T$。

式（13-16）可以进一步简化为

$$\oint_S \boldsymbol{D}\cdot d\boldsymbol{S}=Q_0\tag{13-18}$$

式（13-18）就是有电介质时的高斯定理，它虽然是由平行板电容器推出来的，但具有普遍性，它是静电场中的基本原理之一。

那么，有电介质时的高斯定理可以理解为：在任何电场中通过任意一个闭合曲面的电位移矢量的通量等于包围在高斯面内的自由电荷的代数和。

应当指出，电位移矢量 **D** 只是一个辅助量，决定电场性质的依然是电场强度 **E**，之所以引入这个辅助量，只是为了解决有介质（尤其是多层介质）问题时方便而已；电位移线起始于正的自由电荷而终止于负的自由电荷，而电力线起

始于一切正电荷而终止于一切负电荷，包括自由电荷和束缚电荷。

例 13-2　一平行板电容器，极板面积为 S，其中有两层厚度分别为 d_1、d_2 的电介质，它们的相对介电常数分别为 ε_{r1}、ε_{r2}，求该电容器的电容 C。

解　求有介质电容器的电容 C，与求一般电容器电容的步骤相同，必须先假设电容器带电。

设该电容器两个极板所带电荷量为 $\pm Q_0$，则自由电荷面密度为 $\pm\sigma_0$。由于不同介质的相对介电常数不同，所以两种介质中的电场强度不同。在图 13-16 中，作高斯面 S_1，利用介质中的高斯定理

$$\oint_{S_1} \boldsymbol{D}\cdot \mathrm{d}\boldsymbol{S} = DS = \sum Q_0 = \sigma_0 S_1$$

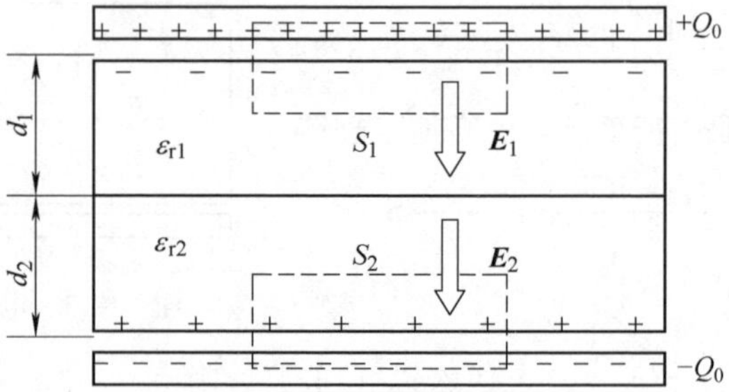

图 13-16　例 13-2 图

得 $D=\sigma_0$，又因 $\boldsymbol{D}=\varepsilon_0\varepsilon_{r1}\boldsymbol{E}$，所以

$$E_1=\frac{1}{\varepsilon_0\varepsilon_{r1}}D=\frac{\sigma_0}{\varepsilon_0\varepsilon_{r1}}$$

同理，$E_2=\dfrac{1}{\varepsilon_0\varepsilon_{r2}}D=\dfrac{\sigma_0}{\varepsilon_0\varepsilon_{r2}}$

因此，两板间的总电势差为　$\Delta V=E_1 d_1+E_2 d_2=\dfrac{\sigma_0}{\varepsilon_0}\left(\dfrac{d_1}{\varepsilon_{r1}}+\dfrac{d_2}{\varepsilon_{r2}}\right)=\dfrac{Q_0}{\varepsilon_0 S}\left(\dfrac{d_1}{\varepsilon_{r1}}+\dfrac{d_2}{\varepsilon_{r2}}\right)$

利用电容的定义式，得该电容器的电容为

$$C=\frac{Q_0}{\Delta V}=\frac{\varepsilon_0 S}{\dfrac{d_1}{\varepsilon_{r1}}+\dfrac{d_2}{\varepsilon_{r2}}}$$

例 13-3　有一球形电容器，所带电荷量为 Q，充有相对介电常数分别为 ε_{r1}、ε_{r2} 的电介质，其半径分别为 R_1、R_2、R_3，如图 13-17 所示，求此电容器在空间产生的电场强度分布。

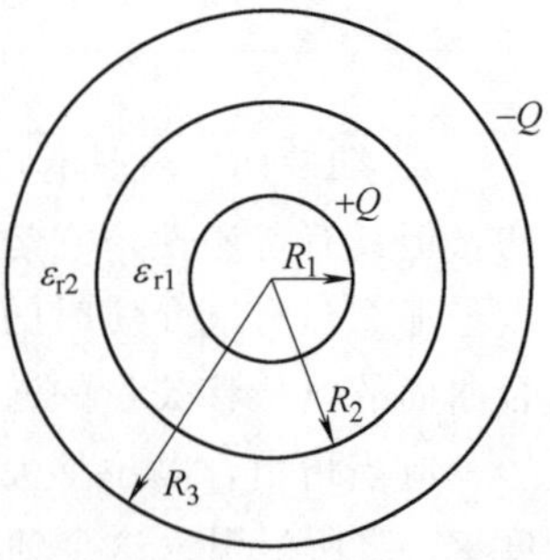

图 13-17　例 13-3 图

解　由介质中的高斯定理可知

$$\oint_{S} \boldsymbol{D}\cdot \mathrm{d}\boldsymbol{S} = D4\pi r^2 = \sum Q_i$$

即　$D=\frac{\sum Q_i}{4\pi r^2}$

又　$E_i=\frac{D}{\varepsilon_0\varepsilon_{ri}}=\frac{\sum Q_i}{4\pi\varepsilon_0\varepsilon_{ri}r^2}$

1）当 $r<R_1$ 时，$\sum Q_i=0$，则　$E_1=0$；

2）当 $R_1<r<R_2$ 时，$\sum Q_i=Q$，则　$E_2=\frac{D}{\varepsilon_0\varepsilon_{r1}}=\frac{Q}{4\pi\varepsilon_0\varepsilon_{r1}r^2}$；

3）当 $R_2<r<R_3$ 时，$\sum Q_i=Q$，则　$E_3=\frac{D}{\varepsilon_0\varepsilon_{r2}}=\frac{Q}{4\pi\varepsilon_0\varepsilon_{r2}r^2}$；

4）当 $R_3<r$ 时，$\sum Q_i=0$，则　$E_4=0$。

第五节　电场的能量　能量密度

一、带电电容器的能量

电容器能储存电荷，这些电荷产生静电场，而场是能量存在的一种形式，因此，我们说电容器储存了能量。

现在计算以下电容器的能量。在电容器未充电时，电容器中没有电荷，也就是说电容器中没有电场，因此，将第一个电荷由负极板搬到正极板时不做功，搬第二个电荷时，就要克服第一个电荷所产生的静电场做功，搬第三个电荷时要克服前两个电荷所产生的静电场做功……设 t 时刻电容器正、负极板所带电荷量分别为 $+q(t)$、$-q(t)$，如图 13-18 所示。此时，电容器两极板间的电压为

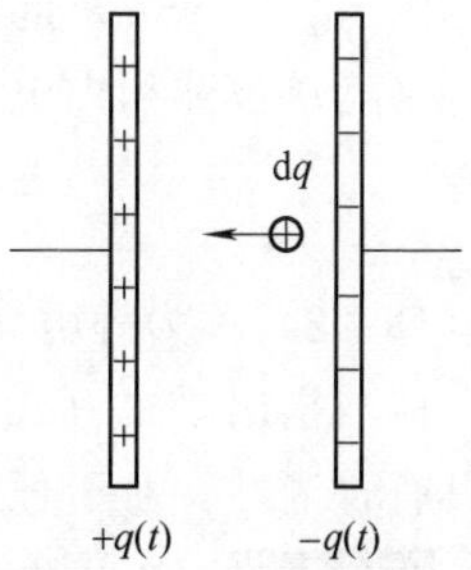

图 13-18　带电电容器的能量

$$U(t)=\frac{q(t)}{C}$$

今再把电荷量 $\mathrm{d}q$ 从负极板搬到正极板，外力所做的功为

$$\mathrm{d}W=U(t)\mathrm{d}q=\frac{q(t)}{C}\mathrm{d}q$$

那么，两极板由不带电到分别带 $\pm Q$ 电荷，外力做的总功为

$$W=\int_0^Q\frac{q(t)}{C}\mathrm{d}q=\frac{Q^2}{2C}=\frac{1}{2}CU^2 \tag{13-19}$$

二、电场能量　能量密度

由于外力所做的功全部转化为带电电容器储存的电能，所以电容器储存的

能量为

$$W=\frac{Q^2}{2C}=\frac{1}{2}CU^2 \tag{13-20}$$

对于平行板电容器而言，其电容为

$$C=\varepsilon\frac{S}{d}$$

又

$$U=Ed$$

所以

$$W=\frac{1}{2}CU^2=\frac{1}{2}\frac{\varepsilon S}{d}(Ed)^2=\frac{1}{2}\varepsilon E^2 Sd \tag{13-21}$$

应当指出，式（13-20）与式（13-21）的物理意义不同：式（13-20）表明，电容器之所以储存能量，是因为在外力的作用下，将电荷 Q 从一个极板搬到了另一个极板，因此，电容器能量的携带者是电荷；式（13-21）表明，在外力的作用下，使原来没有电场的电容器有了静电场，因此，能量的携带者是电场，在静电场范围内，场是伴随着电荷而产生的，所以式（13-20）与式（13-21）是等价的。但在电磁波领域，场是可以离开电荷而存在的，因此，式（13-21）比式（13-20）更具有普遍意义。

因为，$V=Sd$，是忽略边缘效应情况下电容器中静电场所占有的体积，所以，平均单位体积内电场的能量为

$$w_e=\frac{W}{V}=\frac{1}{2}\varepsilon E^2=\frac{1}{2}DE \tag{13-22}$$

式（13-22）称为静电场的能量密度。

应当指出，式（13-20）和式（13-22）虽然是由平行板电容器推出来的，但具有普遍性，对于任意电场都是适用的。

例 13-4　已知一带电荷量为 Q 的圆柱形电容器，由半径分别为 R、r，长度为 l 的两个同轴金属圆柱面构成，如图 13-19 所示，忽略边缘效应。求此电容器所储存的能量。

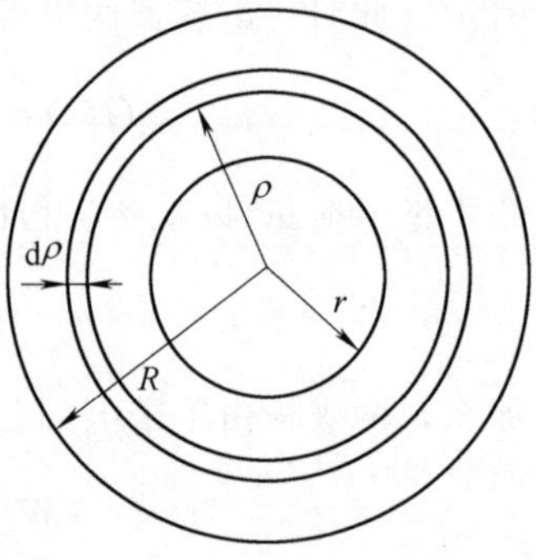

图 13-19　例 13-4 图

解法Ⅰ　（利用能量密度公式解）

由于圆柱形电容器两极板间的电场强度分布具有轴对称性，所以与轴线等距离处的电场强度大小相等

$$E=\frac{Q}{2\pi\varepsilon l\rho}$$

此处的能量密度

$$w_e=\frac{1}{2}\varepsilon E^2=\frac{Q^2}{8\pi^2\varepsilon l^2\rho^2}$$

在圆柱体中取半径为 ρ，厚度为 $\mathrm{d}\rho$ 的体积元，则

$$dV=2\pi\rho l d\rho$$

由于 $d\rho$ 很小，所以所取体积元内的电场强度的大小可以看成常量，则此体积元内的能量为

$$dW_e=w_e dV=\frac{Q^2}{8\pi^2\varepsilon l^2\rho^2}\cdot 2\pi\rho l d\rho=\frac{Q^2}{4\pi\varepsilon l}\ \frac{d\rho}{\rho}$$

电容器中的总能量为

$$W_e=\int_V dW_e=\frac{Q^2}{4\pi\varepsilon l}\int_r^R\frac{d\rho}{\rho}=\frac{Q^2}{4\pi\varepsilon l}\ln\frac{R}{r}$$

解法Ⅱ　(利用能量公式和电容公式解)

将圆柱形电容器的电容公式

$$C=\frac{2\pi\varepsilon l}{\ln\dfrac{R}{r}}$$

代入电场能量公式，得

$$W=\frac{Q^2}{2C}=\frac{Q^2}{4\pi\varepsilon l}\ln\frac{R}{r}$$

比较以上两种方法可以看出，解法Ⅱ比解法Ⅰ较为方便，但解法Ⅰ更具有普遍性。

思　考　题

13-1　静电感应现象只发生在介质的表面吗？为什么感应电荷只存在于导体的表面？

13-2　当一个导体被放置于电场中时，导体的两端因静电感应而出现正负电荷，那么，此时的导体还是等势体吗？如果是，请说出理由。

13-3　在导体表面上的任意一点，为什么电力线一定垂直于导体表面？如果不垂直，导体内会发生什么现象？

13-4　有一个具有空腔的导体，如果在空腔内放置一个电荷 $+q$，试解释为什么在导体的内表面一定会感应出等量异号的电荷。

13-5　如思考题 13-5 图所示，将一个接地的导体放置于一个带电导体旁，此导体上还会有感应电荷吗？

13-6　为什么当人进入电梯中后，手机的信号会突然减弱甚至消失？

13-7　小鸟落在带电的高压线上时，为什么能安然无恙？

13-8　由电容的定义式 $C=\dfrac{Q}{\Delta V}$ 可知：电容与电荷量成正比，与两极板间的电势差成反比。此说法对吗？为什么？

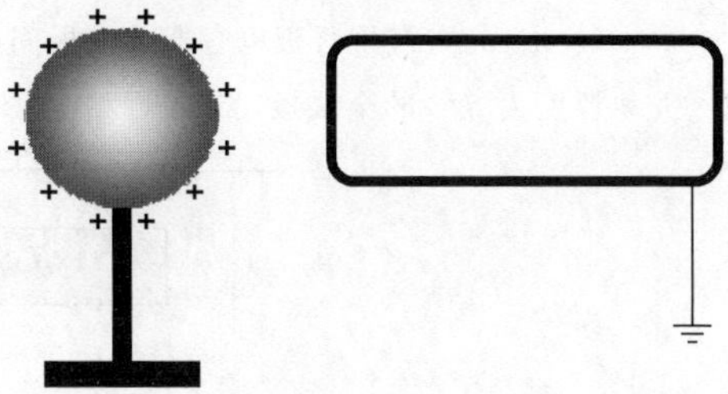

思考题 13-5 图

13-9　电介质的极化与导体的感应有何相同和不同之处？

13-10　电容器中的介质在极化时，在与电容器极板相接触的表面上会激发出一定量的异号电荷，为什么这些极化电荷不会与极板上电荷中和而消失？

13-11　如思考题13-11图所示，在平行板电容器1/2的容积内充入相对介电常数为ε_r的某种电介质。

(1) 有电介质和无电介质的两部分极板上的自由电荷面密度是否相同？

(2) 此电容器的电容与未充入电介质时的电容有何关系？

(3) 如果要计算此电容器的电容，将怎么计算？

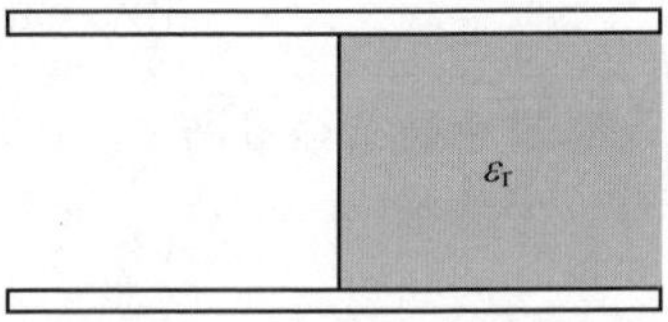

思考题13-11图

13-12　我们利用真空中的高斯定理推导有电介质时的高斯定理，对吗？请说出理由。

13-13　在充电后切断电源和始终不切断电源两种情况下，增大两极板间距。试说明平行板电容器的电容、电荷、两极板间的电场强度、电势差和电容器储存的能量将有何变化？

13-14　在本章第五节中，关于电场的能量计算有两个公式：

$$W=\frac{Q^2}{2C},\qquad W=\int_V w\mathrm{d}V=\int_V \frac{1}{2}\varepsilon E^2\mathrm{d}V$$

试解释这两个式子的深刻物理意义，并说明它们的关系和区别。

习　题

13-1　有一个半径为R的金属球体与大地相连，如习题13-1图所示，在距球心r ($r=3R$) 处有一点电荷q，问金属球上所感应的电荷q'等于多少？

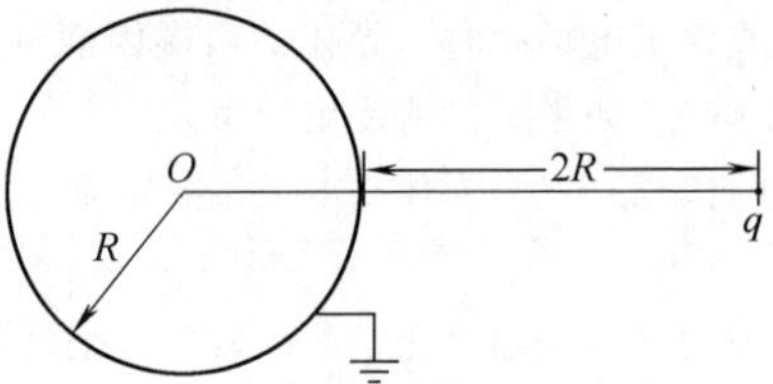

习题13-1图

13-2　将一个厚度为d的无限大金属板垂直插入电场强度为$\boldsymbol{E}_0$的均匀电场中，试求金属板两个表面的感应电荷面密度。

13-3　一空气平行板电容器，极板间距为d，电容为C，若在两板中间平行的插入一块厚度为$d/3$的金属板，如习题13-3图所示，试计算其电容的大小。

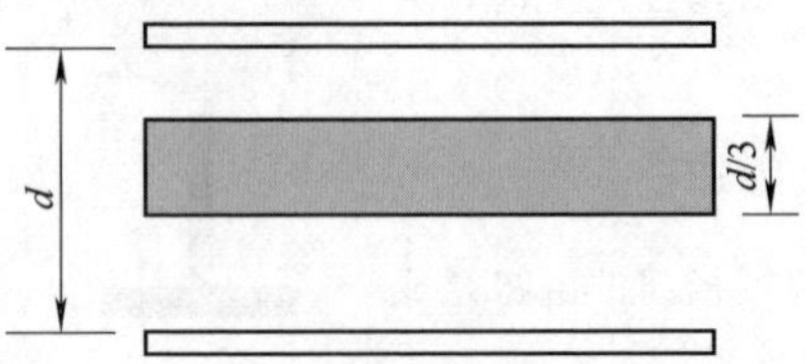

习题13-3图

13-4　如习题 13-4 图所示，一电容器由两个同轴圆筒组成，内筒半径为 a，外筒半径为 b，筒长都是 L，中间充满相对介电常数为 ε_r 的各向同性均匀电介质，内、外筒分别带有等量异号电荷 $+Q$ 和 $-Q$。设 $b-a \ll a$，$L \gg b$，可以忽略边缘效应，求：圆柱形电容器的电容；电容器储存的能量。

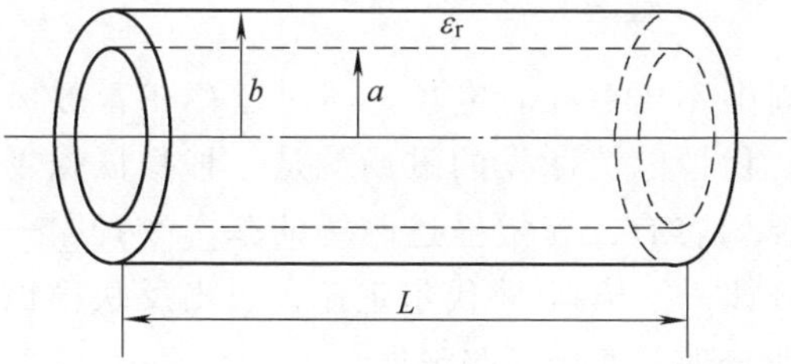

习题 13-4 图

13-5　一孤立导体球，半径为 R，所带电荷量为 $+Q$。试计算此带电导体球在空间所激发的电场的能量。

13-6　如习题 13-6 图所示，有一金属球壳，内、外半径分别为 $R_2=4.0\times10^{-2}\,\text{m}$、$R_3=6.0\times10^{-2}\,\text{m}$，所带电荷量为 $q_2=4.0\times10^{-10}\,\text{C}$。今在球壳内放一与之同心的半径为 $R_1=2.0\times10^{-2}\,\text{m}$的金属球，所带电荷量为 $q_1=2.0\times10^{-10}\,\text{C}$。(1) 分别求出内球与球壳的电势及它们之间的电势差；(2) 内球接地后，它们之间的电势差又是多少？

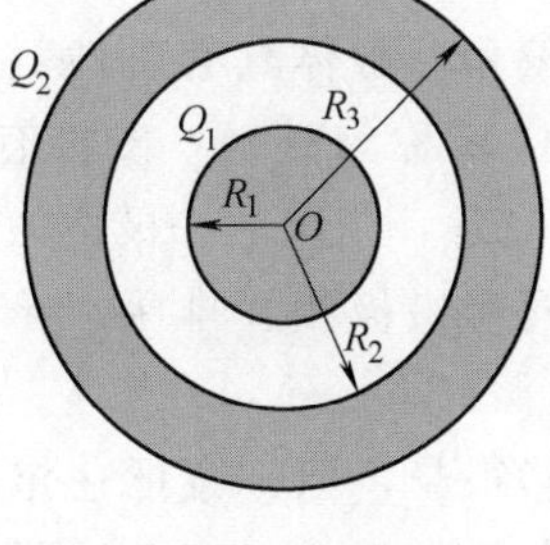

习题 13-6 图

第十四章　稳恒磁场

在运动电荷的周围不仅存在着电场，同时还存在着磁场。稳恒磁场是指不随时间变化的磁场，稳恒电流激发的磁场就是一种稳恒磁场。本章研究稳恒磁场的基本规律，主要内容有：介绍描述磁场的基本物理量——磁感应强度，给出电流磁场的基本规律——毕奥-萨伐尔定律，引出反映稳恒磁场性质的两个定理——磁场中的高斯定理和安培环路定理。

第一节　磁场　磁感应强度

一、基本磁现象

人类对磁现象的认识始于天然磁石。中国是最早发现并应用磁现象的国家之一，早在战国时期（公元前300年），古籍中就有磁石吸引磁铁的记载。在东汉时期，发明了磁性指南器具——司南。到11世纪，我国已经制造出了航海用的指南针，并且发现了地磁偏角。磁体具有磁性，即吸引铁、钴、镍等物质的性质，磁铁两端磁性最强的区域称为磁极，磁极有自动指向南北方向的性质，其中指北的一极称为北极（N极），指南的一极称为南极（S极）。磁极之间存在着相互作用力，称为磁力，同号磁极相互排斥，异号磁极相互吸引，而且磁极不能单独存在。

人们对磁现象的认识虽然很早，但一直把它作为与电现象相独立的一种现象来研究，而没有认识到二者的联系。1819年，丹麦物理学家奥斯特发现，放在载流导线周围的小磁针受到了作用力而发生偏转。1820年安培发现，放在磁铁附近的载流导线也会受到作用力而发生运动，人们才逐渐认识到电现象与磁现象有着不可分割的内在联系。

1822年，安培提出了分子电流的假说，他认为一切磁现象均起源于电流，磁性物质的分子中，存在环形电流，称为分子电流。每个分子电流都相当于一个基元磁铁，当分子电流在一定程度上规则排列时，物质便显示出磁性。在安培所处的时代，人们还不了解原子、分子的结构，因此，还不能解释物质内部分子电流是如何形成的，电子不仅绕核旋转，还有自旋，原子、分子内电子的这些运动形成了“分子电流”，这便解释了磁性的起源。

实验和理论都已证实，一切磁现象都起源于电荷的运动，而磁力则是运动电荷之间相互作用的结果。

二、磁场和磁感应强度

我们知道，静止电荷之间的相互作用是通过电场来传递的。运动电荷之间、磁铁或电流之间的相互作用也是通过场来传递的，这种场称为**磁场**。

磁场是存在于运动电荷（或电流）周围空间的一种特殊形态的物质。磁场对位于其中的运动电荷有力的作用，这种作用力称为磁力，也称为磁场力。运动电荷与运动电荷之间、电流与电流之间、电流或运动电荷与磁铁之间的相互作用，都可看成是它们中任意一个所激发的磁场对另一个施加作用力的结果。

稳恒磁场是指在稳恒电流周围产生的不随时间变化的磁场。

为定量描述磁场的分布，我们采用与研究静电场类似的方法。在静电场中，我们用电场对试验电荷的作用来定义电场强度。与之类似，我们将从磁场对运动电荷的作用出发来定义磁感应强度 $\boldsymbol{B}$。

将速度为$\boldsymbol{v}$、电荷量为 q 的运动试验电荷引入磁场，发现磁场对运动试验电荷的作用力具有如下规律：

1）电荷所受磁力 $\boldsymbol{F}$ 的方向总与该电荷的运动方向垂直，即 $\boldsymbol{F}$ 垂直$\boldsymbol{v}$ 。

2）电荷所受磁力 $\boldsymbol{F}$ 的大小与电荷的电荷量 q 和速率 v 的乘积成正比，同时还与电荷在磁场中的运动方向有关。

3）磁场中存在一个特定的方向，当试验电荷 q 的运动方向与该方向同向或反向时，它所受的磁力为0（$\boldsymbol{F}=0$）。当试验电荷 q 的运动方向与该方向垂直时，所受的磁力最大（$\boldsymbol{F}=\boldsymbol{F}_{max}$），如图 14-1 所示。

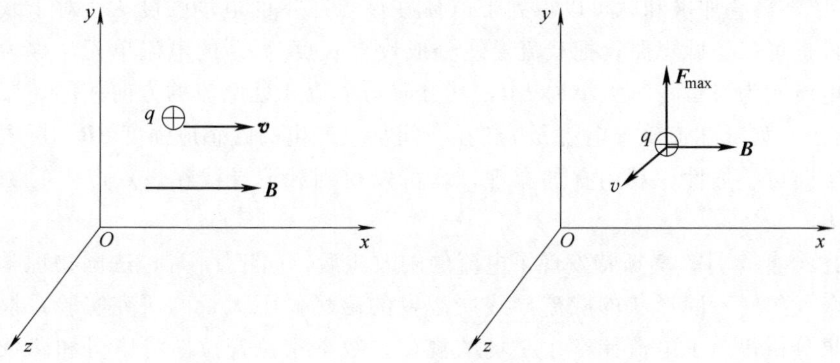

图 14-1 运动电荷在磁场中的受力

根据运动试验电荷在磁场中所受磁力的特征，我们用磁感应强度 $\boldsymbol{B}$ 来描述磁场，定义如下：

运动电荷在磁场中某点所受的最大磁力的大小为 F_{max}，而 F_{max} 与电荷量 q 和

速率 v 的乘积的比值是一个仅与场点位置有关，而与运动电荷无关的物理量，故定义**运动电荷在磁场中某点所受的最大磁力的大小 F_{max} 与 qv 的比值为该点磁感应强度 $\boldsymbol{B}$ 的大小**，即

$$B=\frac{F_{max}}{qv} \tag{14-1}$$

磁场中各点处运动电荷不受磁力作用的方向（其指向与该点处小磁针 N 极的指向相同）即为相应点的磁感应强度 $\boldsymbol{B}$ 的方向，由图 14-1 知，$\boldsymbol{B}$ 的方向亦可定义为 $\boldsymbol{F}_{max}\times\boldsymbol{v}$ 的方向。

在国际单位制中，磁感应强度 $\boldsymbol{B}$ 的单位为特斯拉（T），由式（14-1）知

$$1\mathrm{T}=1\mathrm{N}\cdot\mathrm{C}^{-1}\cdot\mathrm{m}^{-1}\cdot\mathrm{s}=1\mathrm{N}\cdot\mathrm{A}^{-1}\cdot\mathrm{m}^{-1}$$

地球表面的磁感应强度值约在 0.3×10^{-4}T（赤道）到 0.6×10^{-4}T（两极），一般永久磁铁的磁感应强度值约为 10^{-2}T，大型电磁铁能够产生 2T 的磁场，用超导材料制成的磁体可以产生 100T 的磁场。

第二节　毕奥-萨伐尔定律

磁现象起源于电流或运动电荷。本节介绍电流和运动电荷激发磁场的规律。

一、毕奥-萨伐尔定律

在静电场中，在计算任意带电体在某点激发的电场强度时，曾采用微元分割法，把带电体分割成许多点电荷元 dq，每个点电荷元 dq 在该点产生的电场强度为 d$\boldsymbol{E}$，再叠加求和就可以得到带电体在该点产生的电场强度 $\boldsymbol{E}$。对于载流导线来说也可以仿此思路，把载流导线分成许多长度为 dl 的电流单元，称为电流元。电流元为矢量，其大小为 Idl，其方向与电流元处电流的方向相同，用矢量 Id$\boldsymbol{l}$ 表示。如果知道每个电流元 Id$\boldsymbol{l}$ 在空间某点产生的磁感应强度 d$\boldsymbol{B}$，再根据磁场的空间可叠加性，利用叠加原理，就可以得到载流导线在该点产生的磁感应强度 $\boldsymbol{B}$。

1820 年 7 月，奥斯特发现了电流的磁效应后，同年 10 月，法国物理学家毕奥和萨伐尔对不同形状的载流导线所激发的磁场做了大量的研究实验，根据实验结果分析得出了电流元产生磁场的规律。数学家拉普拉斯将毕奥和萨伐尔得出的结果归纳为数学公式，总结出了电流元产生磁场的规律，称为毕奥-萨伐尔定律。毕奥-萨伐尔定律表述如下：

电流元 Id$\boldsymbol{l}$ 在空间某点 P 处产生的磁感应强度 d$\boldsymbol{B}$ 的大小与电流元 Id$\boldsymbol{l}$ 的大小成正比，与电流元到 P 点的矢径 $\boldsymbol{r}$ 和电流元 Id$\boldsymbol{l}$ 间的夹角 θ 的正弦成正比，而与电流元到 P 点的距离 r 的平方成反比。数学表示式为

$$dB=\frac{\mu_0}{4\pi}\frac{Idl\sin\theta}{r^2} \tag{14-2}$$

式中，μ_0 称为真空磁导率，其值为 $\mu_0=4\pi\times10^{-7}\mathrm{N\cdot A^{-2}}$。

$d\boldsymbol{B}$ 的方向垂直于 $Id\boldsymbol{l}$ 和 $\boldsymbol{r}$ 组成的平面，并沿矢积 $Id\boldsymbol{l}\times\boldsymbol{r}$ 的方向，其指向用右手螺旋定则确定，如图 14-2 所示，右手四指由经 $Id\boldsymbol{l}$ 沿小于 180°的角转向 $\boldsymbol{r}$，大拇指的指向即为 $d\boldsymbol{B}$ 的方向。这样，式（14-2）就可以写成矢量式

$$d\boldsymbol{B}=\frac{\mu_0}{4\pi}\frac{Id\boldsymbol{l}\times\boldsymbol{r}}{r^3} \tag{14-3}$$

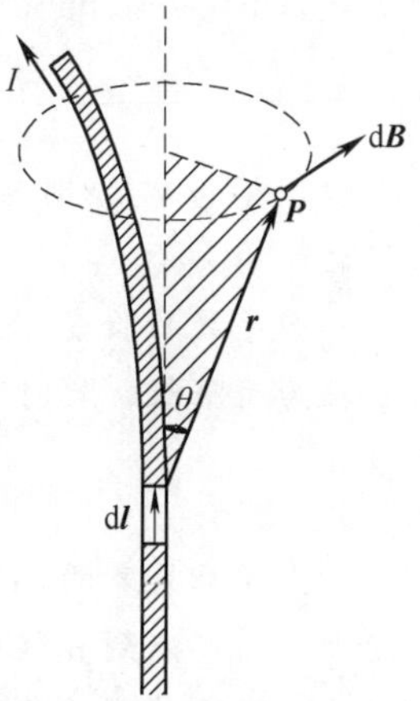

图 14-2 电流元激发的磁感应强度

式（14-3）就是毕奥-萨伐尔定律，它描述电流产生磁场的基本规律，是计算电流磁场的基本公式。

这样，任意载流导线在 P 点产生的磁感应强度 $\boldsymbol{B}$ 为

$$\boldsymbol{B}=\int_L d\boldsymbol{B}=\int_L\frac{\mu_0}{4\pi}\frac{Id\boldsymbol{l}\times\boldsymbol{r}}{r^3} \tag{14-4}$$

式中积分是对整个载流导线进行积分。

式（14-4）为矢量式，应用时通常要根据矢量运算关系和磁场方向化为标量计算。需指出，毕奥-萨伐尔定律是根据大量实验事实分析得出的结果，无法用实验直接验证。然而，由该定律出发得出的结果却与实验符合得很好，这间接地验证了该定律的正确性。

二、毕奥-萨伐尔定律应用举例

下面应用毕奥-萨伐尔定律来讨论几种典型的载流导体所激发的磁场。

例 14-1 载流直导线的磁场

在长为 L 的直导线中通有恒定电流 I，计算该导线附近空间任意一点 P 的磁感应强度。已知 P 点到直导线的垂直距离为 a，如图 14-3 所示。

解 采用微元分割法，将载流直导线分割成许多电流元，由毕奥-萨伐尔定律，任意电流元 $Id\boldsymbol{l}$ 在 P 点产生的磁感应强度 $d\boldsymbol{B}$ 的大小为

$$dB=\frac{\mu_0}{4\pi}\frac{Idl\sin\theta}{r^2}$$

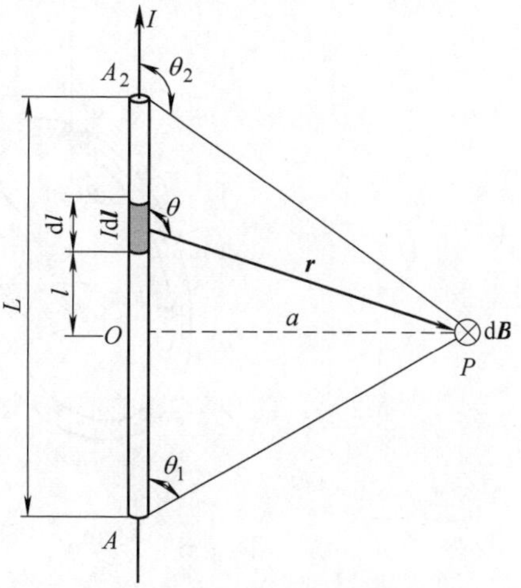

图 14-3 载流直导线的磁场

$d\boldsymbol{B}$ 的方向是 $Id\boldsymbol{l}\times\boldsymbol{r}$ 的方向，即垂直纸面向里。从图 14-3 中可以看出，直导线上各个

电流元的 d$\boldsymbol{B}$ 的方向都相同，所以总磁场方向也垂直纸面向里，总磁感应强度 $\boldsymbol{B}$ 的大小为

$$B=\frac{\mu_0}{4\pi}\int_L\frac{I\,\mathrm{d}l\sin\theta}{r^2}$$

式中，l、θ、r 都是积分变量，需把它们统一成一个变量才能积分。由图 14-3 可知

$$r=a/\sin\theta,\ l=-a\cot\theta$$

于是，$\mathrm{d}l=a\csc^2\theta\mathrm{d}\theta$，所以

$$B=\frac{\mu_0}{4\pi}\int_{\theta_1}^{\theta_2}\frac{I}{a}\sin\theta\mathrm{d}\theta=\frac{\mu_0 I}{4\pi a}(\cos\theta_1-\cos\theta_2) \tag{14-5}$$

式中，θ_1 和 θ_2 分别为直导线两端的电流元到 P 点的矢径之间的夹角。

若导线的长度远大于点 P 到直线的距离 a，则导线可视为无限长，此时可近似取 $\theta_1=0$，$\theta_2=\pi$，则有

$$B=\frac{\mu_0 I}{2\pi a} \tag{14-6}$$

上述结果表明，无限长载流直导线周围的磁感应强度大小与场点到直线的垂直距离 a 成反比，与电流 I 成正比，在垂直于导线的平面内作以导线为圆心的同心圆，则磁感应强度 $\boldsymbol{B}$ 的方向沿通过该点圆的切线方向，其指向与电流方向成右手螺旋关系，如图 14-4 所示。

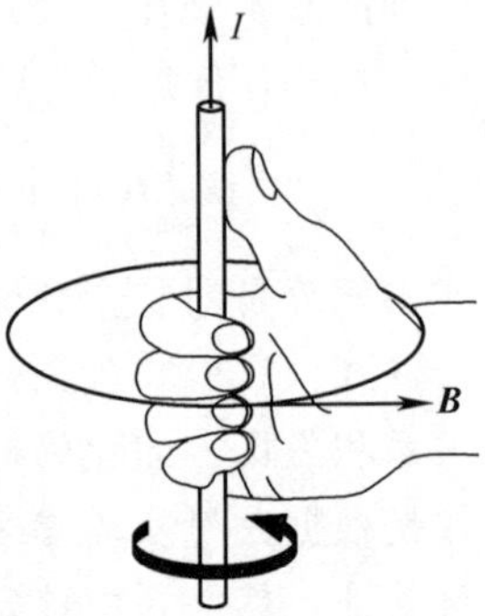

图 14-4 磁感应强度方向与电流方向的关系

例 14-2 载流圆线圈轴线上的磁场

设在真空中，半径为 R 的载流圆线圈载有电流 I，称为圆电流，如图 14-5 所示。试计算载流圆线圈轴线上任意一点 P 处的磁感应强度。

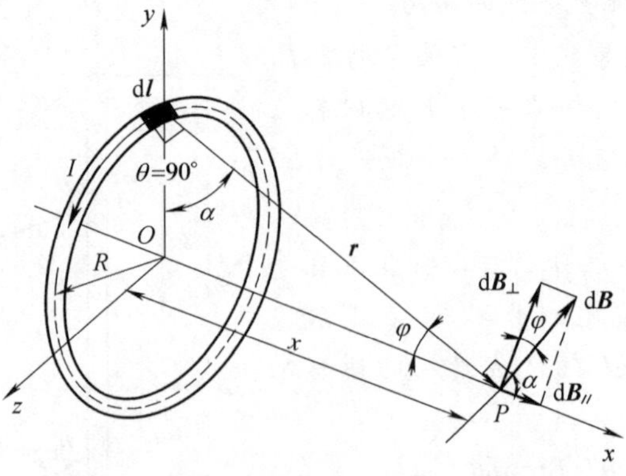

图 14-5 圆电流轴线上磁场的计算

解 取圆线圈圆心为原点，轴线为 x 轴，在线圈上任取一电流元 $I\mathrm{d}\boldsymbol{l}$，

该电流元到轴线上任一点的矢径为 $\boldsymbol{r}$，由图可知，$\boldsymbol{r}$ 与电流元垂直，由毕奥-萨伐尔定律，电流元 $I\mathrm{d}\boldsymbol{l}$ 在 P 点产生的磁感应强度 $\mathrm{d}\boldsymbol{B}$ 的大小为

$$\mathrm{d}B=\frac{\mu_0}{4\pi}\frac{I\mathrm{d}l\sin 90°}{r^2}=\frac{\mu_0}{4\pi}\frac{I\mathrm{d}l}{r^2}$$

$\mathrm{d}\boldsymbol{B}$ 的方向垂直于 $I\mathrm{d}\boldsymbol{l}$ 与 $\boldsymbol{r}$ 组成的平面，圆线圈上不同电流元在 P 点产生的磁感应强度 $\mathrm{d}\boldsymbol{B}$ 分布在以 P 点为顶点、以 x 为轴的圆锥面上。由对称性可知，圆线圈上的所有电流元在 P 点产生的各个 $\mathrm{d}\boldsymbol{B}$ 在与 x 轴垂直的方向上的分量 $\mathrm{d}\boldsymbol{B}_{\perp}$ 相互抵消，而沿 x 轴方向上的分量 $\mathrm{d}\boldsymbol{B}_{/\!/}$ 相互加强，所以总磁场方向沿 x 轴方向，且总磁场强度 $\boldsymbol{B}$ 的大小为

$$B=\int_L \mathrm{d}\boldsymbol{B}_{/\!/}=\int_L \mathrm{d}B\sin\varphi=\frac{\mu_0}{4\pi}\int_0^{2\pi R}\frac{I\sin\varphi}{r^2}\mathrm{d}l$$

$$=\frac{\mu_0 IR\sin\varphi}{2r^2}$$

式中，φ 为 $\boldsymbol{r}$ 与 x 轴的夹角。

由于 $\sin\varphi=\dfrac{R}{r}$，$r^2=R^2+x^2$，则

$$B=\frac{\mu_0 IR^2}{2r^3}=\frac{\mu_0 IR^2}{2(R^2+x^2)^{3/2}} \tag{14-7}$$

从式（14-7）可得到两种特殊位置的磁感应强度：

1）当 $x=0$ 时，在圆心 O 处的磁感应强度的大小为

$$B=\frac{\mu_0 I}{2R} \tag{14-8}$$

2）在轴心上远离圆心处（$x\gg R$）的磁感应强度的大小为

$$B=\frac{\mu_0 IR^2}{2x^3} \tag{14-9}$$

由于圆电流的面积 $S=\pi R^2$，上式可写为

$$B=\frac{\mu_0 IS}{2\pi x^3}$$

对于载流圆线圈，可引入磁矩来描述它的磁学性质，定义

$$\boldsymbol{m}=IS\boldsymbol{e}_{\mathrm{n}} \tag{14-10}$$

式中，$\boldsymbol{m}$ 称为**平面载流线圈的磁矩**；I 为线圈所通电流；S 为线圈所围面积；$\boldsymbol{e}_{\mathrm{n}}$ 为线圈平面与电流成右手螺旋关系的法线单位矢量，也就是磁矩 $\boldsymbol{m}$ 的方向。可见，磁矩 $\boldsymbol{m}$ 的方向与电流的方向成右手螺旋关系，即弯曲右手四指表示载流线圈电流的方向，拇指的指向即载流线圈磁矩的方向。

如果载流回路有 N 匝线圈，则磁场加强 N 倍，这时线圈总磁矩为 $\boldsymbol{m}=NIS\boldsymbol{e}_{\mathrm{n}}$。

实际上，原子、分子、电子和质子等粒子都具有磁矩。它们的磁矩主要来自于电子绕核运动（轨道运动）和它们本身的自旋运动所形成的等效圆

电流。

引入磁矩后，并考虑到磁矩和磁感应强度的方向相同，式（14-9）可写成如下矢量形式

$$\boldsymbol{B}=\frac{\mu_0\boldsymbol{m}}{2\pi x^3}$$

应当指出，当圆电流的面积很小或场点距圆电流很远时，圆电流就称为磁偶极子。上式就是磁偶极子在极轴上所产生的磁感应强度 $\boldsymbol{B}$ 的公式。

一般来说，载流导线产生的磁场可以利用毕奥-萨伐尔定律和磁场的可叠加性联合求解。

三、运动电荷的磁场公式

由于电流是带电粒子的定向移动形成的，所以电流激发的磁场实质上是由运动电荷激发的。下面从毕奥-萨伐尔定律出发导出运动电荷的磁场表示式。

在载流导线中任取一电流元，设其截面积为 S，导体中单位体积内的载流子数为 n，每个载流子的电荷量都是 q，并且都以漂移速度 $\boldsymbol{v}$ 运动，$\boldsymbol{v}$ 的方向与电流方向相同，如图 14-6 所示，则单位时间内通过导线横截面积的电荷量 $nqvS$ 就是电流 I，因此，电流元大小可以写为

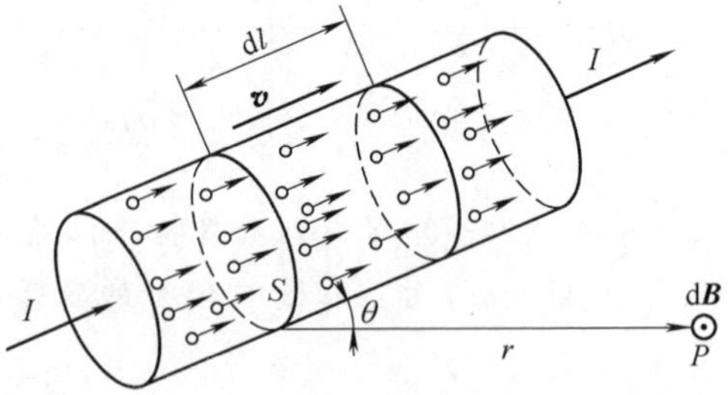

图 14-6　电流元中的运动电荷

$$I\mathrm{d}l=nqvS\mathrm{d}l=qv\mathrm{d}N$$

式中，$\mathrm{d}N=nS\mathrm{d}l$ 为电流元中的载流子数目。

将上式代入式（14-3），就可得到 $\mathrm{d}N$ 个电荷以速度 $\boldsymbol{v}$ 运动时在 $\boldsymbol{r}$ 处产生的磁场

$$\mathrm{d}\boldsymbol{B}=\frac{\mu_0}{4\pi}\frac{(\mathrm{d}N)q\boldsymbol{v}\times\boldsymbol{r}}{r^3}$$

这样，一个电荷量为 q、以速度 $\boldsymbol{v}$ 运动的电荷，在空间一点激发的磁感应强度为

$$\boldsymbol{B}=\frac{\mathrm{d}\boldsymbol{B}}{\mathrm{d}N}=\frac{\mu_0}{4\pi}\frac{q\boldsymbol{v}\times\boldsymbol{r}}{r^3}\quad(14\text{-}11)$$

显然，$\boldsymbol{B}$ 的方向垂直于 $\boldsymbol{v}$ 和 $\boldsymbol{r}$ 组成的平面。式（14-11）中的 $\boldsymbol{v}$、$\boldsymbol{r}$ 和 $\boldsymbol{B}$ 同样满足右手螺旋关系，如图 14-7 所示。

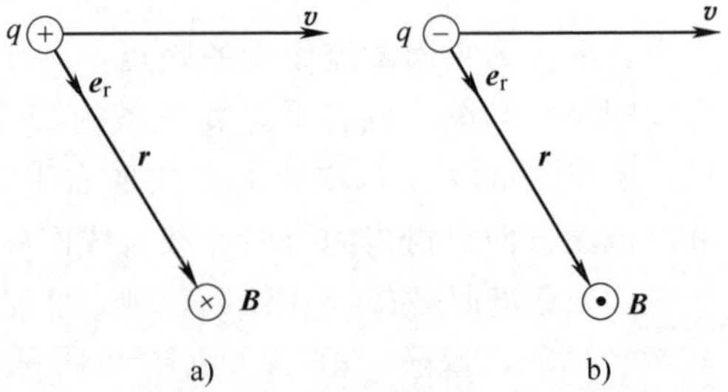

图 14-7　运动电荷的磁场方向

第三节　磁场的高斯定理

一、磁感应线　磁通量

为形象地描述磁场分布情况，可以仿照电场中引入电场线的方法，引入磁感应线来描绘磁场：

1）磁感应线上任一点的切线方向与该点磁感应强度 $\boldsymbol{B}$ 的方向一致。

2）在磁场中某点处，穿过垂直于该点的单位面积上磁感应线的数目，等于该点处磁感应强度 $\boldsymbol{B}$ 的大小。磁感应线的分布能够直观地描述磁场的方向和强弱的特征。

图 14-8 所示为三种典型电流磁场的磁感应线，这样，可借助于磁针或铁屑将磁感应线显现出来。

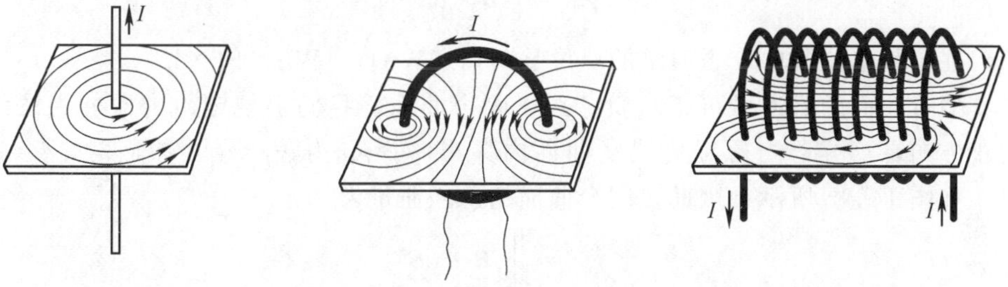

图 14-8　电流磁场的磁感应线分布

a）直电流　b）圆电流　c）螺线管电流

总结电流磁场磁感应线的分布，可以看出磁感应线具有如下性质：

1）磁感应线是环绕电流的闭合曲线，无始无终。磁感应线的这个性质与静止电场的电场线不同，静电场的电场线起始于正电荷，终止于负电荷，有始有终。

2）磁场中磁感应线互不相交，因为磁场中任一点的磁场方向具有唯一确定性。

3）磁感应线的回转方向与电流的方向遵从右手螺旋定则。

类似于静电场中的电通量，在讨论磁场时，可以引入磁通量的概念。**通过磁场中某一曲面的磁感应线数目，称为通过该曲面的磁通量**，用 ϕ_m 表示。

如图 14-9a 所示，若空间存在任一稳恒磁场 $\boldsymbol{B}$，S 为磁场中的任一曲面，在曲面 S 上任取一面元 $d\boldsymbol{S}$，其法线方向 $\boldsymbol{e}_n$ 与该处磁感应强度之间的夹角为 θ，则通过面元 $d\boldsymbol{S}$ 的磁通量为

$$d\phi_m = \boldsymbol{B} \cdot d\boldsymbol{S} = BdS\cos\theta$$

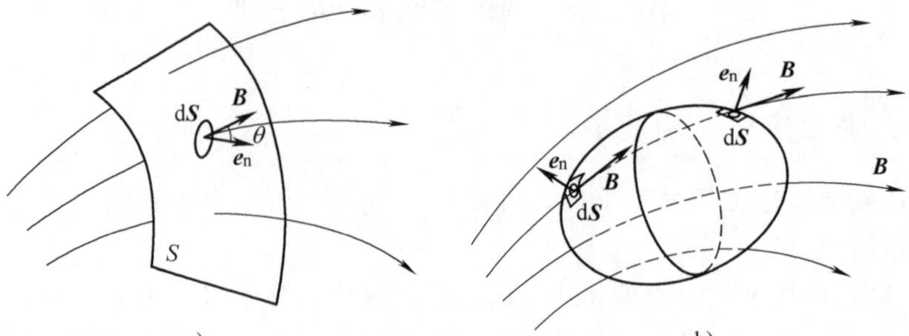

图 14-9　磁通量

a）任意曲面的磁通量　b）闭合曲面的磁通量

通过整个曲面 S 的总磁通量为

$$\phi_m = \int_S \boldsymbol{B} \cdot d\boldsymbol{S} \tag{14-12}$$

在国际单位制中，磁通量的单位是韦伯（Wb），$1\mathrm{Wb}=1\mathrm{T}\cdot\mathrm{m}^2$。

通过曲面的磁通量可正可负。对于闭合曲面，我们仍规定由内向外为法线的正方向，这样，当磁感应线从曲面内穿出时，ϕ_m 为正；穿入曲面时，ϕ_m 为负，如图 14-9b 所示。因此，闭合曲面的总磁通量为

$$\phi_m = \oiint_S \boldsymbol{B} \cdot d\boldsymbol{S}$$

它等于从闭合曲面 S 内穿出的磁感应线根数减去穿入 S 面内的磁感应线根数。

例 14-3　一无限长载流直导线载有电流 I，其旁有一矩形回路与直导线共面，如图 14-10 所示，求通过该回路所围面积的磁通量。

解　如图 14-10 所示，长直导线周围的磁场为非均匀磁场，距导线 x 处的磁感应强度的大小为

$$B = \frac{\mu_0 I}{2\pi x}$$

磁感应强度的方向垂直于纸面向里。

对于非均匀磁场来说，求磁通量需采用积分法。在矩形回路所围面积上取一长为 b，宽为 dx 的窄条作为面元，穿过此面元的磁通量为

$$d\phi = \boldsymbol{B} \cdot d\boldsymbol{S} = BdS = \frac{\mu_0 Ib}{2\pi x}dx$$

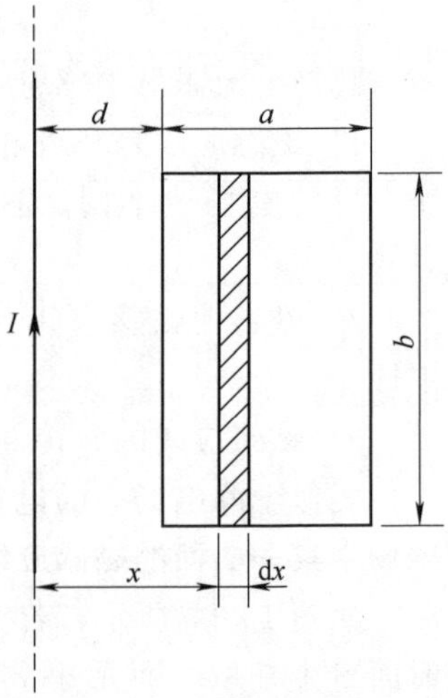

图 14-10　磁通量的计算

故通过矩形回路所围面积的磁通量为

$$\phi = \int_d^{d+a} \frac{\mu_0 Ib}{2\pi} \frac{\mathrm{d}x}{x} = \frac{\mu_0 Ib}{2\pi} \ln \frac{d+a}{d}$$

二、磁场的高斯定理

由于磁感应线是无头无尾的闭合曲线，所以对任意一个闭合曲面来说，有多少条磁感应线进入闭合曲面，就一定有多少条磁感应线穿出闭合曲面，如图 14-9b 所示。因此，**通过磁场中任意闭合曲面的磁通量恒等于零**，即

$$\oiint_S \boldsymbol{B} \cdot \mathrm{d}\boldsymbol{S} = 0 \tag{14-13}$$

这就是**磁场中的高斯定理**，它是反映磁场性质的重要定理之一。它在形式上与静电场的高斯定理 $\oiint_S \boldsymbol{E} \cdot \mathrm{d}\boldsymbol{S} = \frac{\sum q_i}{\varepsilon_0}$ 相对应，但两者有着本质的区别，通过闭合曲面的电通量可以不为零，但通过任意闭合曲面的磁通量必为零。这也说明静电场是有源场，其场源是自然界可单独存在的电荷，稳恒磁场是无源场，这也是稳恒磁场的基本性质之一。

第四节　磁场的安培环路定理

在静电场中，电场强度沿任一闭合路径 L 的积分（环流）等于 0，即 $\oint_L \boldsymbol{E} \cdot \mathrm{d}\boldsymbol{l} = 0$，这表明静电场是保守场。那么在稳恒磁场中，磁感应强度沿闭合路径的线积分（环流）$\oint_L \boldsymbol{B} \cdot \mathrm{d}\boldsymbol{l}$ 等于什么？磁场还是保守场么？下面我们就来研究这些问题。

一、磁场的安培环路定理

以长直载流导线的磁场为例，分析磁感应强度沿任意闭合环路的线积分，可以得出磁场的安培环路定理。

长直载流导线周围的磁感应线是一系列以导线为圆心垂直于导线平面的同心圆。在与长直载流导线垂直的平面内，作一包围电流的任一闭合路径 L，并选择回路的绕行方向沿逆时针方向，如图 14-11 所示。L 上任意一点 P（与长直导线相距为 r）的磁感应强度大小为

$$B = \frac{\mu_0 I}{2\pi r}$$

$\boldsymbol{B}$ 的方向沿圆的切线方向，且与位矢 $\boldsymbol{r}$ 垂直，其指向由右手螺旋定则确定。

在回路 L 上任取一线元 $\mathrm{d}\boldsymbol{l}$，P 点处 $\boldsymbol{B}$ 与 $\mathrm{d}\boldsymbol{l}$ 夹角为 θ，$\mathrm{d}\varphi$ 是 $\mathrm{d}\boldsymbol{l}$ 对 O 点所张的

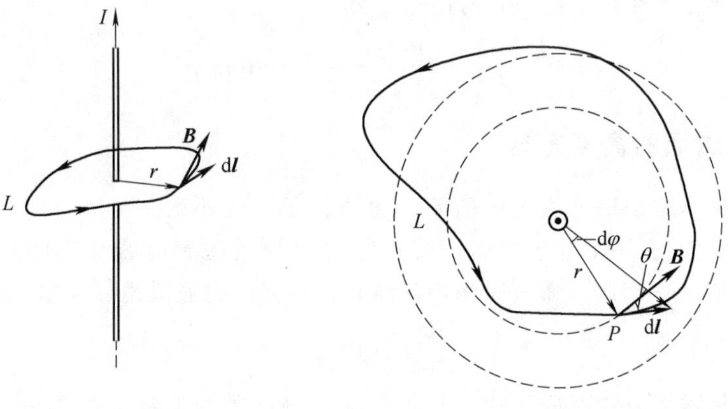

a)　　　　　　　　b)

图 14-11　安培环路定理

角。由图可知，$\mathrm{d}l\cos\theta=r\mathrm{d}\varphi$，磁感应强度 $\boldsymbol{B}$ 按图中所示的绕行方向沿闭合路径的积分为

$$\oint_L \boldsymbol{B}\cdot\mathrm{d}\boldsymbol{l}=\oint_L B\cdot\mathrm{d}l\cos\theta=\oint_L \frac{\mu_0 I}{2\pi r}r\,\mathrm{d}\varphi=\mu_0 I$$

由此得

$$\oint_L \boldsymbol{B}\cdot\mathrm{d}\boldsymbol{l}=\mu_0 I$$

若保持积分路径的绕行方向不变，改变电流的流向，则 $\boldsymbol{B}$ 与 $\mathrm{d}\boldsymbol{l}$ 的夹角为 $(\pi-\theta)$，$\boldsymbol{B}$ 的环流为

$$\oint_L \boldsymbol{B}\cdot\mathrm{d}\boldsymbol{l}=\oint_L B\,\mathrm{d}l\cos(\pi-\theta)=-\oint_L \frac{\mu_0 I}{2\pi r}r\,\mathrm{d}\varphi=-\mu_0 I$$

这时积分结果为负值。可以这样认为，当电流方向与积分路径绕行方向满足右手螺旋关系时，电流为正，反之为负。这样，$\boldsymbol{B}$ 的环流可用下式统一表示

$$\oint_L \boldsymbol{B}\cdot\mathrm{d}\boldsymbol{l}=\mu_0 I \qquad (14\text{-}14)$$

如果闭合路径不包围电流，如图 14-12 所示，可以从长直导线出发作许多射线，将环路 L 分割成一对对线元，$\mathrm{d}\boldsymbol{l}_1$ 和 $\mathrm{d}\boldsymbol{l}_2$ 就是其中的一对，它们对长直导线有同一圆心角 $\mathrm{d}\varphi$，设 $\mathrm{d}\boldsymbol{l}_1$ 和 $\mathrm{d}\boldsymbol{l}_2$ 分别与导线相距 r_1 和 r_2，则有

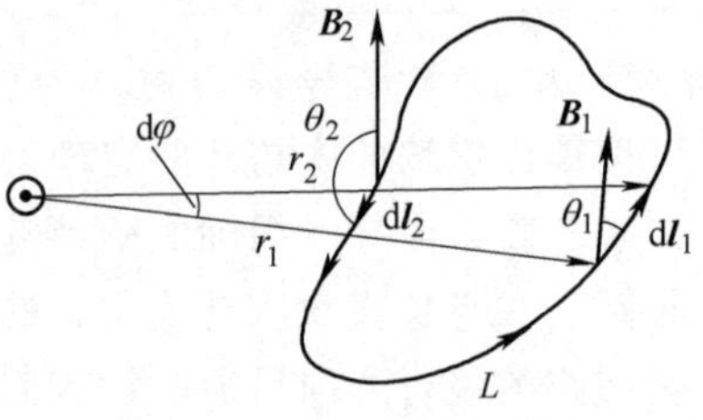

图 14-12　回路不环绕电流

$$\boldsymbol{B}_1\cdot\mathrm{d}\boldsymbol{l}_1=B_1\,\mathrm{d}l_1\cos\theta_1=B_1 r_1\,\mathrm{d}\varphi=\frac{\mu_0 I}{2\pi}\mathrm{d}\varphi$$

$$\boldsymbol{B}_2\cdot\mathrm{d}\boldsymbol{l}_2=B_2\,\mathrm{d}l_2\cos\theta_2=-B_2 r_2\,\mathrm{d}\varphi=-\frac{\mu_0 I}{2\pi}\mathrm{d}\varphi$$

于是对每一对 $\mathrm{d}\boldsymbol{l}_1$ 和 $\mathrm{d}\boldsymbol{l}_2$，都有

$$\boldsymbol{B}_1 \cdot \mathrm{d}\boldsymbol{l}_1 + \boldsymbol{B}_2 \cdot \mathrm{d}\boldsymbol{l}_2 = 0$$

由于在闭合环路中每一对线元对线积分的贡献相互抵消，所以 $\boldsymbol{B}$ 沿整个环路 L 的环流为零，即

$$\oint_L \boldsymbol{B} \cdot \mathrm{d}\boldsymbol{l} = 0 \tag{14-15}$$

由此可见，积分回路外的电流对回路上各点的磁场有贡献，而对磁场的环流 $\oint_L \boldsymbol{B} \cdot \mathrm{d}\boldsymbol{l}$ 无贡献。

上述结果虽然是从特例中导出的，但可以证明，对于任意的恒定电流，上述结果都是正确的。当闭合环路包围多根载流导线时，根据磁感应强度叠加原理，可得的环流为

$$\oint_L \boldsymbol{B} \cdot \mathrm{d}\boldsymbol{l} = \mu_0 \sum I \tag{14-16}$$

式（14-16）就是安培环路定理的数学表示式。安培环路定理可叙述为：在稳恒磁场中，磁感应强度 $\boldsymbol{B}$ 沿任意闭合路径的线积分（或称为 $\boldsymbol{B}$ 的环流），等于闭合路径所包围的所有电流的代数和与真空磁导率 μ_0 的乘积。

注意：

1）式（14-16）等号左边的磁感应强度 $\boldsymbol{B}$ 是空间所有电流在 L 上各点产生磁场的矢量和；式（14-16）右边的电流是包围并穿过 L 的电流，闭合曲线外的电流对 $\boldsymbol{B}$ 的环流无贡献。

2）磁感应强度 $\boldsymbol{B}$ 的环流不恒为零，说明稳恒磁场是非保守场，或者说稳恒磁场是有旋场，这也是稳恒磁场的另一个基本性质。静电场是保守场，或者称为无旋场。这反映了稳恒磁场和静电场在本质上的区别。

二、安培环路定理的应用

在静电场中，当带电体具有一定对称性时，可以利用高斯定理方便地计算其电场分布。同样，在稳恒磁场中，如果电流分布具有某种特殊对称性，也可以利用安培环路定理方便地计算电流磁场的分布。下面举例来说明安培环路定理的应用。

例 14-4　求无限长载流圆柱体内外的磁场。

横截面半径为 R 的无限长圆柱导体，电流 I 沿轴线流动，且在横截面上均匀分布。试计算圆柱体内外的磁感应强度。

解　由于电流分布具有无限长的轴对称性，可以判断磁感应线是在垂直圆柱轴线的平面内以轴线为中心的同心圆，即以轴线为圆心，r 为半径的圆周上各点磁感应强度大小相等，方向沿圆周的切线方向。

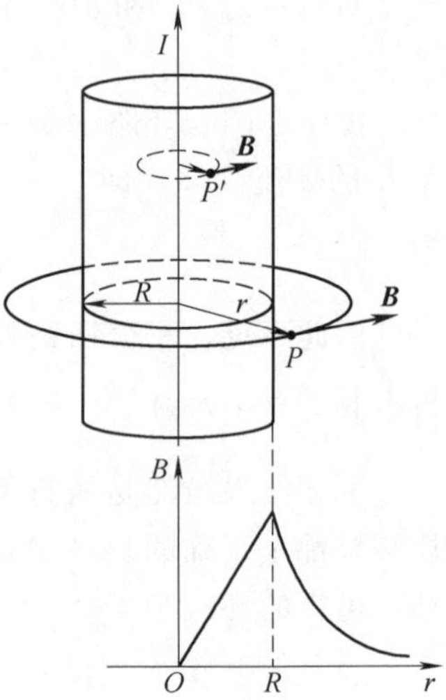

图 14-13 无限长圆柱电流的磁场

根据磁场分布的轴对称性，取过 P 点的同轴圆周为闭合路径，取顺时针方向为回路的绕行方向，如图 14-13 所示。

(1) 若 $r>R$，即在圆柱体外部，$\boldsymbol{B}$ 的环流为

$$\oint_L \boldsymbol{B} \cdot \mathrm{d}\boldsymbol{l} = B\oint_L \mathrm{d}l = B \times 2\pi r$$

由安培环流定理可得

$$B\times 2\pi r=\mu_0 I$$

$$B=\frac{\mu_0 I}{2\pi r} \quad (r>R) \tag{14-17}$$

由式 (14-17)，磁场中某点 $\boldsymbol{B}$ 的大小与该点到轴线的距离成反比。可见，均匀载流无限长圆柱体外部的磁场分布，与电流集中于圆柱轴线上的一根载流长直导线的磁场相同。

(2) 若 $r<R$，即在圆柱体内部，用同样的方法可得

$$\oint_L \boldsymbol{B} \cdot \mathrm{d}\boldsymbol{l} = B\oint_L \mathrm{d}l = B \times 2\pi r = \mu_0 I'$$

这时闭合积分路径包围的电流 I' 仅是总电流 I 的一部分。因电流是均匀分布的，故 $I'=\dfrac{I}{\pi R^2}\cdot \pi r^2=I\dfrac{r^2}{R^2}$，代入上式并整理得

$$B=\frac{\mu_0 I}{2\pi R^2}r \tag{14-18}$$

式 (14-18) 表明，在圆柱体内部，$\boldsymbol{B}$ 的大小与该点到轴线的距离 r 成正比。B 随 r 的变化曲线如图 14-13 所示。

例 14-5 求长直载流螺线管内的磁场。

解 设螺线管中的电流为 I，沿轴线方向每单位长度均匀密绕 n 匝线圈。由于螺线管相当长，可看作无限长螺线管。根据电流分布的对称性，为了计算管内任一点 P 的磁感应强度，可过 P 作一矩形闭合环路 $abcda$（图 14-14），此

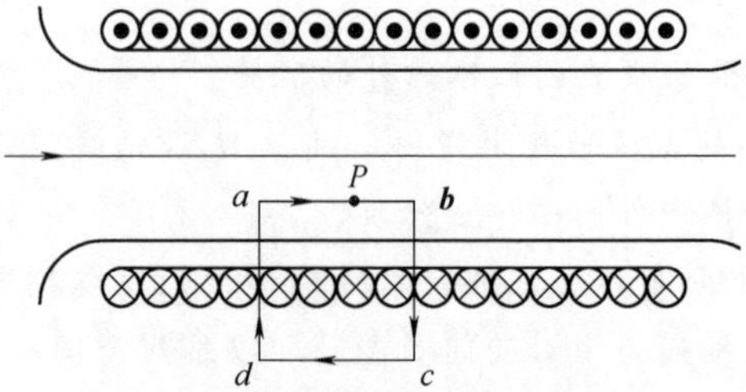

图 14-14 长直螺线管内的磁场

闭合环路绕行方向为顺时针方向，则磁感应强度沿此闭合环路的环流为

$$\oint_L \boldsymbol{B} \cdot \mathrm{d}\boldsymbol{l} = \int_a^b \boldsymbol{B} \cdot \mathrm{d}\boldsymbol{l} + \int_b^c \boldsymbol{B} \cdot \mathrm{d}\boldsymbol{l} + \int_c^d \boldsymbol{B} \cdot \mathrm{d}\boldsymbol{l} + \int_d^a \boldsymbol{B} \cdot \mathrm{d}\boldsymbol{l}$$

其中 cd 段在螺线管外部，$B=0$，bc 段和 da 段一部分在管外，另一部分在管内，但 $\boldsymbol{B}$ 与 $\mathrm{d}\boldsymbol{l}$ 垂直，故上述三段的积分均为零，而 ab 段上各点磁感应强度的方向与量值均相同，故

$$\oint_L \boldsymbol{B} \cdot \mathrm{d}\boldsymbol{l} = \int_a^b \boldsymbol{B} \cdot \mathrm{d}\boldsymbol{l} = B\,\overline{ab}$$

该闭合环路所绕行的电流 $\sum I_i = n\,\overline{ab}I$，代入安培环路定理

$$B\,\overline{ab} = n\,\overline{ab}I$$

因此

$$B=\mu_0 nI \tag{14-19}$$

例 14-6　求载流螺绕环内的磁场。

环形的螺线管称为螺绕环，如图 14-15 所示。设螺绕环上绕有 N 匝线圈，线圈中的电流为 I，求螺绕环内的磁感应强度。

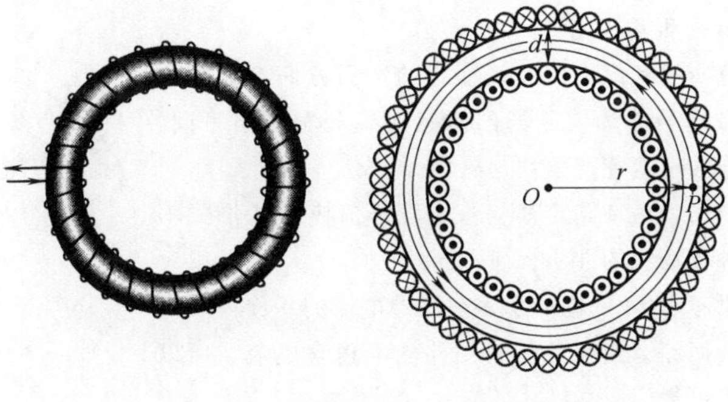

图 14-15　环形螺绕环内磁场

解　由于环上的线圈绕得很密，环外的磁场很弱，可略去不计，磁场几乎全部集中在环内。由于电流分布的对称性，环内的磁感应线形成同心圆，且同一圆周上各点的大小处处相等，方向沿圆周切线方向。

要计算环内任意一点 P 处的磁感应强度，可选取过 P 点以环心 O 为圆心的同心圆环为积分路径 L，闭合路径绕行方向与回路所包围的电流方向成右手螺旋关系。设积分路径 L 的半径为 r，由安培环路定理，$\boldsymbol{B}$ 沿回路 L 的积分为

$$\oint_L \boldsymbol{B} \cdot \mathrm{d}\boldsymbol{l} = B \times 2\pi r = \mu_0 NI$$

因此

$$B=\frac{\mu_0 NI}{2\pi r} \tag{14-20}$$

从式（14-20）可知，螺绕环内横截面上各点的磁感应强度是不同的。但是，如果螺绕环很细，螺绕环中心线的直径比线圈的直径大得多，可认为式（14-20）中的 r 是环的平均半径，管内各点的磁感应强度 $\boldsymbol{B}$ 的大小近似相等，即磁场是均匀的。这样，$\dfrac{N}{2\pi r}=n$ 为螺绕环上单位长度的线圈匝数，故环内任意一点处的磁感应强度 $\boldsymbol{B}$ 的大小为

$$B=\mu_0 nI$$

$\boldsymbol{B}$ 的方向与电流流向成右手螺旋关系。

思考题

14-1　磁铁产生的磁场与电流产生的磁场本质上是否相同？两者产生的机理有何区别？

14-2　电流元 $I\mathrm{d}\boldsymbol{l}$ 激发的磁场 $\mathrm{d}\boldsymbol{B}=\dfrac{\mu_0}{4\pi}\dfrac{I\mathrm{d}\boldsymbol{l}\times\boldsymbol{r}}{r^3}$ 与电荷元 $\mathrm{d}q$ 激发的电场 $\mathrm{d}\boldsymbol{E}=\dfrac{1}{4\pi\varepsilon_0}\dfrac{\mathrm{d}q}{r^3}\boldsymbol{r}$ 有何异同之处？

14-3　在载有电流 I 的圆形回路中，回路平面内各点的磁感应强度的方向是否相同？回路内各点的 $\boldsymbol{B}$ 是否均匀？

14-4　磁感应线和电力线在表征场的性质方面有哪些相似之处？均匀磁场与非均匀磁场的磁感应线分布有何不同？试举例说明怎样的电流能产生均匀磁场。

14-5　磁场的安培环路定律与静电场环流定律的形式不同，表明了两种场场线的性质有何不同？

14-6　如思考题14-6图所示，在圆形电流的平面内取一同心的圆形闭合回路。由于此闭合回路内不包含电流，所以由安培环路定理可得

$$\oint_L \boldsymbol{B}\cdot\mathrm{d}\boldsymbol{l}=0$$

由此结果能否说明在闭合回路上各点的磁感应强度为零？

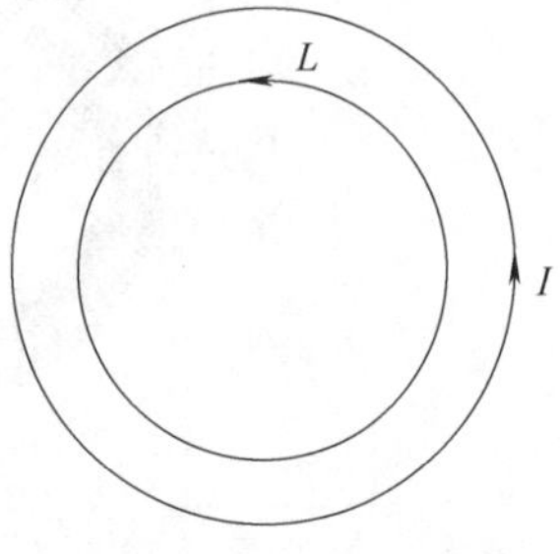

思考题14-6图

习　题

14-1　如习题14-1图所示，有两根导线沿半径方向接触铁环的 a、b 两点，并与很远处的电源相接。求环心 O 的磁感应强度。

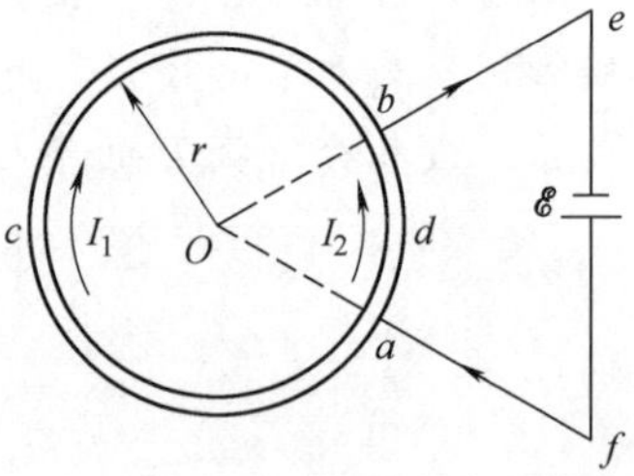

习题14-1图

14-2　如习题14-2图所示为几种载流导线在平面内的分布，电流均为 I，求 O 点处的磁感应强度。

14-3　如习题14-3图所示，一个半径为 R 的无限长半圆柱面导体，沿长度方向流有大小为 I 的电流，电流在

柱面上均匀分布。求半圆柱面轴线 OO' 上任一点 P 的磁感应强度。

14-4 半径为 R 的薄圆盘均匀带电，电荷面密度为 $+\sigma$，当圆盘以角速度 ω 绕通过盘心并垂直于盘面的轴沿逆时针方向转动时，求盘心 O 处的磁感应强度。

14-5 如习题 14-5 图所示，电流 I 均匀地流过宽为 b 的无限长平面薄金属板。求在薄板的平面上，距板的一边为 r 的 P 点处的磁感应强度。

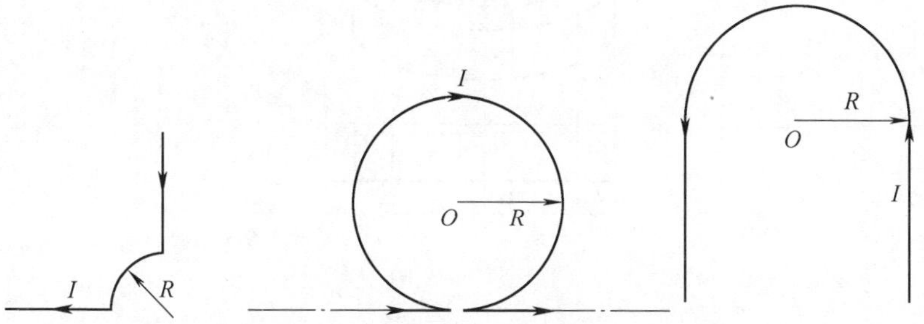

a) b) c)

习题 14-2 图

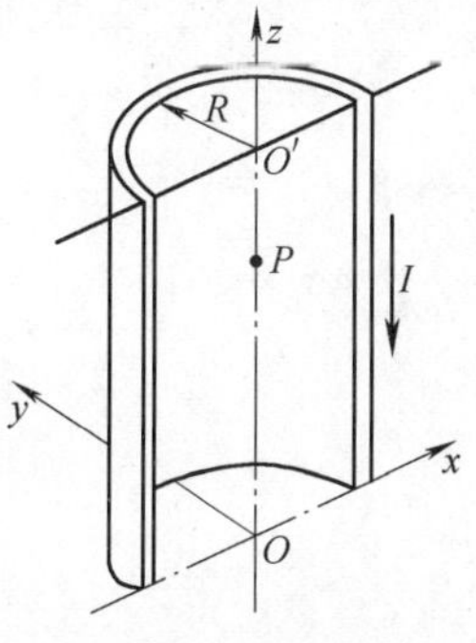

习题 14-3 图

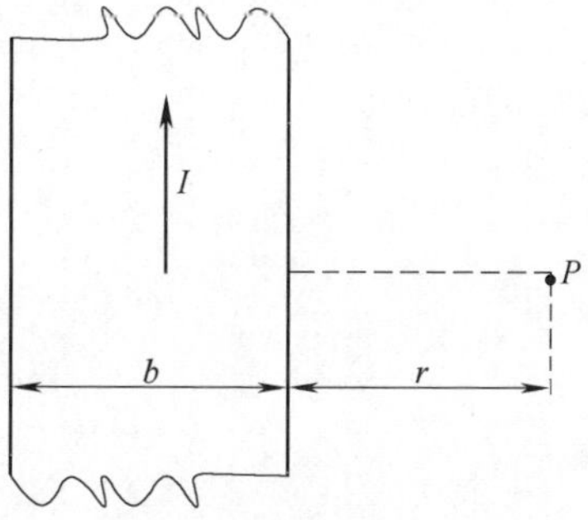

习题 14-5 图

14-6 如习题 14-6 图所示，有一无限长同轴电缆，由一半径为 R_1 的圆柱形导体和一内外半径分别为 R_2 和 R_3 的同轴圆筒状导体组成，两导体中的电流均为 I，但电流的流向相反，电流均匀分布在各导体的截面上。计算电缆内外的磁感应强度分布。

14-7 如习题 14-7 图所示，一根半径为 R 的无限长直导线，均匀通有电流 I，计算通过单位长度导线内纵截面 S（图中所示的阴影部分）的磁通量。

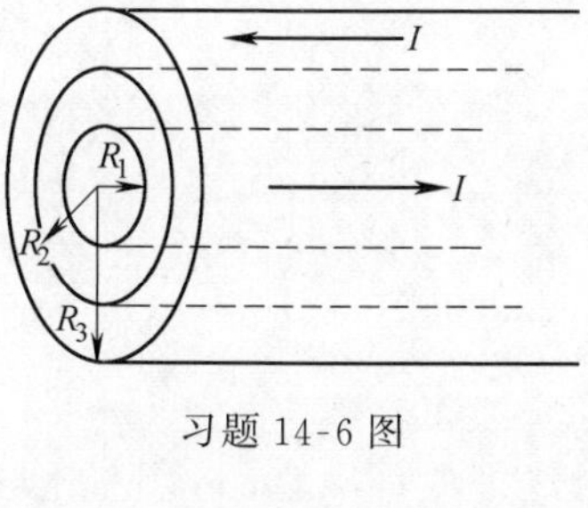

习题 14-6 图

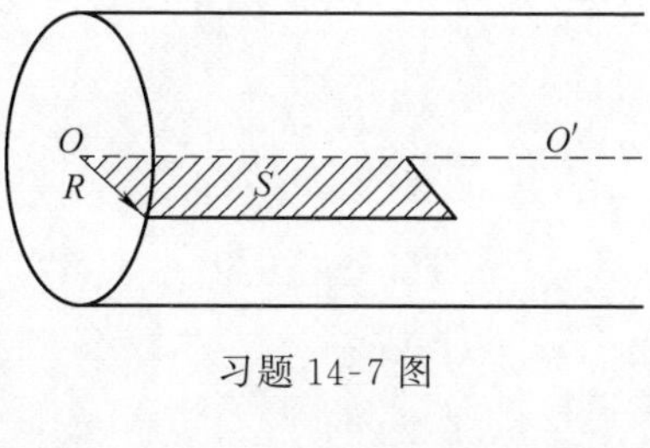

习题 14-7 图

14-8　如习题14-8图所示，截面为矩形的螺绕环，环内为真空，N匝线圈均匀密绕在环上，如果线圈中通有电流为I，求环内、外磁场的分布。

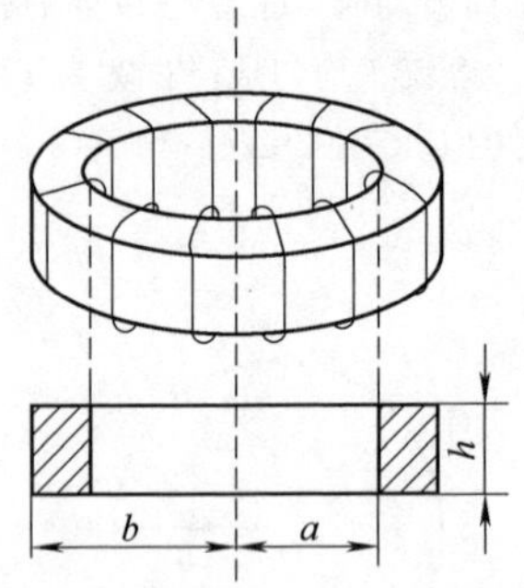

习题14-8图

14-9　设一厚度为0.15mm的霍尔元件，载流子数密度为$2\times10^{24}\mathrm{m}^{-3}$，将其放入一磁场后，若所通过电流为10mA，测得霍尔电压为42μV，求该磁场的磁场应强度。

第十五章　磁场对运动电荷和电流的作用

第一节　磁场对运动电荷的作用

我们知道，运动电荷或电流会在其周围空间激发磁场，而处在磁场中的运动电荷或电流又会受到磁场的作用力。通常，磁场对运动电荷或电流的作用力可分为两种类型：运动电荷所受到磁场的作用力称为洛伦兹力；电流所受到磁场的作用力称为安培力。

一、洛伦兹力

在定义磁感应强度 $\boldsymbol{B}$ 时我们已经知道，运动电荷在磁场中要受到磁场的作用力，且当带电粒子沿磁场方向运动时，所受磁场的作用力最小（数值为零）；当带电粒子垂直磁场方向运动时，所受磁场的作用力最大，大小为 $F=qvB$。实验证明，在一般情况下，带电粒子的运动方向和磁场方向成 θ 角时，所受磁场力 $\boldsymbol{F}$ 的大小为

$$F = qvB\sin\theta$$

其方向垂直于 $\boldsymbol{v}$ 和 $\boldsymbol{B}$ 组成的平面，由右手螺旋定则决定。用矢量式可表示为

$$\boldsymbol{F} = q\boldsymbol{v} \times \boldsymbol{B} \tag{15-1}$$

磁场对运动电荷的作用力称为洛伦兹力，从式（15-1）可以看出洛伦兹力具有以下特点：

1）洛伦兹力始终与带电粒子的运动方向垂直，洛伦兹力只改变带电粒子的运动方向，而不会改变其速度的大小。洛伦兹力也不对运动电荷做功。

2）洛伦兹力的方向与 q 的正负有关。当 $q>0$ 时，$\boldsymbol{F}$ 的方向与 $\boldsymbol{v}\times\boldsymbol{B}$ 同向；当 $q<0$ 时，$\boldsymbol{F}$ 的方向与 $\boldsymbol{v}\times\boldsymbol{B}$ 反向。

一般情况下，带电粒子在既有电场又有磁场的区域中运动时，所受的合力为

$$\boldsymbol{F} = q\boldsymbol{E} + q\boldsymbol{v} \times \boldsymbol{B}$$

二、带电粒子在磁场中的运动

设有一质量为 m、所带电荷量为 q 的带电粒子以初速度 $\boldsymbol{v}_0$ 进入一磁感应强度为 $\boldsymbol{B}$ 均匀磁场中，分三种情况来讨论带电粒子在磁场中的运动。

1. $\boldsymbol{v}_0$与 $\boldsymbol{B}$ 的方向平行

由式（15-1）知，当$\boldsymbol{v}_0 /\!/ \boldsymbol{B}$时，带电粒子所受的洛伦兹力的大小 $F=0$，所以带电粒子仍以$\boldsymbol{v}_0$做匀速直线运动。

2. $\boldsymbol{v}_0$与 $\boldsymbol{B}$ 的方向垂直

如图 15-1 所示，当$\boldsymbol{v}_0 \perp \boldsymbol{B}$时，带电粒子受到的洛伦兹力的大小 $F=qv_0B=$恒量，方向与运动方向垂直，洛伦兹力起着向心力的作用，故带电粒子在垂直于 $\boldsymbol{B}$ 的平面内做匀速圆周运动，由牛顿定律可得

$$qv_0B = m\frac{v_0^2}{R}$$

所以，带电粒子的回旋半径为

$$R = \frac{mv_0}{qB} \tag{15-2}$$

粒子绕圆形轨道运动一周所需的时间，即回旋周期为

$$T = \frac{2\pi R}{\boldsymbol{v}_0} = \frac{2\pi m}{qB} \tag{15-3}$$

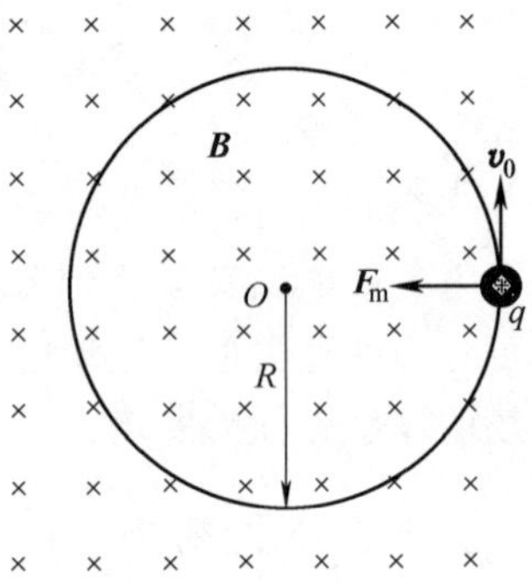

图 15-1 带电粒子在均匀磁场中的圆周运动

3. $\boldsymbol{v}_0$与 $\boldsymbol{B}$ 方向成任意角 θ

如图 15-2 所示，可将$\boldsymbol{v}_0$分解为平行于 $\boldsymbol{B}$ 的分量$\boldsymbol{v}_{0/\!/}=v_0\cos\theta$ 和垂直于 $\boldsymbol{B}$ 的分矢量 $v_{0\perp}=v_0\sin\theta$。速度的垂直分量$\boldsymbol{v}_{0\perp}$使带电粒子在垂直于磁场的平面内做圆周运动，速度的平行分量$\boldsymbol{v}_{0/\!/}$使带电粒子沿磁场的方向做匀速直线运动。粒子同时参与这两个运动，它将沿螺旋线向前运动。显然，螺旋线的半径为

$$R = \frac{mv_{0\perp}}{qB} = \frac{mv_0\sin\theta}{qB}$$

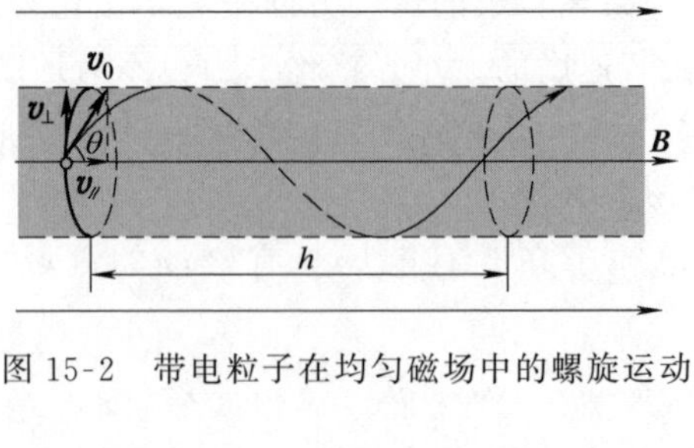

图 15-2 带电粒子在均匀磁场中的螺旋运动

回旋周期为

$$T = \frac{2\pi R}{\boldsymbol{v}_{0\perp}} = \frac{2\pi m}{qB}$$

粒子回旋一周所前进的距离称为螺距，其值为

$$h = \boldsymbol{v}_{0//} T = \frac{2\pi m \boldsymbol{v}_0 \cos\theta}{qB}$$

上式表明，螺距 h 只与速度的平行分量 $v_{0//}$ 有关，而与速度的垂直分量 $v_{0\perp}$ 无关。

三、霍尔效应

将载有电流 I 的长方形导电板放在磁感应强度为 $\boldsymbol{B}$ 的均匀磁场中，并使电流方向垂直于磁场方向，如图 15-3 所示，则在导电板的上下两面之间会出现微弱的电势差 U_H，这种现象是美国物理学家霍尔（E. H. Hall）于 1879 年发现的，故称为**霍尔效应**，对应的电势差 U_H 称为**霍尔电势差**。

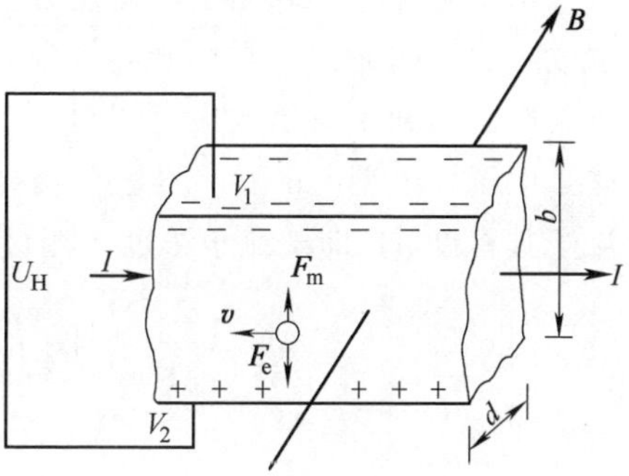

图 15-3　霍尔效应

实验表明，霍尔电势差 U_H 的大小与电流 I 及磁感应强度 B 成正比，而与板的厚度 d 成反比，其实验规律为

$$U_H = R_H \frac{IB}{d} \qquad (15\text{-}4)$$

式中，R_H 是仅与导体材料有关的常数，称为霍尔系数。

霍尔效应可用洛伦兹力来解释。设导电板内载流子（形成电流的带电粒子的统称）为电子，载流子密度为 n，平均漂移速度为 $\boldsymbol{v}$，其定向移动方向与电流方向相反。电子在运动中将受到大小为 $F_m = evB$ 的洛伦兹力的作用而向上移动，结果在导电板上下分别聚集了负电荷和正电荷，形成了由下至上的电场 $\boldsymbol{E}$，于是电子又受到一个与洛伦兹力方向相反的静电力 $F_e = eE$。随着正负电荷在导电板上下两面的积累，F_e 不断增大，当 $F_m = F_e$ 时，导电板上下两面积累的正负电荷达到动态平衡，从而在上下两面形成一稳定的电势差。由 $F_m = F_e$ 知

$$eE = evB$$

所以

$$E = vB$$

设导电板的宽度为 b，则上下两面的电势差为

$$U_H = V_1 - V_2 = -Eb = -vBb$$

由于电流 I 可写为 $I = nevS = nevbd$，则 $v = \frac{I}{nebd}$，代入上式得

$$U_H = -\frac{IB}{ned} = -\frac{1}{ne}\frac{IB}{d}$$

如果导体中的载流子带正电，电荷量为 q，则带正电的载流子向上漂移，此时霍尔电势差为

$$U_{\mathrm{H}} = V_1 - V_2 = \frac{IB}{nqd} = \frac{1}{nq}\frac{IB}{d}$$

与式（15-4）比较，可得霍尔系数 $R_{\mathrm{H}}=\dfrac{1}{nq}$。

由以上结果可知，如果载流子带正电，则霍尔电势差和霍尔系数为正；如果载流子带负电，则霍尔电压和霍尔系数为负。所以从霍尔电压的正负可判断载流子的正负。

由于半导体中载流子的浓度较金属中的电子浓度小得多，所以半导体的霍尔效应比较明显，故常用半导体制成霍尔器件。霍尔效应在生产和科研中应用较为广泛，利用霍尔效应可以判定半导体材料中载流子的种类，从而得知半导体是电子导电型（n型）还是空穴导电型（p型）。利用霍尔效应还可以测定载流子数密度 n，即载流子浓度，测量温度、磁场等。

第二节　磁场对载流导线的作用

一、安培力

载流导线在磁场中要受磁场的作用力，其作用力的规律是法国物理学家安培通过实验总结出来的，称为**安培力**。产生安培力的微观机制可用洛伦兹力来解释。导线中的电流是由大量载流子定向移动形成的，在磁场中这些运动的载流子会受到洛伦兹力的作用，其结果在宏观上就表现为载流导线受到了磁场的作用力。

从运动电荷在磁场中受到的洛伦兹力出发可以推导出载流导线在外磁场中受到安培力的表达式，为此，在载流导线上任取电流元 $I\mathrm{d}\boldsymbol{l}$，该电流元所在处的磁感应强度为 $\boldsymbol{B}$，设导线的横截面积为 S，单位体积内有 n 个载流子，每一个载流子所带电荷量均为 q，且都以同一速度 $\boldsymbol{v}$ 运动。每一个载流子所受到的洛伦兹力均为 $q(\boldsymbol{v}\times\boldsymbol{B})$，而在该电流元中共有 $nS\mathrm{d}l$ 个载流子，这些载流子受到的洛伦兹力的总和为

$$\mathrm{d}\boldsymbol{F} = nS\,\mathrm{d}lq(\boldsymbol{v}\times\boldsymbol{B})$$

从宏观上看，$\mathrm{d}\boldsymbol{F}$ 就是电流元 $I\mathrm{d}\boldsymbol{l}$ 所受到的安培力。由于 $\boldsymbol{v}$ 的方向和 $\mathrm{d}\boldsymbol{l}$ 的方向相同，且 $nSqv$ 是单位时间内通过导线截面 S 的电荷量，即电流 I，所以上式可写为

$$\mathrm{d}\boldsymbol{F} = nS\,\mathrm{d}lq(\boldsymbol{v}\times\boldsymbol{B}) = nSqv(\mathrm{d}\boldsymbol{l}\times\boldsymbol{B}) = I\mathrm{d}\boldsymbol{l}\times\boldsymbol{B} \tag{15-5}$$

式（15-5）给出了电流元 $I\mathrm{d}\boldsymbol{l}$ 在外磁场 $\boldsymbol{B}$ 中所受安培力的规律，称为**安培定律**。磁场对电流元的作用力在数值上等于电流元的大小 $I\mathrm{d}l$、电流元所在处磁感

应强度的大小 B 以及电流元 $I\mathrm{d}\boldsymbol{l}$ 和 $\boldsymbol{B}$ 之间夹角 θ 的正弦的乘积，即

$$\mathrm{d}F = I\mathrm{d}lB\sin\theta$$

$\mathrm{d}\boldsymbol{F}$ 的方向为 $I\mathrm{d}\boldsymbol{l}\times\boldsymbol{B}$ 的方向，即右手四指从 $I\mathrm{d}\boldsymbol{l}$ 沿小于 π 的角弯向 $\boldsymbol{B}$，拇指的指向就是 $\mathrm{d}\boldsymbol{F}$ 的方向。

一段任意形状的载流导线 L 在磁场中受到的安培力，应等于各个电流元所受到的安培力的矢量和

$$\boldsymbol{F} = \int_L I\mathrm{d}\boldsymbol{l}\times\boldsymbol{B} \tag{15-6}$$

式中，$\boldsymbol{B}$ 为各电流元所在处的磁感应强度。

应注意，式（15-6）为矢量积分，当各电流元所受到的安培力的大小和方向均不相同时，应把矢量积分化为标量积分求解，即先把 $\mathrm{d}\boldsymbol{F}$ 分解为 $\mathrm{d}\boldsymbol{F}_x$、$\mathrm{d}\boldsymbol{F}_y$ 和 $\mathrm{d}\boldsymbol{F}_z$，再积分求出各方向分量 F_x、F_y 和 F_z，最后求出合力 $\boldsymbol{F}=F_x\boldsymbol{i}+F_y\boldsymbol{j}+F_z\boldsymbol{k}$。

二、电流的单位——安培的定义

在国际单位制中，电流的基本单位是安培，安培是利用平行电流间的相互作用力来定义的。

设有两无限长平行直导线 1 和 2，相距为 a，各自通有电流 I_1 和 I_2，如图 15-4 所示。计算导线 1 和导线 2 间的相互作用力。

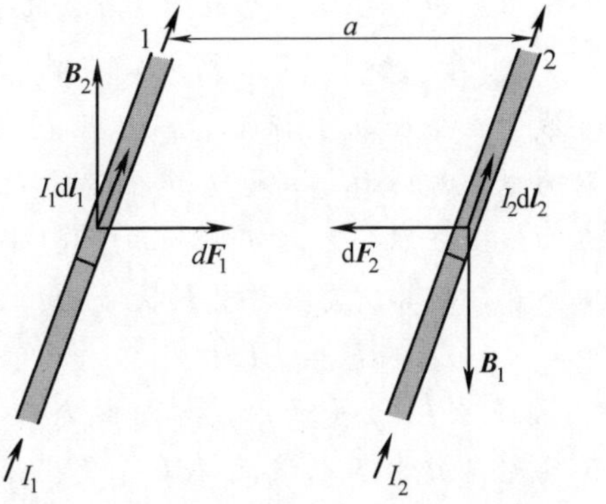

图 15-4　平行载流直导线间的相互作用力

由式（14-6）可知，通有电流 I_1 的导线 1 在通有电流 I_2 的导线 2 上各点产生的磁感应强度 $\boldsymbol{B}_1$ 的大小为

$$B_1 = \frac{\mu_0 I_1}{2\pi a}$$

作用在导线 2 上任一电流元 $I_2\mathrm{d}\boldsymbol{l}_2$ 的安培力大小为

$$\mathrm{d}F_2 = B_1 I_2 \mathrm{d}l_2 \sin\theta$$

θ 为 $\boldsymbol{B}_1$ 和 $\mathrm{d}\boldsymbol{l}_2$ 间的夹角，由于 $\boldsymbol{B}_1$ 的方向垂直于电流元 $I_2\mathrm{d}\boldsymbol{l}_2$，所以 $\theta=90°$，故

$$\mathrm{d}F_2 = \frac{\mu_0 I_1}{2\pi a} I_2 \mathrm{d}l_2 = \frac{\mu_0 I_1 I_2}{2\pi a}\mathrm{d}l_2$$

$\mathrm{d}\boldsymbol{F}_2$ 的方向在两平行导线所组成的平面内，垂直于导线 2 并指向导线 1，如图 15-4 所示。

显然，导线 2 上任一电流元所受到的作用力的大小和方向均相同，所以导线 2 每单位长度所受的力为

$$\frac{\mathrm{d}F_2}{\mathrm{d}l_2}=\frac{\mu_0 I_1 I_2}{2\pi a} \tag{15-7a}$$

同理，也可导出导线 1 每单位长度所受的力为

$$\frac{\mathrm{d}F_1}{\mathrm{d}l_1}=\frac{\mu_0 I_1 I_2}{2\pi a} \tag{15-7b}$$

方向垂直于导线 1 且指向导线 2。

由上述结果知，两个载有同向电流的平行长直导线，通过磁场的作用力相互吸引。若使它们电流的流向相反，可以证明，它们的作用力为相互排斥。

在国际单位制中，电流的单位——安培是这样规定的：

在真空中相距为 1m 的两根平行长直导线，两导线载有相同的恒定电流，当导线上每米长度受到的安培力恰好为 2×10^{-7}N 时，规定这时导线中的电流为 1A。

由安培的定义和式（15-7a）、式（15-7b），可得出

$$\mu_0=4\pi\times10^{-7}\mathrm{N\cdot A^{-2}}=4\pi\times10^{-7}\mathrm{H\cdot m^{-1}}$$

式中，H 是自感的单位亨利的符号。

例 15-1 在磁感应强度为 $\boldsymbol{B}$ 的均匀磁场中，垂直于磁场方向的平面内有一段载流曲形导线，电流为 I，求该导线所受的安培力。

解 如图 15-5 所示，在曲形导线所在平面取坐标系 Oxy，原点 O 取为电流流入端 a，电流流出端为 b，在曲线上任取一线元 $I\mathrm{d}\boldsymbol{l}$，由于 $I\mathrm{d}\boldsymbol{l}$ 与 $\boldsymbol{B}$ 垂直，故其所受安培力的大小为

$$\mathrm{d}F=BI\mathrm{d}l$$

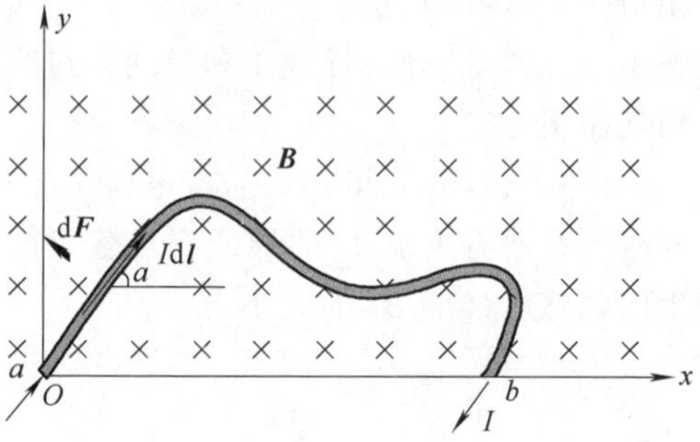

图 15-5 例 15-1 图

$\mathrm{d}\boldsymbol{F}$ 在 Oxy 平面内，方向由 $I\mathrm{d}\boldsymbol{l}\times\boldsymbol{B}$ 确定。由于各电流元 $I\mathrm{d}\boldsymbol{l}$ 所受安培力方向不同，将 $\mathrm{d}\boldsymbol{F}$ 在直角坐标系中分解得

$$\mathrm{d}F_x=-\mathrm{d}F\sin\alpha=-BI\mathrm{d}l\sin\alpha$$
$$\mathrm{d}F_y=\mathrm{d}F\cos\alpha=BI\mathrm{d}l\cos\alpha$$

式中，α 是 $I\mathrm{d}\boldsymbol{l}$ 与 Ox 轴的夹角。由于 $\mathrm{d}l\sin\alpha=\mathrm{d}y$，$\mathrm{d}l\cos\alpha=\mathrm{d}x$，故上两式可分别改写为

$$\mathrm{d}F_x=-BI\mathrm{d}y$$
$$\mathrm{d}F_y=BI\mathrm{d}x$$

因此，整个曲形导线所受的安培力 $\boldsymbol{F}$ 在 Ox 轴和 Oy 轴上的分量为

$$F_x=\int\mathrm{d}F_x=-BI\int_0^0\mathrm{d}y=0$$

$$F_y=\int \mathrm{d}F_y=BI\int_a^b \mathrm{d}x=BI\overline{ab}$$

写成矢量式，曲形导线所受的安培力为

$$\boldsymbol{F}=BI\overline{ab}\boldsymbol{j}$$

上式表明，在均匀磁场中，在垂直于磁场方向的平面内，一段载流曲形导线所受的磁场力，与始点和终点相连的载流直导线所受的磁场力相同。由此，可以推论，在均匀的磁场中，闭合载流导线所受的合磁场力为零。

第三节　磁场对载流线圈的作用

载流线圈在外磁场中要受到磁力矩的作用。在磁力矩的作用下，线圈会发生偏转，这正是制造电动机和多种电表的基本原理。下面我们讨论均匀磁场对平面线圈的作用。

如图 15-6 所示，在磁感应强度为 $\boldsymbol{B}$ 的均匀磁场中，有一刚性的长方形载流线圈 $abcda$，边长分别为 l_1 和 l_2，线圈中的电流为 I。设线圈平面与磁场方向成任意角 θ，即线圈平面的法线方向与磁场 $\boldsymbol{B}$ 的夹角 $\varphi=\frac{\pi}{2}-\theta$。线圈两个边 ab 和 cd 与磁场垂直。

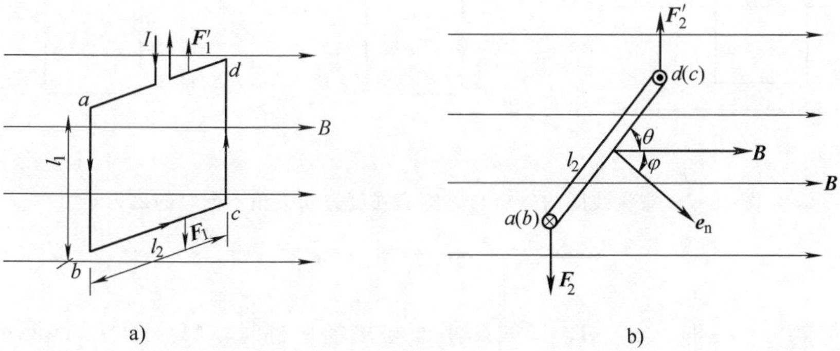

图 15-6　磁场对载流线圈的作用

a）侧视　b）俯视

由安培定律，bc 和 ad 边所受的磁场力大小分别为

$$F_1=BIl_2\sin\theta$$

$$F_1{}'=BIl_2\sin(\pi-\theta)=BIl_2\sin\theta$$

这两个力大小相等，方向相反，并且作用在同一条直线上，相互抵消，对线圈的运动不产生任何影响。

ab 和 cd 边所受的磁场力大小分别为

$$F_2 = BIl_1, F_2' = BIl_1$$

这两个力大小相等，方向相反，但力的作用线不在一条直线上，如图 15-6b 所示，它们对平面线圈作用的磁力矩大小为

$$M = F_2 l_2 \cos\theta = BIl_1 l_2 \cos\theta = BIS\cos\theta$$

若线圈的正法线方向 $\boldsymbol{e}_n$（$\boldsymbol{e}_n$ 与电流方向成右螺旋关系）与 $\boldsymbol{B}$ 的夹角为 φ，则

$$M = BIS\sin\varphi$$

由载流线圈磁距的定义式 $\boldsymbol{m}=IS\boldsymbol{e}_n$，上式可写成矢量式

$$\boldsymbol{M} = \boldsymbol{m} \times \boldsymbol{B} \tag{15-8}$$

式（15-8）虽然是从矩形平面线圈这一特例导出的，但可以证明，对于均匀磁场中的任意形状的平面载流线圈均成立。

可见，平面载流线圈在均匀磁场中任意位置所受的合力均为零，但由于受到的磁力矩的作用，在均匀磁场中平面载流线圈不会发生平动，只会发生转动。

另外，载流线圈在均匀磁场中的状态与 $\boldsymbol{e}_n$ 和 $\boldsymbol{B}$ 的夹角 φ 有关，如图 15-7 所示。

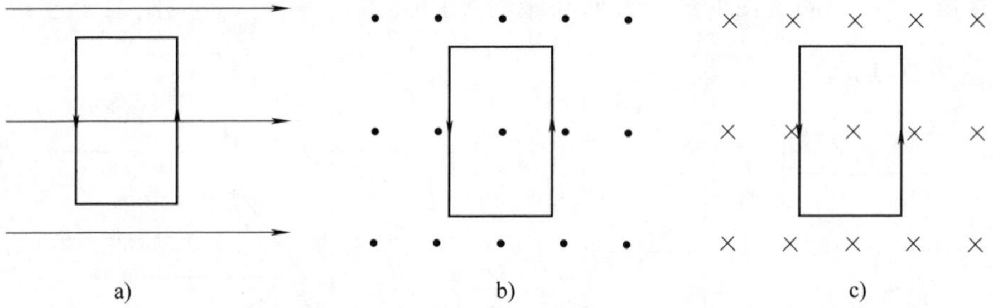

图 15-7 载流线圈的磁矩与磁感应强度方向夹角不同时的磁力矩

a）$\varphi=\frac{\pi}{2}$ b）$\varphi=0$ c）$\varphi=\pi$

1）当 $\varphi=\frac{\pi}{2}$ 时，$\boldsymbol{m}\perp\boldsymbol{B}$，即线圈平面与磁场平行时，$M=BIS$，线圈所受的磁力矩最大（图 15-7a）。

2）当 $\varphi=0$ 时，$\boldsymbol{m}/\!/\boldsymbol{B}$，$M=0$，线圈不受磁力矩作用，此时线圈处于稳定平衡状态（图 15-7b）。

3）当 $\varphi=\pi$ 时，$\boldsymbol{m}/\!/-\boldsymbol{B}$，仍有 $M=0$，线圈也不受磁力矩作用，但线圈处于非稳定平衡状态，线圈稍受扰动，就会在磁力矩作用下，转到 $\varphi=0$ 的稳定平衡状态（图 15-7c）。

综上所述，磁场对载流线圈所产生的磁力矩，总是要使线圈转到其线圈磁矩的方向与外磁场方向相同的稳定平衡位置状态。

磁场对载流线圈作用的力矩是各种电动机、磁电式仪表的基本工作原理。

如果载流线圈处在不均匀磁场中，由于各电流元所在处的 $\boldsymbol{B}$ 不同，故各电流元所受到的磁场力也不同。因此，整个线圈所受的合力和合力矩一般不等于零，线圈即有平动又有转动，运动较为复杂。

例 15-2　有一半径为 R 的半圆形闭合载流线圈，通有电流 I，放在磁感应强度为 $\boldsymbol{B}$ 的均匀磁场中，且 $\boldsymbol{B}$ 的方向与线圈平面平行，如图 15-8 所示，求该线圈的磁矩及其受到的磁力矩。

解　由线圈磁矩的定义 $\boldsymbol{m}=IS\boldsymbol{e}_n$，可得磁矩的大小为

$$m = IS = I\,\frac{\pi R^2}{2}$$

磁矩的方向垂直纸面向外。

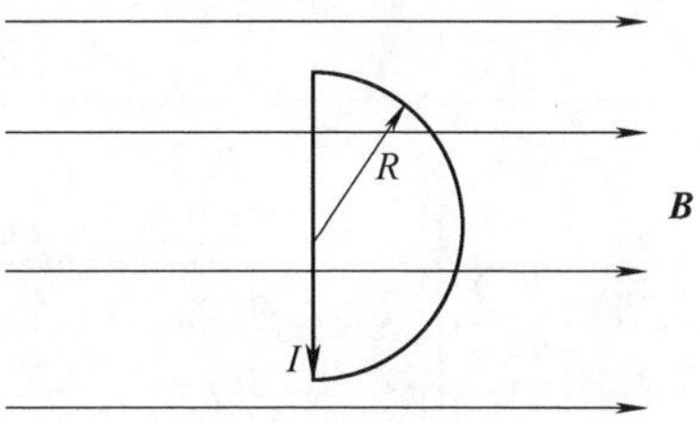

图 15-8　例 15-2 图

根据式

$$\boldsymbol{M} = \boldsymbol{m} \times \boldsymbol{B}$$

线圈所受的磁力矩

$$\boldsymbol{M} = IS\boldsymbol{e}_n \times \boldsymbol{B}$$

磁力矩的大小为

$$M = ISB\sin\varphi$$

式中，φ 为 $\boldsymbol{e}_n$ 与 $\boldsymbol{B}$ 的夹角，$\varphi=\dfrac{\pi}{2}$，所以

$$M = ISB\sin\frac{\pi}{2} = IB\,\frac{\pi R^2}{2}$$

磁力矩的方向沿纸面向上，在该磁力矩的作用下从上往下看，线圈做逆时针转动。

思　考　题

15-1　当电荷在磁场中运动时，磁场力是否对它做功？为什么？

15-2　安培定律 $\mathrm{d}\boldsymbol{F}=I\mathrm{d}\boldsymbol{l}\times\boldsymbol{B}$ 中的三个矢量，哪两个矢量始终是正交的？哪两个矢量之间可以有任意的夹角？

15-3　在均匀磁场中放置两个面积相等且通有相同电流的线圈，一个是三角形，另一个是矩形。两者所受的最大磁力矩是否相等？

习　　题

15-1　一质子以 $1.0\times10^7\,\mathrm{m\cdot s^{-1}}$ 的速度射入磁感应强度 $B=1.5\mathrm{T}$ 的均匀磁场中，其速度方向与磁场方向成 30°角。已知质子的质量为 $1.67\times10^{-27}\,\mathrm{kg}$，计算：(1) 质子做螺旋线运动的半径；(2) 螺距；(3) 旋转频率。

15-2　在霍尔效应实验中，设一长方形霍尔片的长、宽及厚度分别为 4.0cm、

1.0cm、1.0×10^{-3}cm，把它放入磁感应强度为1.5T的均匀磁场中，且磁场沿厚度方向。现沿长度方向通入大小为3.0A的电流，在其宽度两端会产生10^{-5}V的霍尔电压，求该霍尔片中的载流子数密度n和漂移速度v。

15-3 如习题15-3图所示，一长直导线载有电流$I=20$A，其旁放一直导线AB，通有电流$I'=10$A，二者在同一平面内。求AB导线所受的磁场力。

15-4 如习题15-4图所示，一根直导线载有电流I_1，矩形回路载有电流I_2，图中a、b、d为已知。求矩形回路所受的合力。

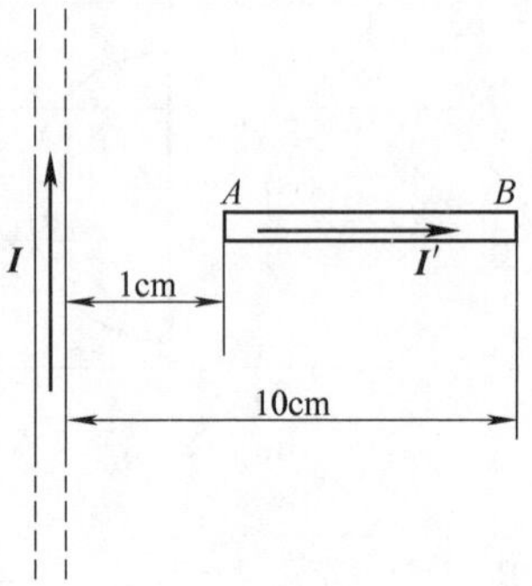

习题15-3图

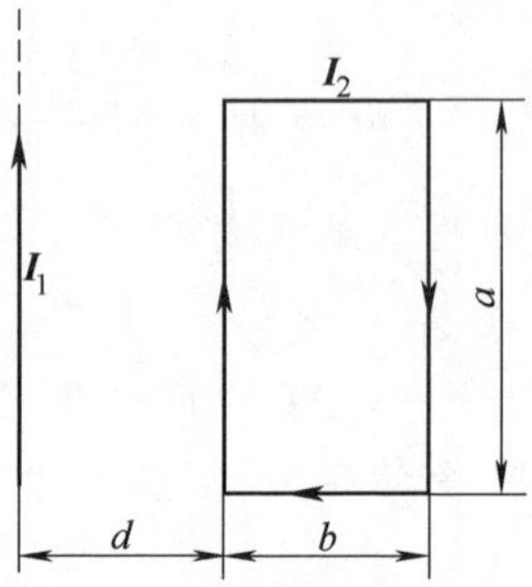

习题15-4图

15-5 一半径为R的平面圆形载流线圈中通有电流I_1，一无限长直导线中通有电流I_2，直导线通过圆线圈的圆心，且直导线和圆线圈在同一平面内。求圆线圈所受到的磁场力。

15-6 一直径为2m的圆形线圈，共10匝，当通过以0.1A的电流时，问：(1) 它的磁矩是多少？(2) 若将线圈置于1.5T的均匀磁场中，线圈受到的最大磁力矩是多少？

15-7 如习题15-7图所示，一半径为R的薄圆盘，电荷面密度为σ，放在磁感应强度为$\boldsymbol{B}$的均匀磁场中，$\boldsymbol{B}$的方向与转轴夹角为θ，若圆盘以角速度ω绕其中心轴转动，求作用在圆盘上的磁力矩。

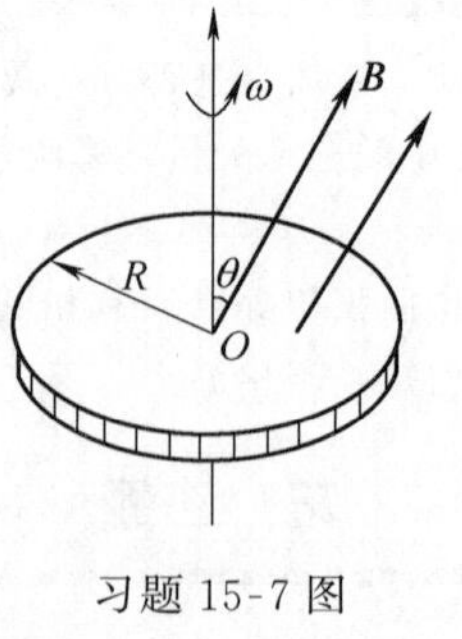

习题15-7图

第十六章　物质的磁性

前面两章讨论了运动电荷或载流导体在真空中产生的磁场，以及这些磁场对运动电荷和电流的作用。我们知道，当静电场中存在电介质时，电场会使电介质发生极化，反过来极化了的电介质会产生极化电荷，也会影响电场的分布。同样，自然界也存在各种各样的磁介质，当磁场中存在有一定的磁介质时，磁场将对这些磁介质产生影响，反过来磁介质也会影响磁场的分布。本章将介绍磁场对磁介质的作用、磁介质对磁场的影响以及磁介质的基本性质。

第一节　磁介质的磁化

一、三种磁介质

与静电场中的电介质相类似，当磁场中存在磁介质时会产生附加的磁场，此时磁介质中的磁场就会发生变化，这种现象称为磁介质的磁化。

设真空中磁场某点的磁感应强度为 $\boldsymbol{B}_0$，放入磁介质后发生磁化现象，磁介质磁化在该点产生附加磁场的磁感应强度为 $\boldsymbol{B}'$，则根据场的叠加原理可知，此时该点的总磁感应强度 $\boldsymbol{B}$ 为这两个磁感应强度的矢量和，即

$$\boldsymbol{B} = \boldsymbol{B}_0 + \boldsymbol{B}' \tag{16-1}$$

实验表明，不同磁介质对磁场的影响也不同。有些磁介质磁化产生的附加磁场的磁感应强度 $\boldsymbol{B}'$ 的方向与原磁场磁感应强度 $\boldsymbol{B}_0$ 的方向相同，使得磁场增强，即 $\boldsymbol{B}>\boldsymbol{B}_0$，这种磁介质称为顺磁质，如锰、铝、铬等；有些磁介质磁化产生的附加磁场的磁感应强度 $\boldsymbol{B}'$ 的方向与原磁场磁感应强度 $\boldsymbol{B}_0$ 的方向相反，使得磁场减弱，即 $\boldsymbol{B}<\boldsymbol{B}_0$，这种磁介质称为抗磁质，如铜、硫、铅、铋等。这些抗磁质和大部分顺磁质所产生的附加磁场的磁感应强度 $\boldsymbol{B}'$ 相比，原磁场磁感应强度 $\boldsymbol{B}_0$ 都要小的多（约为十万分之几），对原磁场的影响比较微弱，称为弱磁介质。还有一些磁介质，它磁化时产生的附加磁场的磁感应强度 $\boldsymbol{B}'$ 与顺磁质一样，方向与原磁场磁感应强度 $\boldsymbol{B}_0$ 的相同，但 $\boldsymbol{B}'$ 的值比 $\boldsymbol{B}_0$ 大得多，使得磁场大大增强，即 $\boldsymbol{B}\gg\boldsymbol{B}_0$，这类磁介质称为铁磁质，如铁、镍、钴等，以及这些金属的合金和铁氧体物质等。

通常，将介质中总磁感应强度 $\boldsymbol{B}$ 与无介质时真空中的磁感应强度 $\boldsymbol{B}_0$ 的大小比值定义为该磁介质的相对磁导率 μ_r，即

$$\mu_r = \frac{B}{B_0} \tag{16-2}$$

相对磁导率显然是一个量纲为 1、可以用来表征磁介质性质的纯数物理量。顺磁质 $\boldsymbol{B} > \boldsymbol{B}_0$，$\mu_r > 1$；抗磁质 $\boldsymbol{B} < \boldsymbol{B}_0$，$\mu_r < 1$；而铁磁质 $\boldsymbol{B} \gg \boldsymbol{B}_0$，$\mu_r \gg 1$。

几种磁介质的相对磁导率见表 16-1。

表 16-1　几种磁介质的相对磁导率

顺磁质	μ_r	抗磁质	μ_r	铁磁质	μ_r
Mg	1.000012	Bi	0.999834	铸铁	200～400
Al	1.000023	Hg	0.999968	铸钢	500～2200
Ti	1.000071	Pb	0.999982	纯铁(99.5%Fe)	5×10^3(最大值)
Pt	1.000030	C(金刚石)	0.999978	硅钢(4%Si)	7×10^3(最大值)
O_2	1.000002	Cu	0.999990	坡莫合金(78.5%Ni,21.5%Fe)	1×10^3(最大值)

二、磁介质的磁化

根据物质的电结构，一切磁介质都是由分子、原子组成的，而分子和原子中的每一个电子都同时参与两种运动，即环绕原子核的运动和电子自身的自旋，电子的这些运动形成了微小的圆电流，产生相应的磁矩。一个分子中所有的电子轨道运动磁矩和自旋运动磁矩的矢量和构成该分子的固有磁矩，它可以看成是由一个等效的圆形电流产生的，这个圆电流即为分子电流。顺磁质和抗磁质的区别就在于它们的分子电结构不同。

抗磁质分子在无外磁场作用时，分子的固有磁矩为零，对外不显磁性；而顺磁质分子在没有外磁场作用时，分子的固有磁矩不为零，但由于分子的热运动，各分子磁矩的排列是杂乱无章的，磁效应相互抵消，整个磁介质对外也不显磁性，如图 16-1 所示。

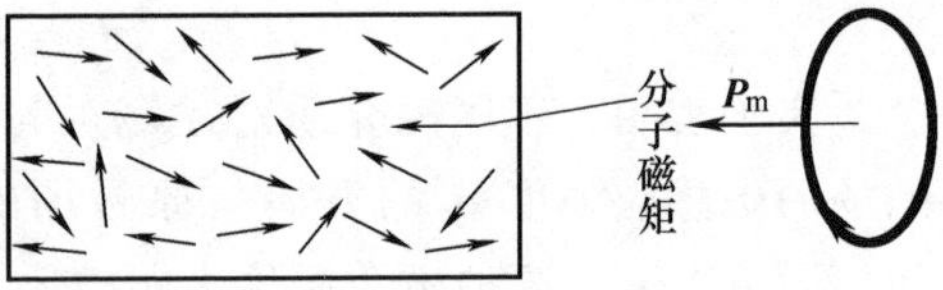

图 16-1　无外磁场时顺磁质的固有磁矩分布示意图

当顺磁质处于外磁场中时，其分子固有磁矩会沿外磁场方向转动而使取向趋于一致，产生的磁效应使得磁场增强；而抗磁质则由于外磁场对运动电子的作用而产生与外磁场方向相反的附加磁矩以及相应的分子电流，产生的磁效应使得磁场减弱。当然，抗磁质也会由于外磁场对运动电子的作用而产生与外磁场方向相反的附加磁矩以及相应的分子电流，但这个附加磁矩比分子固有磁矩要小得多，可以忽略，因此认为抗磁质产生的附加磁矩是抗磁质磁化的原因，而顺磁质中的固有磁矩仍是顺磁质磁化的主要原因。

铁磁质的磁性主要来自于电子的自旋，根据量子力学理论，相邻电子之间存在着非常强的交换耦合作用，使得相邻原子中电子的自旋磁矩在一个个小的区域自发地平行排列起来，形成一个个小的自发磁化区，即磁畴。在无外磁场的情况下，各磁畴的取向不同，杂乱无章，磁矩相互抵消，整个铁磁质对外不显磁性。

当铁磁质处于外磁场作用时，发生磁化现象。如果外磁场较弱，自发磁化方向与外磁场方向相同或成较小角度的磁畴体积逐渐扩大，而自发磁化方向与外磁场方向成较大角度的磁畴体积逐渐缩小，即畴壁发生扩大或缩小变化，且这种变化并不是连续进行的，而是在外磁场达到一定值时跳跃式突然变化，这也导致磁化过程的不可逆；如果外磁场较强，则取向与外磁场方向成较大角度的磁畴全部消失，而其他磁畴的磁化方向转向外磁场方向，外磁场越强，这种转向越充分，直至所有的磁畴都沿外磁场方向排列，达到饱和磁化状态，此时铁磁质具有很强的磁性。

当外磁场去除后，铁磁质将重新分裂成许多磁畴，但由于掺杂和内应力等原因，磁畴之间存在摩擦阻力，使得磁畴并不能恢复到磁化前的杂乱无章排列状态，铁磁质仍保留部分磁性，表现出剩磁及磁滞现象。

当温度达到一定值（即居里点）时，由于剧烈的热运动影响，磁畴全部被破坏，铁磁质就失去了自己的特性而转变为普通的顺磁质。

第二节　有磁介质时的安培环路定理

由于磁介质在磁场中发生磁化现象产生的附加磁场对原磁场要产生影响，此时的安培环路定理中应包括分子电流的影响，即

$$\oint_L \boldsymbol{B} \cdot \mathrm{d}\boldsymbol{l} = \mu_0 \left(\sum I + \sum I' \right) \tag{16-3}$$

式中，$\sum I$ 及 $\sum I'$ 分别表示穿过环路 L 所围面积的传导电流的代数和与分子电流的代数和。传导电流是可以测量的，但分子电流是不能用仪器直接测量的。因此，像电介质中电场的研究一样，也引入一个相应的辅助量 $\boldsymbol{H}$，称为磁场强度。它与磁感应强度 $\boldsymbol{B}$ 的大小关系为

$$H = \frac{B}{\mu_0 \mu_r} = \frac{B}{\mu} \tag{16-4}$$

式中，μ_0 为真空中的磁导率；μ 为该磁介质的磁导率。

$$\mu = \mu_0 \mu_r \tag{16-5}$$

引入 $\boldsymbol{H}$ 后，安培环路定理就可以写成

$$\oint_L \boldsymbol{H} \cdot \mathrm{d}\boldsymbol{l} = \sum I \tag{16-6}$$

此即为磁介质中的安培环路定理，可以看出，式（16-6）在磁场中的应用更为普遍。在真空中，$\mu_r=1$，则 $B=\mu_0 H$，于是式（16-6）就变为真空中安培环路定理。引入式（16-6）后，若求磁介质中的磁感应强度的分布，则可以先用式（16-6）求得 $\boldsymbol{H}$，然后再利用式（16-4）求出 $\boldsymbol{B}$。具体方法与前面电介质电场的处理方法相似。

例 16-1 如图 16-2 所示，有一磁导率 $\mu=5\times10^{-4}\mathrm{Wb\cdot A^{-1}\cdot m^{-1}}$ 的一个均匀磁介质环，在介质环上密绕着线圈，其单位长度上的匝数 $n=1000$ 匝/m。当绕组中通有电流 $I=2\mathrm{A}$ 时，求磁介质内的磁场强度和磁感应强度。

解 在环内作一以 r 为半径的闭合回路，则环路上各点的磁场强度 $\boldsymbol{H}$ 的大小相等，方向沿该点处的切线方向。选取环路上磁场的取向为闭合回路的绕行方向，根据安培定理有

$$\oint_L \boldsymbol{H}\cdot \mathrm{d}\boldsymbol{l}=\oint_L H\cos 0\mathrm{d}l = H\cdot 2\pi r=\Sigma I=2\pi r n I$$

所以

$$H=nI=1000\times 2\mathrm{A/m}=2000\mathrm{A/m}$$

$$B=\mu H=5\times10^{-4}\times2000\mathrm{T}=1\mathrm{T}$$

方向为各点的切线方向，指向可由右手螺旋定则判定。

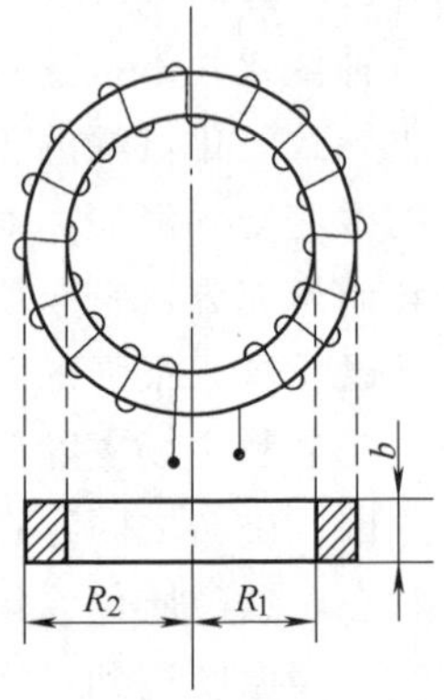

图 16-2　例 16-1 图

第三节　铁磁质的性质

一、铁磁质的基本性质

前面已经知道，顺磁质和抗磁质的相对磁导率近似等于 1，当外磁场存在时，磁介质中的磁场发生变化，磁场不为零，且磁场变化并不是特别显著，而外磁场撤去后，介质中的磁场减小为零。铁磁质的相对磁导率 $\mu_r\gg1$，一般为 $10^2\sim10^4$，有的甚至可以达到 10^6。因此铁磁质放入磁场中能够大大增强原磁场，在工程实际中有着广泛的应用。

此外，铁磁质还具有一般磁介质没有的特殊性质：

1）铁磁质的相对磁导率不是恒量，即铁磁质的磁感应强度 $\boldsymbol{B}$ 和磁场强度 $\boldsymbol{H}$ 的关系是非线性变化关系，磁化过程不可逆，存在磁滞和剩磁现象。

图 16-3 是铁磁质磁化时的 B-H 实验曲线。由图中可以看出，随着铁磁质中 H 由零开始逐渐增加，所测得的 B 亦从零开始逐渐增加，开始时 B 增加较慢即 Oa 曲线段，然后增加较快，即 ab 曲线段，接着再缓慢增加至饱和磁感应强

度 B_s，即 bc 曲线段。整个曲线 Oc 段称为铁磁质的起始磁化曲线。由于磁化曲线不是直线，所以相对磁导率不是恒量。

当磁感应强度 B 达到饱和后 H 逐渐减少至零时，B 并不沿着磁化曲线逆向减小，而是沿着 cd 曲线段变化，磁化过程不可逆；且当 H 减小为零时，B 并不为零，仍然保留一定的值 B_r，称为剩余磁感应强度；当反向磁场增加使得 H 增到 H_c 时，B 才减小为零，即 de 曲线段，H_c 称为矫顽力，这种现象称为磁滞现象。之后随着外磁场变化 H 在正反两个方向往复变化时（即铁磁质工作在交变磁场中），B 的变化沿 $efghcde$ 闭合曲线变化，此曲线称为铁磁质的磁滞回线。

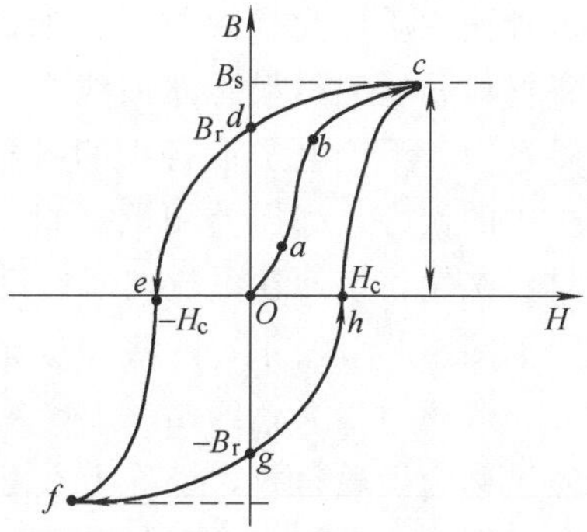

图 16-3　铁磁质的磁化曲线与磁滞回线

铁磁质在交变磁场反复磁化时要发热，存在能量损耗，这种能量是产生交变磁场的电流的电源提供的，即电源供给的能量有一部分将以热量的形式散失，这种因铁磁质反复磁化而出现的能量损耗称为磁滞损耗。理论和实验结果表明，铁磁质磁滞回线包含的面积越大，磁滞损耗也越大，这在电器设备中是十分有害的，必须尽量减小。

2）每一种铁磁质都存在一个临界温度（即居里点），在这个温度以上铁磁质就会失去其特有的性质而变为顺磁质。因此，在实际工作中使用铁磁质特性的装置的工作环境温度不能过高。

二、铁磁质的分类

各种铁磁质有不同的磁滞回线，有不同大小的矫顽力，在实际工程技术中有着不同的应用背景。

如图 16-4a 所示，一些铁磁质磁滞回线狭长、矫顽力很小，约 1A/m 左右，

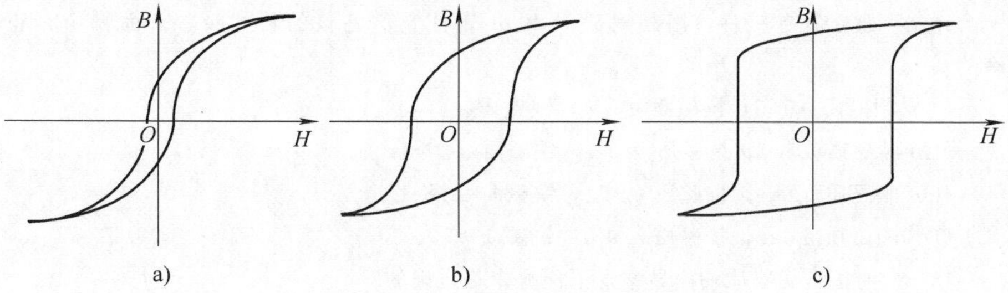

图 16-4　不同铁磁质的磁滞回线

a）软磁材料　b）硬磁材料　c）矩磁材料

将这种铁磁质称为软磁材料，如硅钢、坡莫合金、铁氧体（非金属）等都属于软磁材料。软磁材料磁滞回线窄、包围的面积小、磁质损耗小，所以适用于交变磁场中。无论电子设备中的各种电感元件，或变压器、镇流器、电动机和发电机中的铁心，都需要用软磁材料来做。另外，电磁铁、继电器等也需要用软磁材料来做，以便在电流切断后没有剩磁。

如图16-4b所示，一些如碳钢和特种钢等铁磁质，其磁滞回线较宽、面积较大、矫顽力很大，约$10^4 \sim 10^6$ A/m，材料的剩余磁感应强度B_r很大，这类铁磁质被称为硬磁材料，也称为永磁体，常被用在扬声器、电表上等。

如图16-4c所示，还有的铁磁质的磁滞回线接近于矩形，称为矩磁材料，它的磁感应强度B总处于B_s和$-B_s$两种状态，常被用于“记忆元件”，如计算机中的存储器等，它在交变的磁场作用下形状的变化称为磁致伸缩效应，这种特性在超声技术中常被用作电磁能和机械能的转换器件。

思考题

16-1　如何用实验简单判断磁介质是顺磁质还是抗磁质？

16-2　分子电流和传导电流有什么相同之处和不同之处？

16-3　在有介质存在的情况下，如何计算磁场的磁感应强度B？

16-4　铁磁质的磁滞回线和磁化曲线是怎样得到的？试用铁磁质的磁化理论解释铁磁质的磁滞现象、矫顽力和剩余磁感应强度。

16-5　取两个完全相同的螺线管，其中一个插有铁心，另一个没有铁心，使两者在管内部的磁力线分布情况完全相同，则在两个螺线管中通过的电流是否相同？若将没有铁心的螺线管浸在油内，这两个螺线管内部的磁力线分布是否还相同？

习题

16-1　解释名词：

顺磁质、抗磁质、铁磁质、软磁材料、硬磁材料、矩磁材料、磁化现象、磁畴、磁滞现象、磁滞损耗、居里温度。

16-2　磁介质有三种，用相对磁导率μ_r表征它们各自的特性时，下面哪个是正确的？

(A) 顺磁质$\mu_r>0$，抗磁质$\mu_r<0$，铁磁质$\mu_r\gg 1$。

(B) 顺磁质$\mu_r>1$，抗磁质$\mu_r=1$，铁磁质$\mu_r\gg 1$。

(C) 顺磁质$\mu_r>1$，抗磁质$\mu_r<1$，铁磁质$\mu_r\gg 1$。

(D) 顺磁质$\mu_r>0$，抗磁质$\mu_r<0$，铁磁质$\mu_r>1$。　[　]

16-3　对于顺磁物质的磁导率，下面哪个是正确的？

(A) 比真空的磁导率略小。

(B) 比真空的磁导率略大。

(C) 远小于真空的磁导率。

(D) 远大于真空的磁导率。 [ ]

16-4　一无限长圆柱形直导线外紧包一层相对磁导率为 μ_r 的圆筒形磁介质，导线的半径为 r_1，磁介质的外半径为 r_2，若导线中通以均匀的电流 I，求空间的磁感应强度分布。

16-5　一相对磁导率为 μ_r 的长直圆柱形磁介质，其半径为 r，表面密绕通有电流为 I 的细导线，求此磁介质中磁场的磁感应强度分布。

16-6　一载流细螺线环，它由表面绝缘的导线在铁环上密绕而成，每厘米绕 10 匝，当导线中的电流为 $I=2.0\mathrm{A}$ 时，测得铁环内的磁感应强度的大小为 $B=1.0\mathrm{T}$。已知真空中的磁导率 $\mu_0=4\pi\times10^{-7}\mathrm{T\cdot m/A}$，问铁环的相对磁导率 μ_r 为多少？

16-7　如习题 16-7 图所示，磁导率为 μ_1 的无限长磁介质圆柱体 A，半径为 R_1，其中均匀通有电流 I_1，其外有半径为 R_2 的无限长同轴圆柱面 C，AC 之间充满着磁导率为 μ_2 的无限大均匀磁介质，在圆柱面 C 上通有相反方向的电流 I_2。试求该系统磁感应强度 $\boldsymbol{B}$ 的分布。

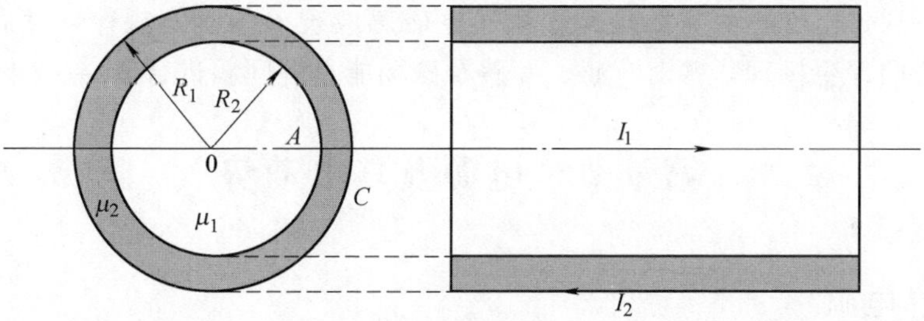

习题 16-7 图

16-8　横截面为矩形的环形螺线管，圆环内外半径分别为 R_1 和 R_2，芯子材料的磁导率为 μ，导线总匝数为 N，绕得很密（习题 16-8 图），若线圈通电流 I，求：

(1) 芯子中的 B 值和芯子截面的磁通量。

(2) 在 $r<R_1$ 和 $r>R_2$ 处的 B 值。

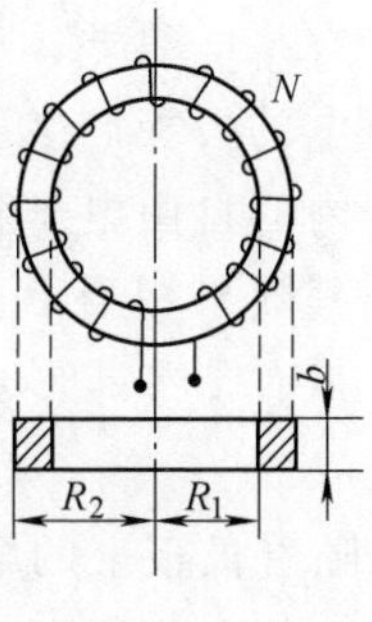

习题 16-8 图

第十七章 电磁感应

1820 年奥斯特发现电流能够产生磁场后，引起了一些科学家的逆向思维，即电流既然能够产生磁场，那么磁场是否也能产生电流呢？1821 年，英国科学家法拉第就向自己提出新的任务，研究磁产生电的问题，他利用精湛的实验技巧和敏锐地捕捉现象的能力，经过十年不懈的努力，终于在 1831 年发现了磁变化时产生电流感应的现象，并在以后的几年里通过一系列实验研究产生感应电流的条件和决定感应电流的因素，给出电磁感应现象的基本规律。1845 年诺埃曼给出了电磁感应规律的数学公式。电磁感应现象的发现全面揭示了电与磁的联系，为此后麦克斯韦建立完整的电磁场理论提供了基础。

本章通过电磁感应实验现象，讲述电磁感应现象的基本规律，然后讨论感应电动势的产生机理，并对自感、互感及磁场能量等问题进行研究。

第一节 电源及其电动势

一、电源

在一段导体中产生稳恒电流的条件是在导体内维持稳恒的电场，也就是在导体的两端维持恒定不变的电势差。怎样才能达到这个条件呢？

设想有一个充好电的电容器 C，如图 17-1 所示。一个极板带正电，一个极板带负电，两个极板之间有一电势差。当将两极板用一条金属导线连接起来时，在导线两端之间将有一电势差，从而沿导线从带正电的极板到带负电的极板产生一电场，在静电场的作用下，导线内的自由电子将从负极板向正极板做定向运动，其效果相当于正电荷从正极板到负极板流动，在导线内部形成电流。

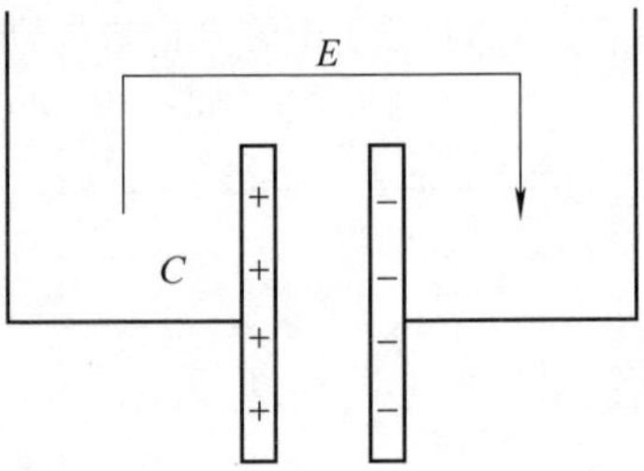

图 17-1 电容器放电过程

但这种电流不是稳恒电流，随着极板上的电荷逐渐中和而减少，两极板之间的电势差也将逐渐减小，导线中的电流逐渐减弱。当两极板之间的电荷全部中和时，导线中的电流也会终止。电容器的放电过程表明，仅有静电场力的作用，只可能产生暂时的电流，不可能产生稳恒电流。

如果我们在电容器放电的过程中，能将电荷从负极板再经过电容器内部空间源源不断地搬回正极板，保证两极板之间的电势差不变，就可以满足产生稳恒电流的条件。但在两极板之间的内部空间里，要逆着静电场方向移动正电荷，必须有一种非静电力，如机械力、化学力等，对正电荷做功，将其他形式的能量（如机械能、化学能等）转化为电能，以反抗静电场力做功。这种将某种形式的能量转化为电能（电势能）的装置就称为电源。如干电池是把化学能转变成静电能，发电机是把机械能转变为静电能，温差电源是将热能转化为静电能等。

电源有两个电极，带正电的一端为正极，电势高，带负电的一端为负极，电势低。在电源的外部，由正极连到负极的电路叫作外电路，在电源内部，由负极到正极的电路叫作内电路。内、外电路连接起来构成了一个闭合的电路，称为全电路。

电源的工作原理是：非静电力将正电荷经电源内部从负极搬运到正极，使得电源正负极上积累电荷，在电源内部两极间建立静电场，静电场力与非静电力方向相反，随着电源两极电荷的不断积累，静电场力不断增强，当静电场力与非静电力平衡时，电荷积累过程停止，两极板间存在一定的电势差。如果将外电路连通，电源正极上的正电荷和负极上的负电荷将在外电路中产生一个静电场，驱动正电荷从正极经外电路流入负极，与负极的负电荷中和，使得两极上积累的电荷都有减少，相应地，电源内部的静电场减弱，原有的平衡被打破，非静电力大于静电场力，正电荷从负极经过电源内部流向正极。而到达正极的正电荷又要通过外电路流回负极。就这样，在外电路，静电场力把正电荷源源不断地从正极移向负极；在内电路，非静电力克服静电场力把正电荷源源不断地从负极移向正极。非静电力和静电场力共同作用的结果，使得电荷沿闭合回路流动，形成稳定的电流。

二、电动势

电源的电动势是描述电源内部非静电力做功特性的物理量，它反映电源把其他形式的能量转化为电能的本领。

设在时间 $\mathrm{d}t$ 内，电源的非静电力将正电荷 $\mathrm{d}q$ 从负极经内电路移到正极所做的功为 $\mathrm{d}A$，若以 $\mathscr{E}$ 表示电动势，则电源的电动势的定义式为

$$\mathscr{E}=\frac{\mathrm{d}A}{\mathrm{d}q}=\int_{-}^{+}\boldsymbol{E}_{\mathrm{k}}\cdot\mathrm{d}\boldsymbol{l} \tag{17-1}$$

即电源的电动势等于电源的非静电力把单位正电荷从负极通过内电路移向正极所做的功。

电源电动势是表征电源特性的物理量，只由电源本身性质决定，与外电路

是否接通以及外电路的状况无关。电动势是一个标量，为计算方便，通常人为规定一个方向，这个方向与非静电力的方向相同，即在电源的内部由负极指向正极。在国际单位制中，电动势的单位为伏特。

对于化学电源（如电池）来说，非静电力集中在电源内部，在外电路中没有非静电力。上述电动势的定义式（17-1）是适用的。而对于某些电源（如感应电动机、温差电源等）来说，非静电力分布于整个电路中，无法区分电源的内部和电源外部，因此电动势更普遍的定义式为

$$\mathscr{E} = \oint_{\text{闭合回路}} \boldsymbol{E}_{\mathrm{k}} \cdot \mathrm{d}\boldsymbol{l} \tag{17-2}$$

即电源的电动势等于电源的非静电力使单位正电荷沿闭合回路绕行一周时所做的功，也即非静电场电场强度的环流。

一般的电路由电源、导线和负载等来组成闭合回路（图 17-2 所示），电源内部也有电阻，称为电源的内阻，用 r 表示。电路中电源的电动势就等于外电路断路时电源两端的端电压；或电源的电动势等于电源的内电压和外电路的端电压之和。

$$\mathscr{E} = IR + Ir \tag{17-3}$$

式（17-3）称为纯电阻闭合回路（全电路）的欧姆定律。

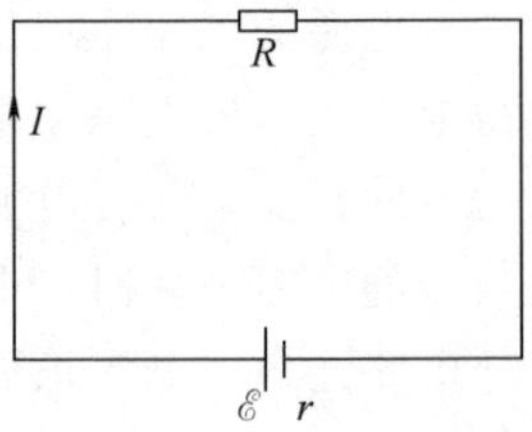

图 17-2　一般电路

第二节　法拉第电磁感应定律

下面首先通过几个实验来说明电磁感应现象及其产生的条件，在此基础上介绍法拉第电磁感应定律。

一、电磁感应现象

实验 1　磁棒与线圈 A 发生相对运动

如图 17-3 所示，一个线圈 A 与一个检流计 G 连接成一个闭合回路，磁棒置于线圈上方，当磁棒与线圈保持相对静止时，检流计指针不发生偏转，指示为零；若使二者发生相对运动，即上下移动磁棒或线圈，检流计指针发生偏转，相对运动速度越快，指针偏转越大，且相对运动方向改变时，指针偏转的方向也发生改变。

实验 2　线圈 B 中的电流发生变化

如图 17-4 所示，用一个带电源的闭合线圈 B 替代实验 1 中的磁棒，线圈 B 中通有稳恒电流 I。当线圈 B 与线圈 A 保持相对静止时，检流计指针不发生偏

转，指示为零；若上下移动线圈 B，检流计指针发生偏转，移动速度越快，指针偏转越大，且移动方向改变时，指针偏转的方向也发生改变，线圈 B 的作用类似于实验 1 中的磁棒。

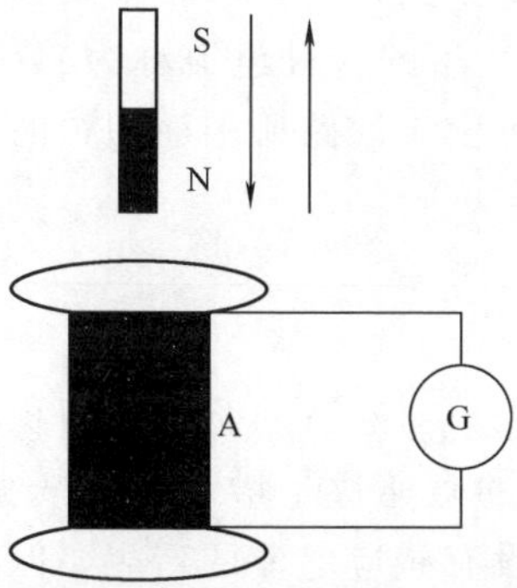

图 17-3 磁棒与线圈相对运动

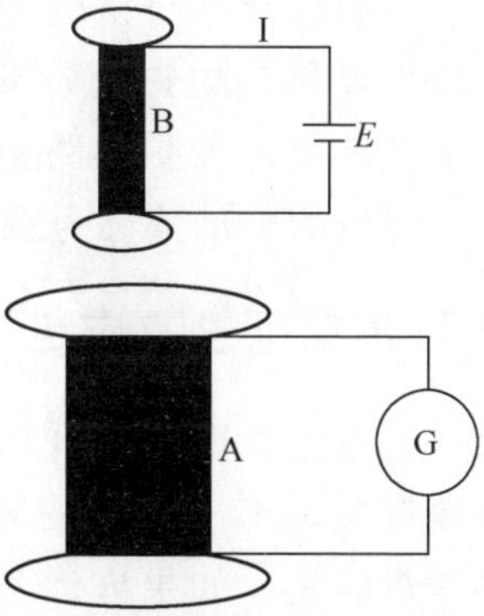

图 17-4 线圈与线圈相对运动

如果实验中线圈 B 与线圈 A 保持相对静止，改变线圈 B 中的电流，此时检流计指针也发生偏转，电流变化率越大，指针偏转越大，对应于电流的增大或减小，指针的偏转方向相反。

从实验 1 和实验 2 可以看出，不论是磁棒与线圈 A 的相对运动，线圈 B 和线圈 A 的相对运动，还是线圈 B 中电流的变化，都使得线圈 A 中的磁场发生了变化，从而使得线圈 A 中产生了电流，且磁场变化越快，电流越大，且电流有一定的方向性。

是否可以认为磁场变化就是磁产生电的条件呢？

实验 3 导体做切割磁力线运动

如图 17-5 所示，在一个均匀磁场中放置一个连接检流计并与磁场方向垂直的导体导轨平面，导线 AB 放置于导轨上形成电流回路。当导线 AB 静止时，检流计指针不发生偏转，指示为零；当导线 AB 在导轨上滑动时，检流计的指针会发生偏转，回路中产生电流，导线 AB 滑动越快，指针偏转越大，滑动方向不同，指针偏转方向不同。

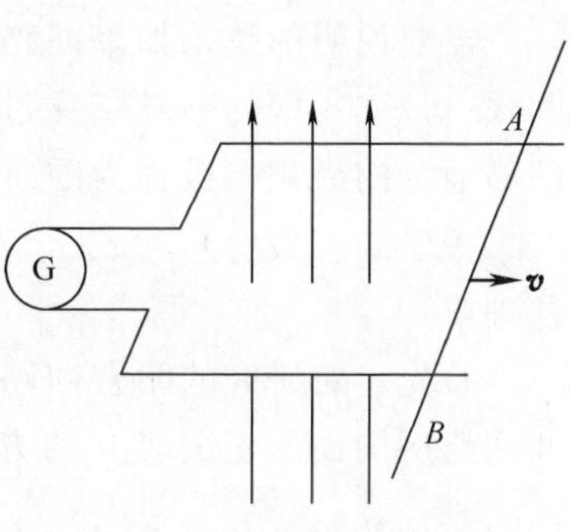

图 17-5 导线切割磁力线运动

从实验 3 看出，导线回路中的磁场并未发生变化，只是在导线运动的过程中切割磁力线，使得通过导线回路的磁场面积发生了变化，导线回路产生了感应电流，面积变化越快，电流越大，且电流有一定的方向性。

由以上实验可以看出，不论是实验 1 和实验 2

中线圈A中的磁场发生变化，还是实验3中穿过磁场的导线回路所围面积发生变化，都是穿过回路所围面积与磁场面积都有关的磁通量发生了变化，使得回路中产生了电流。

因此，当通过导体回路所围面积的磁通量发生变化时，回路中就会有电流产生，这种现象称为电磁感应现象，将回路中产生的这种电流称为感应电流；回路中有电流产生，表明回路中有电动势，这种由于回路所围面积中的磁通量发生变化而产生的电动势称为感应电动势。

二、法拉第电磁感应定律

从电磁感应实验还可以看出，感应电流的大小与通过回路所围面积的磁通量变化快慢有关，感应电流的方向与通过回路的磁通量是增加还是减小有关。同时需要注意的是，如果导体不构成回路，就没有感应电流的产生，但感应电动势仍然存在，所以感应电动势比感应电流更能反映电磁感应现象的本质。

法拉第在定量分析和总结了大量电磁感应实验的结果后，得出了法拉第电磁感应定律：在一闭合回路上产生的感应电动势与通过回路所围面积的磁通量对时间的变化率的负值成正比，其数学表达式为

$$\mathscr{E}_{\mathrm{i}} = -K\frac{\mathrm{d}\varphi}{\mathrm{d}t} \tag{17-4}$$

式中，K为比例常数。如果采用国际单位制，$\mathscr{E}_{\mathrm{i}}$以伏特为单位，φ以韦伯为单位，t以秒为单位，则$K=1$，式（17-4）可写为

$$\mathscr{E}_{\mathrm{i}} = -\frac{\mathrm{d}\varphi}{\mathrm{d}t} \tag{17-5}$$

即闭合回路上产生的感应电动势等于回路所围面积磁通量对时间变化率的负值，负号反映了感应电动势的方向。

假如闭合导体回路电阻为R，则回路中的感应电流就可以写成

$$I_{\mathrm{i}} = \frac{\mathscr{E}_{\mathrm{i}}}{R} = -\frac{1}{R}\frac{\mathrm{d}\varphi}{\mathrm{d}t} \tag{17-6}$$

需要说明的是，如果回路是由N匝线圈组成的，则式（17-4）、式（17-5）和式（17-6）中的φ就指穿过N匝线圈总的磁通量，即匝数N与穿过每匝线圈的磁通量的乘积，也称为磁通匝链数。

关于式（17-4）和式（17-5）中负号与感应电动势的方向的关系，可以这样理解：

首先，对研究的闭合回路任意指定一绕行的方向，根据右手螺旋定则判定此回路所围面的正法线$\boldsymbol{n}$的方向；其次，再根据磁场方向和$\boldsymbol{n}$的方向判断通过回路面积的磁通量φ的正、负；然后，根据磁场的增强与减弱判断$\frac{\mathrm{d}\varphi}{\mathrm{d}t}$的正负；

最后，判断感应电动势的方向，当$\frac{d\varphi}{dt}$为正时，感应电动势为负值，故感应电动势的方向与回路指定的绕行方向相反；当$\frac{d\varphi}{dt}$为负时，感应电动势为正值，故感应电动势的方向与回路指定的绕行方向相同。

如图 17-6 所示，穿过一闭合回路的磁场随时间增强，根据上述判断方法，先指定闭合回路的绕行方向沿逆时针方向，根据右手螺旋定则可以判断此回路所围面的法线正 $\boldsymbol{n}$ 的方向竖直向上，再根据磁场方向可以判断穿过此回路所围面积的磁通量为正值，而磁场又在增加，所以$\frac{d\varphi}{dt}$为正值，感应电动势 $\mathscr{E}_i$ 为负值，因此感应电动势 $\mathscr{E}_i$ 的方向与回路指定的绕行方向相反，沿顺时针方向。

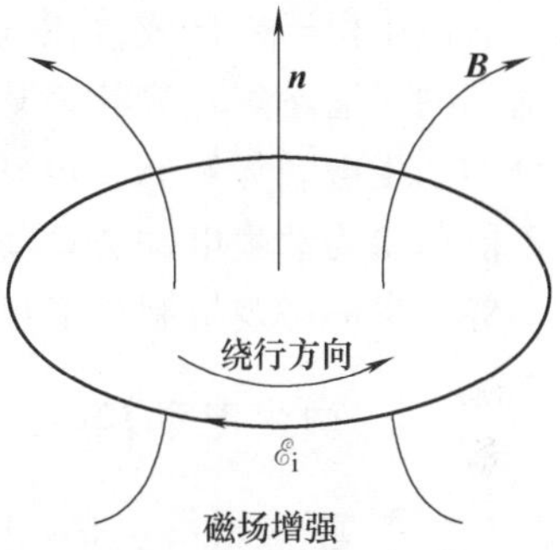

图 17-6 判断感应电动势方向

三、楞次定律

1834 年，俄国科学家楞次从电磁感应实验中总结出判断感应电流方向的法则，称为楞次定律。定律的表述为：闭合导体回路中的感应电流的方向，总是企图使感应电流本身所产生的通过回路面积的磁感应强度通量，去补偿或者说反抗引起感应电流的磁感应强度通量的改变。人们在使用过程中习惯记作“增则反，减则同”，即穿过闭合回路的磁通量增加时，感应电流产生的磁场与原磁场方向相反，穿过闭合回路的磁通量减小时，感应电流产生的磁场与原磁场方向相同。

楞次定律反映了能量的转化与守恒定律。利用楞次定律判断感应电动势的方向与法拉第电磁感应定律中的负号判断的结果完全一致。在实际问题中，常常利用楞次定律直接确定感应电动势的方向比较简单，而利用法拉第电磁感应定律求感应电动势数值时，可以略去式中的负号。

以图 17-6 所示情况为例，原磁场穿过闭合回路由下向上，磁场增加，穿过闭合回路的磁通量增加，感应电流产生的磁场与原磁场方向相反，根据右手螺旋定则可以判断感应电动势的方向如图 17-6 所示，与法拉第电磁感应定律所判断的结果相同。

第三节 动生电动势和感生电动势

按照磁通量变化的原因不同，感应电动势可以分为两类：一种是磁场不变，闭合导体回路整体或部分在磁场中运动，或者一段孤立导体在磁场中运动，此时回路或导体内产生的感应电动势称为动生电动势；另一种是孤立导体或导体回路固定，导体或导体回路所处的空间存在随时间变化的磁场，此时在导体或导体回路内产生的感应电动势称为感生电动势。

在电磁感应实验中，由于运动的相对性，可以认为实验1和实验2是线圈在磁棒或载流线圈的磁场中运动，使得线圈中产生动生电动势，也可以看成静止的线圈中由于磁棒或载流线圈的运动，使得线圈中的磁场发生变化，穿过线圈面积的磁通量发生变化，从而在线圈中产生感生电动势。因此，把感应电动势分为动生电动势和感生电动势只有相对的意义。但普遍情况下，感生电动势并不能归结为动生电动势，动生电动势也不能完全归结为感生电动势。这两种电动势产生的微观机制是不相同的，非静电力是不相同的，下面分别进行分析。

一、动生电动势

如图17-7所示，有一均匀的稳恒磁场，磁感应强度 $\boldsymbol{B}$ 的方向垂直于纸面向里。一矩形导线框平放在纸面内，线框的 ab 边可以左右滑动，其长度为 l。设线框所围平面的法向矢量与磁感应线同向，按右手螺旋关系，回路的正方向是顺时针的。当 ab 边以速度 $\boldsymbol{v}$ 向右滑动时，线框所围的面积增大，穿过线框的磁感应通量也相应增加，在 ab 边与线框左边相距为 x 时，穿过线框的磁感应通量为

$$\varphi_{\mathrm{m}} = \boldsymbol{B} \cdot \boldsymbol{S} = Blx$$

线框中的感应电动势为

$$\mathscr{E}_{\mathrm{i}} = -\frac{\mathrm{d}\varphi_{\mathrm{m}}}{\mathrm{d}t} = -Bl\frac{\mathrm{d}x}{\mathrm{d}t} = -Blv$$

负号表示感应电动势的方向与所设线圈回路的正方向相反，是逆时针的。

实际上，因为线框的另外三边未动，只有导线 ab 横切磁场方向运动，所以动生电动势产生在导线 ab 上，方向是从导线的 b 端指向 a 端。

从本质上讲，动生电动势的产生是运动的自由电荷在磁场中受到洛伦兹力作用的结果。如图17-8所示，一均匀磁场垂直于纸面向里，长为 l 的导线 ab 竖直放置并以速度 $\boldsymbol{v}$ 水平向右运动。金属导线内的自由电子在向右运动的过程中受到磁场作用的洛伦兹力为

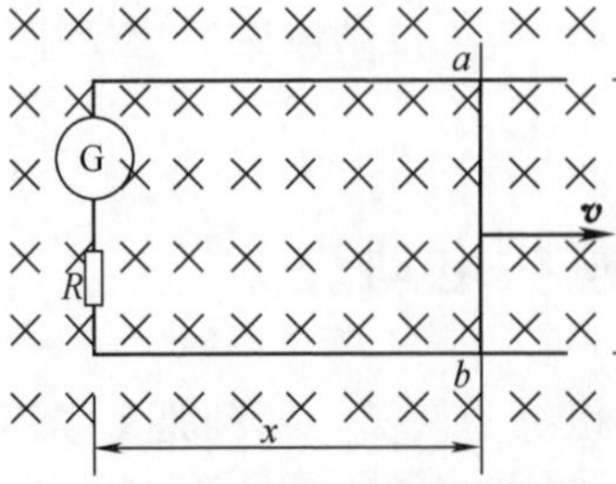

图17-7　导体线框一个边在稳恒磁场中运动

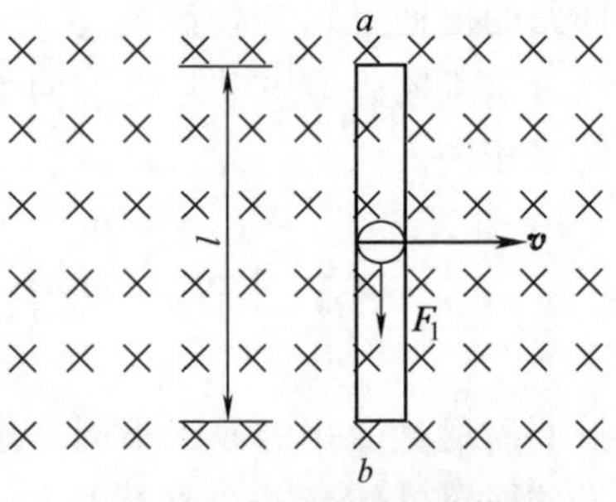

图17-8　产生动生电动势的非静电力是洛伦兹力

$$\boldsymbol{F}_1 = -e\boldsymbol{v} \times \boldsymbol{B}$$

其方向竖直向下，从导线 a 端指向 b 端，使得电子向导线的 b 端积累，同时使 a 端显正电性，在导线 ab 两端建立了一个静电场，其电场强度 $\boldsymbol{E}$ 的方向是从 a 到 b，从而使得导线中的电子受到向上的电场力作用

$$\boldsymbol{F}_e = -e\boldsymbol{E}$$

随着导线两端的电荷不断积累，电场不断增强，电子所受电场力也逐渐增大。当电子受到的洛伦兹力和电场力大小相等时，电荷受力平衡，不再发生宏观移动，导线两端电荷不再继续积累，保持稳定的正负电荷分布，形成稳定的动生电动势。

按照定义，电动势是单位正电荷从负极通过电源内部移动到电源正极的过程中非静电力所做的功，即

$$\mathscr{E} = \int_{-}^{+} \boldsymbol{E}_k \cdot d\boldsymbol{l}$$

显然，产生动生电动势的非静电力是洛伦兹力，作用在单位正电荷上的洛伦兹力为

$$\frac{\boldsymbol{F}_1}{-e} = \boldsymbol{v} \times \boldsymbol{B}$$

因此，动生电动势的定义式为

$$\mathscr{E} = \int_{-}^{+} (\boldsymbol{v} \times \boldsymbol{B}) \cdot d\boldsymbol{l} \tag{17-7}$$

动生电动势的方向可以由 $\boldsymbol{v} \times \boldsymbol{B}$ 的方向来确定，即为 $\boldsymbol{v} \times \boldsymbol{B}$ 在导线上的分量方向。

例 17-1 如图 17-9 所示，一长直导线中通有电流 I，有一垂直于导线、长度为 L 的金属棒 AB 在包含导线的平面内，以恒定的速度 $\boldsymbol{v}$ 沿与棒成垂直方向移动。开始时，棒的 A 端到导线的距离为 d，求任意时刻金属棒中的动生电动势，并指出棒哪端的电势高。

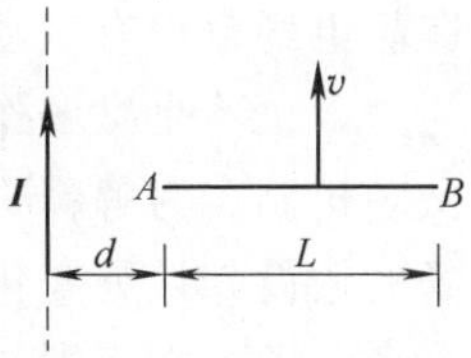

图 17-9 例 17-1 图

解 距离载流导线 x 处的磁场的磁感应强度的大小为 $B = \frac{\mu_0 I}{2\pi x}$，根据动生电动势的定义式可得导线 AB 中的动生电动势大小为

$$\mathscr{E} = \int_{d}^{d+L} v \cdot \frac{\mu_0 I}{2\pi x} \cdot dx = \frac{\mu_0 I v}{2\pi} \ln \frac{d+l}{d}$$

方向由 B 指向 A，即 A 端电势高。

例 17-2 两相互平行无限长的直导线载有大小相等方向相反的电流，长度为 b 的金属杆 CD 与两导线共面且垂直，相对位置如图 17-10 所示，CD 杆以速度 $\boldsymbol{v}$ 平行直线电流运动，求 CD 杆中的感应电动势，并判断 C、D 两端哪

端电势较高。

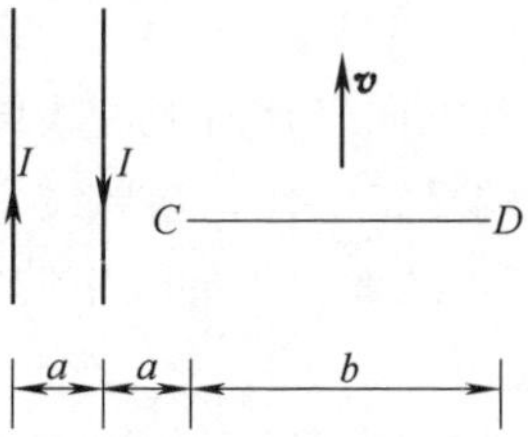

图 17-10　例 17-2 图

解　以左边导线为 y 轴，向右为 x 轴正向建立坐标系，在 x 处取小段 $\mathrm{d}x$，则此处的磁场磁感应强度的大小为

$$B=\frac{\mu_0 I}{2\pi(x-a)}-\frac{\mu_0 I}{2\pi x}$$

方向向外。根据动生电动势的定义式可得

$$\mathscr{E}_{\mathrm{i}}=\int_C^D(\boldsymbol{v}\times\boldsymbol{B})\cdot\mathrm{d}\boldsymbol{l}=\int_{2a}^{2a+b}v\left[\frac{\mu_0 I}{2\pi(x-a)}-\frac{\mu_0 I}{2\pi x}\right]\mathrm{d}x=\frac{v\mu_0 I}{2\pi}\ln\frac{2(a+b)}{2a+b}$$

判断可知，D 端电势较高。

二、感生电动势

感生电动势是由磁场变化产生的，因此可以根据法拉第电磁感应定律计算感生电动势的大小，即

$$\mathscr{E}_{\mathrm{i}}=-\frac{\mathrm{d}\varphi_{\mathrm{m}}}{\mathrm{d}t}$$

利用法拉第电磁感应定律或楞次定律判断感生电动势的方向。

导体在磁场中运动产生动生电动势，其非静电力是洛伦兹力。那么，在磁场变化产生感生电动势的非静电力又是什么呢？

目前，我们知道的电荷所受作用力可以分为两种，一种是静电场施于的库仑力，二是磁场施于运动电荷的洛伦兹力。可产生感生电动势的过程中，既没有静电场也没有运动电荷，因此与感生电动势相联系的非静电力既不是静电库仑力，也不是磁场作用的洛伦兹力，用学过的知识无法解释感生电动势产生的微观机制。为解释构成感生电动势的非静电力的起源，麦克斯韦提出了感生电场的假设，认为变化的磁场在其周围也会激发一种电场，称为感生电场或涡旋电场。无论空间中是否有导体或导体回路存在，无论空间中有无介质存在，变化的磁场总是要激发感生电场。感生电场与静电场一样，都可以对电荷施加力的作用，都可以利用电场强度描述场的强弱，这种感生电场施与导体中电荷的力就是构成感生电动势的非静电力。麦克斯韦的这一假设已为许多实验所证实。在下一章中将对感生电场做进一步讨论。

根据电动势的定义，感生电动势可以定义为

$$\mathscr{E}=\int_-^+\boldsymbol{E}_{感}\cdot\mathrm{d}\boldsymbol{l} \tag{17-8}$$

例 17-3　如图 17-11 所示，长直导线中通有交变电流 $i=10\sin 100\pi t\,\mathrm{A}$，匝数 $N=1000$ 的矩形平面线圈放在载流导线的近旁，线圈和载流导线在同一平面内。已知 $d=0.1\mathrm{m}$，$a=0.2\mathrm{m}$，$b=0.4\mathrm{m}$。求 $t=10^{-2}\mathrm{s}$ 时刻，线圈中感生电动势

的大小及感生电动势的最大值。

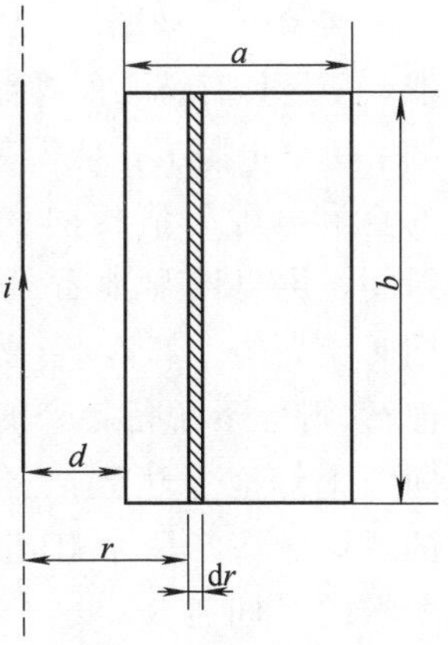

图 17-11 例 17-3 图

解 线圈所处磁场是不均匀的，在线圈平面上任取一宽度为 dr 的与载流导线相平行的狭条，距导线的距离为 r，则狭条处的磁感应强度为

$$B=\frac{\mu_0\mu_r i}{2\pi r}$$

通过狭条面积的磁通量为

$$\mathrm{d}\varphi_m=\boldsymbol{B}\cdot\mathrm{d}\boldsymbol{S}=\frac{\mu_0\mu_r i}{2\pi r}\cdot b\cdot\mathrm{d}r=\frac{\mu_0\mu_r ib}{2\pi}\cdot\frac{\mathrm{d}r}{r}$$

通过整个线圈的磁通量为

$$\varphi_m=\int\mathrm{d}\varphi_m=\frac{\mu_0\mu_r ib}{2\pi}\int_d^{d+a}\frac{\mathrm{d}r}{r}=\frac{\mu_0\mu_r ib}{2\pi}\ln\frac{d+a}{a}$$

由于 i 为交变电流，所以线圈中的磁通量也在交替变化，从而产生的感生电动势也是交替变化的，其大小为

$$\begin{aligned}\mathscr{E}_i&=-N\frac{\mathrm{d}\varphi_m}{\mathrm{d}t}=-N\frac{\mu_0\mu_r b}{2\pi}\ln\frac{d+a}{a}\left(\frac{\mathrm{d}i}{\mathrm{d}t}\right)\\&=-\frac{N\mu_0\mu_r b}{2\pi}\ln\frac{d+a}{a}\ \frac{\mathrm{d}}{\mathrm{d}t}(10\sin 100\pi t)\\&=-\frac{N\mu_0\mu_r b}{2\pi}\ln\frac{d+a}{a}(10\times 100\pi\cos 100\pi t)\\&=-500N\mu_0\mu_r b\ln\frac{d+a}{a}(\cos 100\pi t)\end{aligned}$$

代入已知数值，并设 $\mu_r=1$，于是可得 $t=10^{-2}$ s 时刻感生电动势的量值为 0.276V。

感生电动势的最大值为 $\cos 100\pi t=1$ 时的感生电动势，其值为 0.276V。

第四节 自感和互感

一、自感

1. 自感现象

当一个线圈的电流发生变化时，电流激发的磁场将随之发生变化，使得通过线圈自身的磁感应强度通量发生改变，从而在线圈中产生感应电动势。这种因线圈自身电流变化而在线圈自身引起的感应电动势的现象称为自感现象，所产生的感应电动势称为自感电动势。自感现象是 1835 年美国科学家亨利发现的，可以通过演示实验来观察。

实验一　如图17-12所示，S_1 和 S_2 是两个完全相同的灯泡，R 是可变电阻器，L 是具有铁心的螺线管。实验时先调节可变电阻 R，使得其阻值和线圈 L 的直流电阻阻值相同。在闭合电键的瞬间，可以明显地看到两个灯泡不是同时变亮的，灯泡 S_1 立刻变亮，而灯泡 S_2 则是逐渐亮起来的，经过一段时间两个灯泡才达到同样亮度。线圈 L 的匝数越多，两个灯泡达到同样亮度所需的时间越长。这个现象称为通电自感现象。这是由于电键S闭合的瞬时，线圈 L 中的电流由无到有，由零增大，通过线圈所围面积的磁通量也是由零增大，这种磁通量的变化使得线圈中又产生自感电动势和自感电流。根据楞次定律知道，自感电流的方向与原电流的方向相反，因此灯泡 S_2 要比灯泡 S_1 亮的慢，当线圈中电流达到与 R 支路的电流相同时，电流不再变化，线圈中的磁通量也不再发生变化，自感现象不再存在，线圈中的电流达到稳定值。R 支路没有线圈，自感现象不明显，L 支路线圈的匝数越多，自感电流越大，灯泡亮得越迟缓。

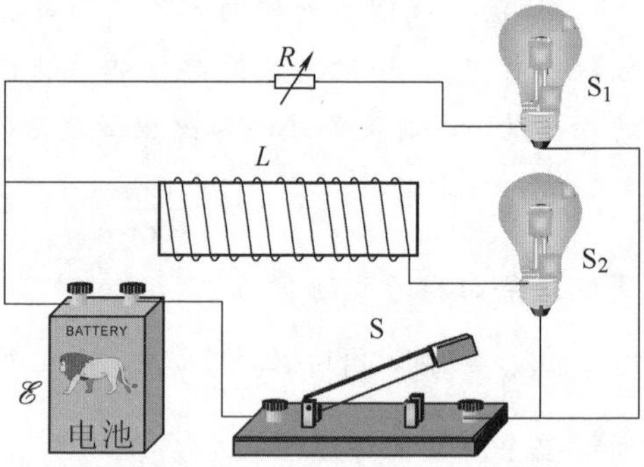

图17-12　通电、断电自感现象演示电路

实验二　图17-12所示电路中如果电键是闭合的，电路中通有稳恒电流 I，并且通过调节可变电阻，使得 L 支路的电流大于 R 支路的电流，灯泡 S_2 比 S_1 要亮一些。当突然断开电键S时，两个灯泡都不会立即熄灭，灯泡 S_1 经过一个突然的闪亮以后才和 S_2 同时熄灭。线圈 L 的匝数越多，断开电键时灯泡 S_1 的闪亮也越强。这是因为在断开电键时，电路中的电流将由稳定的 I 减小到零，线圈中的磁通量相应减小，磁通量的减小引起自感电流，而 L 和 R 以及两个灯泡构成闭合回路，所以线圈中的自感电流使通过两个灯泡的电流不能立即降为零，灯泡也不能立刻熄灭。又由于原来通过线圈 L 的电流大于通过 R 的电流，断电时产生的自感电流可以大于原来通过 R 的电流，使得灯泡 S_1 发生闪亮强光。线圈 L 匝数越多，自感电流越大，灯泡 S_1 中闪亮的光越强，回路电流延缓的时间越长。

2. 自感电动势和自感

有一通有电流为 I 的线圈回路，其几何形状不变，周围不存在磁性物质，则线圈中电流所产生磁场的磁感应强度大小与电流成正比，通过线圈的磁通匝链数也和线圈中的电流 I 成正比，即

$$\psi_m = N\phi_m \propto I$$

或

$$\psi_m = N\phi_m = LI \tag{17-9}$$

式中，比例系数 L 与线圈的形状、大小、匝数及其周围的介质情况有关，定义为自感或电感。

在国际单位制中，自感的单位为亨利（H），量纲式为 $L^2MT^{-2}I^{-2}$。按照式(17-9)，当线圈中的电流为1安培（A），通过线圈自身的磁通匝链数为1韦伯（Wb）时，线圈的自感为1亨利（H）。亨利的单位量值很大，实际使用中常以毫亨利（mH）和微亨利（μH）作为辅助单位，$1\text{mH}=10^{-3}\text{H}$，$1\,\mu\text{H}=10^{-6}\text{H}$。

$$1\text{H} = 1\text{Wb/A} = 1\text{V}\cdot\text{s/A} = 1\Omega\cdot\text{s}$$

根据法拉第电磁感应定律，线圈中的自感电动势 $\mathscr{E}_L$ 为

$$\mathscr{E}_L = -\frac{\mathrm{d}\psi_\mathrm{m}}{\mathrm{d}t} = -\frac{\mathrm{d}(N\phi_\mathrm{m})}{\mathrm{d}t} = -\frac{\mathrm{d}}{\mathrm{d}t}(LI) = -\left(L\frac{\mathrm{d}I}{\mathrm{d}t} + I\frac{\mathrm{d}L}{\mathrm{d}t}\right) \tag{17-10}$$

对于一个给定的线圈，其自感 L 为一个恒量，则 $\frac{\mathrm{d}L}{\mathrm{d}t}=0$，此时线圈的自感电动势为

$$\mathscr{E}_L = -L\frac{\mathrm{d}I}{\mathrm{d}t} \tag{17-11}$$

由式（17-11）可以看出，当电流对时间的变化率相同时，比例系数越大，线圈所产生的自感电动势也越大，即自感作用越强。式中的负号表示了电动势的方向，即当电流增加时，自感电动势与原电流的方向相反；当电流减小时，自感电动势与原电流的方向相同。

同时，式（17-11）中的负号也反映了楞次定律的意义，即自感电动势将反抗回路中电流的改变。回路的自感越大，自感应的作用越强，改变回路的电流也越困难。自感应的这种保持原有电流不变的性质，与力学中物体的惯性有些相似。因此，自感也就是回路本身的“电磁惯性”大小的量度。

自感现象的应用很广泛，如我们日常生活中使用的荧光灯，它的镇流器就是一个自感线圈。刚通电时，这个自感线圈中产生的自感电动势比220V大很多倍，从而使得灯管中的气体电离并开始工作。无线电技术中利用线圈所具有的阻碍电流变化的特性，可以稳定电路的电流，利用线圈和电容的组合构成谐振电路或滤波器等。

另一方面，在有线圈的电路中往往容易发生事故。在切断含有大自感线圈的电路电源时，由于电流急剧减小，在电路中会产生很大的自感电动势，以至于击穿线圈本身的绝缘保护，或使开关断开的间隙中的空气电离，产生电弧引起火灾，一些仪器也会因此烧毁。为了避免这种灾害，在有大自感线圈的电路中，往往采用特制的安全开关，或在切断电源前先减小电路中的电流，然后再切断开关，使得电流随时间的变化率较小，产生的自感电动势也就小了。

二、互感

1. 互感现象

如图 17-13 所示，线圈 1 中的电流变化时不仅会在自身中产生自感电动势，还会在与它相邻的线圈 2 中产生感生电动势；同样，线圈 2 中的电流发生变化时，也会在线圈 1 中产生感生电动势。这种两个线圈的电流可互相提供磁感应通量，电流变化时互相在对方回路中激起感生电动势的现象，称为互感现象，所产生的感生电动势称为互感电动势。

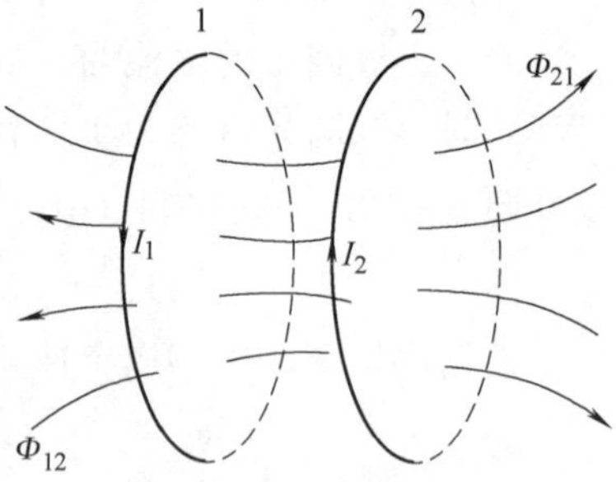

图 17-13　两线圈的互感现象

例 17-4　设有一长直空心的螺线管线圈，长度为 30cm，匝数为 1000 匝，横截面积为 2cm^2，求这个线圈的自感。

解法一　设螺线管中通有电流 I，则长直空心螺线管内部的磁感应强度为

$$B = \mu_0 nI = \frac{\mu_0 NI}{l}$$

由自感的定义式，有

$$L = \frac{\psi_{\mathrm{m}}}{I} = \frac{NBS}{I} = \frac{\mu_0 N^2 IS}{Il} = \frac{\mu_0 N^2 S}{l}$$

代入已知数据可得自感为 $8.4\times10^{-4}\,\mathrm{H}$。

解法二　螺线管内产生的自感电动势为

$$\mathscr{E}_L = -\frac{\mathrm{d}\psi_{\mathrm{m}}}{\mathrm{d}t} = -\frac{\mathrm{d}}{\mathrm{d}t}\left(\frac{\mu_0 N^2 IS}{l}\right) = -\frac{\mu_0 N^2 S}{l}\frac{\mathrm{d}I}{\mathrm{d}t}$$

由自感的定义式有

$$L = -\frac{\mathscr{E}_L}{\mathrm{d}I/\mathrm{d}t} = \frac{\mu_0 N^2 S}{l} = 8.4\times10^{-4}\,\mathrm{H}$$

2. 互感电动势和互感

如图 17-13 所示，设线圈 1 中的电流 I_1 在线圈 2 中产生的磁感应通量为 Φ_{21}，线圈 2 中的电流 I_2 在线圈 1 中产生的磁感应通量为 Φ_{12}，根据毕奥-萨伐尔定律，应有

$$\Phi_{21} \propto I_1,\quad \Phi_{12} \propto I_2$$

或

$$\Phi_{21} = M_{21} I_1,\quad \Phi_{12} = M_{12} I_2$$

式中的比例系数 M_{21} 和 M_{12} 决定于每一个线圈的几何形状、大小、匝数、周围介质的情况以及两个线圈的相对位置，称为互感。

可以证明，M_{21} 和 M_{12} 是相等的，可统一用 M 表示，即

$$M_{21}=M_{12}=M$$

因此，有

$$\Phi_{21}=MI_1 \tag{17-12}$$

$$\Phi_{12}=MI_2 \tag{17-13}$$

当线圈 1 中的电流 I_1 改变时，通过线圈 2 中的磁感应通量 Φ_{21} 将发生变化。按照法拉第电磁感应定律，在线圈 2 中产生的感应电动势为

$$\mathscr{E}_{21}=-\frac{\mathrm{d}\Phi_{21}}{\mathrm{d}t}=-M\frac{\mathrm{d}I_1}{\mathrm{d}t} \tag{17-14}$$

同理可得

$$\mathscr{E}_{12}=-\frac{\mathrm{d}\Phi_{12}}{\mathrm{d}t}=-M\frac{\mathrm{d}I_2}{\mathrm{d}t} \tag{17-15}$$

由此可见，在电流的变化率确定时，互感 M 越大，互感电动势越大，互感现象越显著。如果具有互感的两个线圈有相同的电流变化率，那么这两个线圈中产生的互感电动势相等。

互感的量纲和单位与自感相同，在国际单位制中的单位也是亨利（H），辅助单位也是毫亨利（mH）和微亨利（μH）。互感的定义也有两种，根据式（17-12），两个线圈的互感在数值上等于其中一个线圈中的单位电流产生的磁场通过另外一个线圈的全磁通，即当一个线圈中的电流为 1A，通过另外一个线圈的全磁通为 1Wb 时，两个线圈的互感为 1H；根据式（17-14），两个线圈的互感在数值上等于当其中一个线圈中的电流对时间的变化率为 1 单位时在另外一个线圈中产生的互感电动势，即当一个线圈中电流对时间的变化率为 1A/s，在另一个线圈产生的互感电动势为 1V 时，两个线圈的互感为 1H。

需要注意的是，只有在互感不变的情况下，以上两种定义才是一致的。如果互感回路周围存在铁磁性物质，M 将与回路电流有关，M 不再是恒定的。

互感现象在科学技术和日常生活中的应用也很广泛。如各类变压器、感应线圈和互感器都是应用互感原理制成的；在电子电路中，应用互感耦合方法达到传输电信号和电能量的目的。互感现象有时也有弊害，在电话通信和无线电设备中都需要设法消除互感的干扰。

第五节 磁场的能量

电场和磁场都属于场物质，能量是物质的固有属性之一，静电场具有能量，磁场也具有能量，与静电场一样，磁场的能量也储存在场分布的整个空间。1853 年汤姆逊导出了载流导线的磁能和磁场的能量。下面我们通过载流线圈的自感现象分析磁场的能量。

一、自感线圈的磁能

讨论自感现象时已经知道，在如图 17-14 所示的 RL 回路电键闭合时，回路中的电流并不立即达到欧姆定律所决定的稳定值，而是逐渐增大到稳定值。实际上这是一个建立磁场的过程，外电动势克服回路中的自感电动势做功所消耗的能量转化为自感线圈中的磁场能量。反之，撤去 RL 回路中的外电电势时，回路中的电流并不立即变为零，而是逐渐减小到零，这时维持回路中短暂的电流所需要的能量，就是自感线圈所具有的磁场能量转换来的。

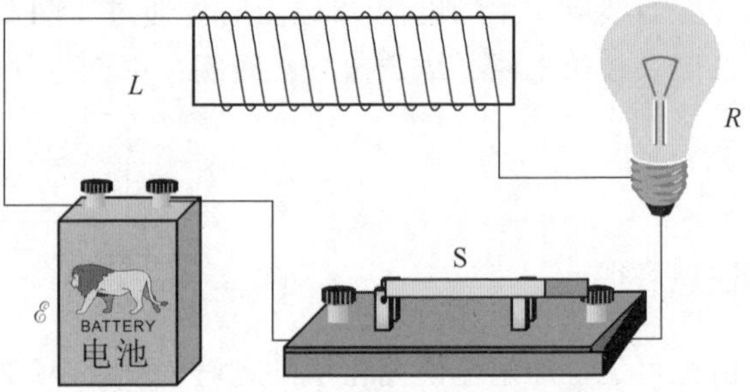

图 17-14　RL 回路中自感线圈的磁能

如图 17-14 所示，设电键闭合后的某一瞬时，回路中的电流为 i，在 $\mathrm{d}t$ 时间内，外电动势 $\mathscr{E}$ 所供给的能量为 $\mathscr{E}i\mathrm{d}t$，一部分用于克服电阻 R 做功而转化为焦耳热 $i^2R\mathrm{d}t$；一部分用于克服线圈 L 中的自感电动势 $\mathscr{E}_L$ 做功而转化为自感线圈中的磁场能量 $\mathscr{E}_Li\,\mathrm{d}t$。根据能量守恒和转化定律可以得到

$$\mathscr{E}i\mathrm{d}t = i^2R\mathrm{d}t + \mathscr{E}_Li\,\mathrm{d}t$$

以 $\mathrm{d}W_\mathrm{m}$ 表示自感线圈 L 中的磁能增量，则有

$$\mathrm{d}W_\mathrm{m} = \mathscr{E}_Li\,\mathrm{d}t = L\frac{\mathrm{d}i}{\mathrm{d}t}i\,\mathrm{d}t = Li\,\mathrm{d}i$$

线圈 L 中电流由零增大到稳定值 I 时的磁能 W_m 为

$$W_\mathrm{m} = \int \mathrm{d}W_\mathrm{m} = \int_0^I Li\,\mathrm{d}i = \frac{1}{2}LI^2 \tag{17-16}$$

式（17-16）表示线圈的自感 L 为恒量、线圈中通以稳恒电流 I 时线圈中的磁能。

二、磁场的能量　能量密度

自感线圈中的能量是磁场能量，应该可以利用描述磁场的特征量表征出来。设自感线圈为长直载流螺线管，单位长度的匝数为 n，内部充满相对磁导率为 μ_r 的磁介质，则螺线管内部产生均匀磁场，磁感应强度为

$$B = \mu_0\mu_\mathrm{r}nI$$

螺线管的自感为

$$L = \frac{\psi_\mathrm{m}}{I} = \frac{NBS}{I} = \frac{nl\mu_0\mu_\mathrm{r}nIs}{I} = \mu_0\mu_\mathrm{r}n^2V$$

式中，$V=lS$ 为螺线管内部的体积，即螺线管内磁场所占的体积。于是得螺线管中的磁能为

$$W_m = \frac{1}{2}LI^2 = \frac{1}{2}\mu_0\mu_r n^2 V\left(\frac{B}{\mu_0\mu_r n}\right)^2$$

即磁能螺线管中的磁能为

$$W_m = \frac{1}{2}\frac{B^2}{\mu_0\mu_r}V = \frac{1}{2}BHV \tag{17-17}$$

磁场中每单位体积内的能量称为磁场能量密度，通常以 w_m 表示。于是有

$$w_m = \frac{W_m}{V} = \frac{1}{2}\frac{B^2}{\mu_0\mu_r} = \frac{1}{2}BH = \frac{1}{2}\mu_0\mu_r H^2 \tag{17-18}$$

在国际单位制中，能量密度的单位为 J/m^2。

式（17-18）虽然是从长直螺线管中均匀磁场的特例导出来的，但它是普遍成立的。它表明磁场能量是储存在整个磁场所占的区域中，磁场是磁能的负载者。

如果磁场是不均匀的，能量密度随磁场区域位置的不同而变化，磁场能量就为磁能密度在磁场存在的整个空间的体积分，即

$$W_m = \iiint_V w_m \mathrm{d}V = \frac{1}{2}\iiint_V \frac{B^2}{\mu_0\mu_r}\mathrm{d}V = \frac{1}{2}\iiint_V BH\,\mathrm{d}V = \frac{1}{2}\iiint_V \mu_0\mu_r H^2\,\mathrm{d}V \tag{17-19}$$

思考题

17-1 将一磁铁插入一闭合的线圈回路中，一次迅速插入，另一次缓慢插入，问：

（1）在两次插入时，线圈中的感应电荷量是否相同？

（2）手推磁铁的力所做的功是否相同？

（3）若将磁铁插入一不闭合的金属环中，环中将发生什么现象？

17-2 让一块磁铁在一根竖直放置的长直钢管中下落，若不计空气阻力，试说明磁铁做什么运动？为什么？

17-3 楞次定律所确定的感应电流的方向是符合能量转化和守恒定律的。换句话说，如果感应电流的方向所遵循的规律与楞次定律相反，那么能量转化和守恒定律不成立。试举例说明。

17-4 将磁铁插入非导体环中，环内有没有感应电动势？有没有感应电流？有没有感应电场？

17-5 把一铜片放在磁场中，如果把这块铜片从磁场中拉出或把它进一步推入磁场中，都会自动地出现一个阻力。试解释这个阻力的来源。

17-6 有两个圆形的闭合回路，其中小的一个套在大的中间，两个回路处于同一平面。小回路通有逆时针方向流动的电流，问当大回路和电源接通的瞬间（电流方向为顺时针方向），小回路中各小段所受磁力方向怎样？小回路如何运动？

17-7　根据自感的定义式 $L=\frac{\phi}{I}$ 是否可以得出通过线圈的电流 I 越小则自感越大的结论？

17-8　有两个长螺线管 L_1 和 L_2，它们的直径和长度都相同，并且只有一层绕线。螺线管 L_1 是由许多匝细导线组成，螺线管 L_2 是由几匝粗导线组成。问哪一个螺线管的自感较大？

17-9　在环形螺线管中，磁能密度较大的地方是在环的内半径附近，还是在环的外半径附近？

17-10　两个长度相同、匝数相同的细长直螺线管，它们的截面积不同。如果在这两个螺线管中通以相同的电流，两螺线管的能量密度应当相等。如果将小的螺线管插入大螺线管中，使它们的磁场方向一致，这时为什么管内的能量密度增加为原来的四倍？如果把一个螺线管的电流方向反向，管内的能量密度将变为零，为什么？

习　题

17-1　一导体圆线圈在均匀的磁场中运动，在下列几种情形中哪些会产生感应电流？为什么？

(1) 线圈沿磁场方向运动；

(2) 线圈沿与磁场垂直的方向运动；

(3) 线圈以自身的直径为轴转动，轴与磁场方向平行；

(4) 线圈以自身的直径为轴转动，轴与磁场方向垂直。

17-2　一个没有铁心的螺绕环，单位长度上的匝数为 $n=5000\text{m}^{-1}$，截面积为 $S=2.0\times10^{-3}\text{m}^2$，螺绕环上的导线与电源以及一可变电阻串联成一闭合回路。在螺绕环上再绕一线圈A，匝数为 $N=5$，电阻 $R=2.0\Omega$。调节可变电阻，使通过螺绕环的电流 I 每秒降低20A。求 (1) 线圈A中产生的感应电动势及感应电流；(2) 2s内通过线圈A的感应电荷量。

17-3　半径为 a 的无限长密绕螺线管，单位长度上的匝数为 n，通以交变电流 $i=I_m\sin\omega t$，求围在管外的同轴圆形回路（半径为 r）上的感生电动势。

17-4　如习题17-4图所示，M、N 为水平面内两根平行金属导轨，ab 与 cd 为垂直于导轨并可在其上自由滑动的两根直裸导线，外磁场垂直水平面向上。当外力使 ab 向右平移时，cd 如何运动？

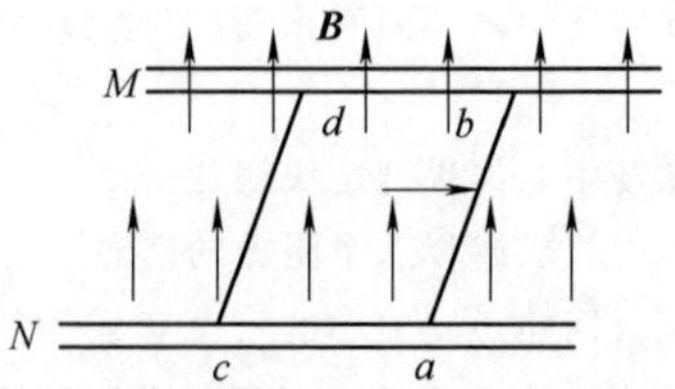

习题17-4图

17-5 如习题 17-5 图所示，有一根长直导线，载有直流电流 I，近旁有一个两条对边与它平行并与它共面的矩形线圈，以匀速度 $\boldsymbol{v}$ 沿垂直于导线的方向离开导线。设 $t=0$ 时，线圈位于图示位置，求（1）在任意时刻 t 通过矩形线圈的磁通量；（2）在图示位置时矩形线圈中的电动势。

17-6 如习题 17-6 图所示，一长直导线中通有电流 I，有一垂直于导线、长度为 L 的金属棒 AB 在包含导线的平面内，以恒定的速度 $\boldsymbol{v}$ 沿与棒成 θ 角的方向移动。开始时，棒的 A 端到导线的距离为 a，求任意时刻金属棒中的动生电动势，并指出棒哪端的电势高。

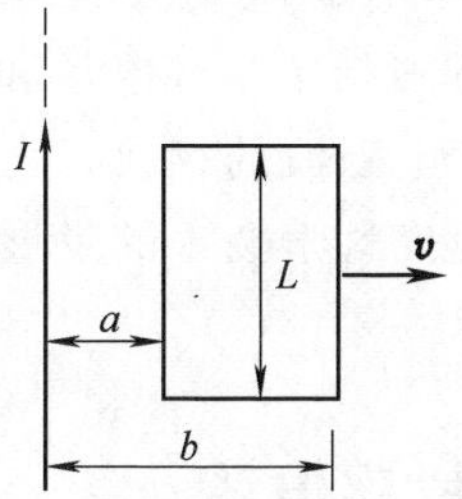

习题 17-5 图

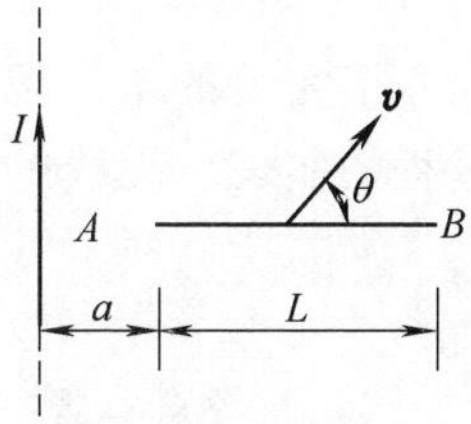

习题 17-6 图

17-7 在一长直密绕的螺线管中间放一正方形小线圈，若螺线管长 1m，绕了 1000 匝，通以电流 $I=10\cos 100\pi t$（A），正方形小线圈每边长 5cm，共 100 匝，电阻为 1Ω，求线圈中感应电流的最大值（正方形线圈的法线方向与螺线管的轴线方向一致，$\mu_0=4\pi\times10^{-7}\,\text{T}\cdot\text{m/A}$。）

17-8 试比较在真空中，在边长为 10cm 的立方体中建立下列两种场所需的能量。（1）$10^5\,\text{V/m}$ 的均匀电场；（2）1T 的均匀磁场。

第十八章　电磁场理论基本概念与电磁波

前面几章里讨论了静电场、稳恒磁场、感生电场以及在电场或磁场中的导体、电介质或磁介质的一些基本性质和规律。英国物理学家麦克斯韦在总结前人实践的基础上，经研究提出"变化的磁场产生有旋电场"和"变化的电场（位移电流）产生磁场"两个假设，并用一组方程概括了全部电场和磁场的性质和规律，建立了完整的电磁场理论基础，预言了电磁波的存在，为电磁波的产生和传播过程的实现、无线电技术以及相关的现代科学技术的发展发挥了巨大的作用。

第一节　涡旋电场和位移电流

麦克斯韦在总结电场和磁场规律的基础性上，敏锐地感觉到在电磁感应现象中，即使不存在导体回路，变化的磁场也会在其周围激发出一种电场。于是，他在 1861 年提出了第一个重大假设，认为变化的磁场周围存在着感生电场，或称为涡旋电场。

同时麦克斯韦又发现，在已发现的电磁规律中，库仑定律、高斯定理、安培定律、环路定理等描述的都是静电场和静磁场，既然变化的磁场可以产生涡旋电场，那么，变化的电场一定也可以产生磁场。于是，在同一年又提出了第二个重大假设，认为变化的电场可以引入位移电流的概念。下面分别讨论这两种假设。

一、涡旋电场

在均匀的磁场中放置一个圆形的闭合导体回路，当磁场中各点的磁感应强度 $\boldsymbol{B}$ 的大小以相同的恒定变化率$\frac{\mathrm{d}B}{\mathrm{d}t}$变化时，导体回路中将产生感应电动势

$$\mathscr{E}_{\mathrm{i}}=-\frac{\mathrm{d}\phi}{\mathrm{d}t}$$

若导体回路的面积为 S，则有

$$\mathscr{E}_{\mathrm{i}}=-\frac{\mathrm{d}\phi}{\mathrm{d}t}=-\frac{\mathrm{d}}{\mathrm{d}t}\iint\boldsymbol{B}\cdot\mathrm{d}\boldsymbol{S}=-\iint\frac{\mathrm{d}\boldsymbol{B}}{\mathrm{d}t}\cdot\mathrm{d}\boldsymbol{S}$$

根据麦克斯韦的假设，在导体回路中的感生电场的电场强度以 $\boldsymbol{E}_{\mathrm{r}}$ 表示时，

根据电动势的定义知道，这个非静电场中的非静电力使得单位正电荷沿导体回路绕行一周时所做的功，为电源的电动势，即感生电动势。因此有

$$\mathscr{E}_{\mathrm{i}}=\oint_l \boldsymbol{E}_{\mathrm{r}}\cdot \mathrm{d}\boldsymbol{l}=-\iint \frac{\mathrm{d}\boldsymbol{B}}{\mathrm{d}t}\cdot \mathrm{d}\boldsymbol{S} \tag{18-1}$$

一般情况下，$\boldsymbol{B}$ 不只是随时间变化，还随空间位置而变化，即 $\boldsymbol{B}=\boldsymbol{B}(x,y,z,t)$，因此式（18-1）应写成

$$\oint_l \boldsymbol{E}_{\mathrm{r}}\cdot \mathrm{d}\boldsymbol{l}=-\iint \frac{\partial \boldsymbol{B}}{\partial t}\cdot \mathrm{d}\boldsymbol{S} \tag{18-2}$$

可以看出，$\boldsymbol{E}_{\mathrm{r}}$ 的环流不等于零，反映出感生电场具有涡旋性，所以称为涡旋电场。

因此，在自然界存在两种电场，静电场和涡旋电场，它们激发的方式不同，性质也不同。静电场和涡旋电场都可以对电荷施加电场力的作用，但静电场是保守场，静电场力为保守力，做功与路径无关，可以引入电势的概念；涡旋电场是非保守场，电场力为非保守力，做功与路径有关，不能引入电势的概念。静电场的电力线在没有电荷的空间是不闭合、不相交的，而涡旋电场的电力线是闭合的。静电场是有源场，涡旋电场是无源场。

二、位移电流

前面知道，稳恒电流的磁场遵循安培环路定理，即

$$\oint_L \boldsymbol{H}\cdot \mathrm{d}\boldsymbol{l}=\sum_{L内} I_i$$

式中的电流是穿过以闭合曲线 L 为边界的任意闭合曲面 S 的传导电流（电荷定向移动形成的电流）。对于非稳恒电流产生的磁场，安培环路定理是否适用？例如在电容器充、放电过程中，在电容器的一个极板附近，任意取一包围载流导线的闭合曲线 L，以 L 为边界作 S_1 和 S_2 两个曲面，如图 18-1 所示，当把安培环路定理应用于曲面 S_1 和曲面 S_2 上时，对于 S_1 曲面，因有传导电流 I 穿过曲面，故有

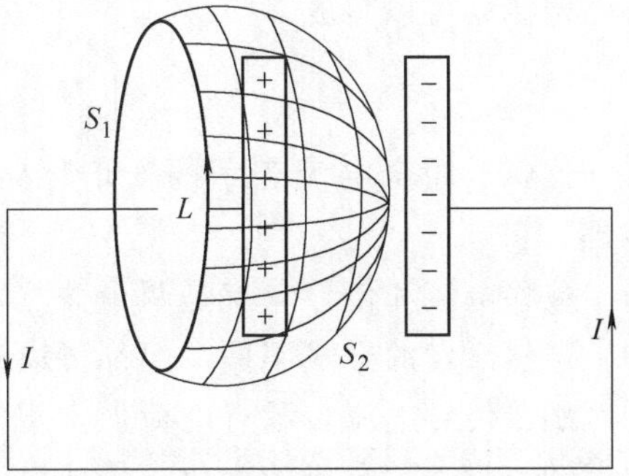

图 18-1　电容器充、放电过程时的环路定理

$$\oint_L \boldsymbol{H}\cdot \mathrm{d}\boldsymbol{l}=I$$

而对于曲面 S_2，它延展到电容器两极板之间，不与载流导线相交，则穿过该曲面的传导电流为零，因此有

$$\oint_L \boldsymbol{H} \cdot \mathrm{d}\boldsymbol{l} = 0$$

于是，在非稳恒电流产生的磁场中，把安培环路定理应用于同一闭合曲线 L 为边界的不同曲面时，得到完全不同的结果。

麦克斯韦认为以上矛盾的出现，是由于把 H 的环流认为唯一地由传导电流决定的，而传导电流在电容器两极板间却中断（不连续）了。在电容器充、放电过程中，虽然电容器两极板之间没有传导电流，却存在着电场，电容器极板上的自由电荷 q 随时间变化形成传导电流的同时，极板间的电场、电位移矢量也随时间变化着。设极板的面积为 S，某时刻极板上自由电荷面密度为 σ，则电位移矢量大小为 $D=\sigma$，于是极板间的电位移通量为

$$\Phi_D = DS = \sigma S$$

电位移通量随时间的变化率为

$$\frac{\mathrm{d}\Phi_D}{\mathrm{d}t} = \frac{\mathrm{d}}{\mathrm{d}t}(\sigma S) = \frac{\mathrm{d}q}{\mathrm{d}t} \tag{18-3}$$

式中，$\mathrm{d}q/\mathrm{d}t$ 为导线中的传导电流。由式（18-3）可以看出，穿过 S_2 曲面有与 S_1 曲面的传导电流 $\mathrm{d}q/\mathrm{d}t$ 相等的电位移通量变化率 $\mathrm{d}\Phi_D/\mathrm{d}t$。麦克斯韦引入位移电流假设，认为变化的电场可以等效为一种电流，即位移电流，它和传导电流一样，也可以产生磁场。位移电流的大小为 $\mathrm{d}\Phi_D/\mathrm{d}t$，即

$$I_D = \frac{\mathrm{d}\Phi_D}{\mathrm{d}t} \tag{18-4}$$

引入位移电流后，在电容器极板处中断的传导电流 I 被位移电流 I_D 接替，使得电路中的电流保持连续不断。传导电流和位移电流之和称为全电流，对于任何电路来说，全电流永远是连续的。此时，上述非稳恒电路中不连续的安培环路定律就可以写成

$$\oint_L \boldsymbol{H} \cdot \mathrm{d}\boldsymbol{l} = I + I_D \tag{18-5}$$

这就是用全电流表示的安培环路定理的普遍式，亦称为全电流安培环路定理。

位移电流和传导电流是两个截然不同的概念，只有在激发磁场方面是等效的，虽然激发的方式不同，但都可以激发涡旋磁场。它们在其他方面存在根本的区别：传导电流表示有电荷做宏观定向运动，而位移电流并不表示电荷做定向运动，只表示电场的变化；传导电流通过导体时产生焦耳热，位移电流在导体中是没有这种热效应的。

根据位移电流的定义，电介质、导体和真空中都可以产生位移电流，但通常情况下，电介质中的电流主要是位移电流，传导电流可以忽略不计；而导体中的电流主要是传导电流，位移电流可以忽略不计；至于高频电流场合，导体

内的位移电流和传导电流同样起作用，这时就不可以忽略其中任何一个了。

第二节　麦克斯韦方程组

涡旋电场和位移电流的引入，深刻地揭示了电现象和磁现象的内在联系，反映了自然界的对称性。麦克斯韦将电磁现象的实验定律加以总结和推广，得到了麦克斯韦方程组，提出了电磁场的基本理论，使之适用于一般的电磁场。

一、电场的规律和特性

电场有电荷（自由电荷或极化电荷）产生的静电场和变化的磁场产生的涡旋电场两种。表征静电场性质的两个定理的形式是

$$\oiint_S \boldsymbol{D}_1 \cdot \mathrm{d}\boldsymbol{S} = \sum_{\text{自由电荷}} q$$

$$\oint_L \boldsymbol{E}_1 \cdot \mathrm{d}\boldsymbol{l} = 0$$

表征涡旋电场性质的两个定理的形式是

$$\oiint_S \boldsymbol{D}_2 \cdot \mathrm{d}\boldsymbol{S} = 0$$

$$\oint_L \boldsymbol{E}_2 \cdot \mathrm{d}\boldsymbol{l} = -\iint_S \frac{\partial \boldsymbol{B}}{\partial t} \cdot \mathrm{d}\boldsymbol{S}$$

如果空间某一区域同时存在这两种电场,则反映合成电场性质的定理可写为

$$\oiint_S \boldsymbol{D} \cdot \mathrm{d}\boldsymbol{S} = \oiint_S (\boldsymbol{D}_1 + \boldsymbol{D}_2) \cdot \mathrm{d}\boldsymbol{S} = \sum_{\text{自由电荷}} q \tag{18-6}$$

$$\oint_L \boldsymbol{E} \cdot \mathrm{d}\boldsymbol{l} = \oint_L (\boldsymbol{E}_1 + \boldsymbol{E}_2) \cdot \mathrm{d}\boldsymbol{l} = -\iint_S \frac{\partial \boldsymbol{B}}{\partial t} \cdot \mathrm{d}\boldsymbol{S} \tag{18-7}$$

二、磁场的规律和特性

磁场有传导电流产生的磁场和位移电流产生的磁场两种。表征传导电流产生磁场性质的两个定理的形式是

$$\oiint_S \boldsymbol{B}_1 \cdot \mathrm{d}\boldsymbol{S} = 0$$

$$\oint_L \boldsymbol{H}_1 \cdot \mathrm{d}\boldsymbol{l} = \sum I = \iint_S \boldsymbol{j} \cdot \mathrm{d}\boldsymbol{S}$$

表征位移电流产生磁场性质的两个定理的形式是

$$\oiint_S \boldsymbol{B}_2 \cdot \mathrm{d}\boldsymbol{S} = 0$$

$$\oint_L \boldsymbol{H}_2 \cdot \mathrm{d}\boldsymbol{l} = \sum I_D = \iint_S \frac{\partial \boldsymbol{D}}{\partial t} \cdot \mathrm{d}\boldsymbol{S}$$

如果空间某一区域同时存在这两种磁场，则反映合成磁场性质的定理可写为

$$\oiint_S \boldsymbol{B} \cdot \mathrm{d}\boldsymbol{S} = \oiint_S (\boldsymbol{B}_1 + \boldsymbol{B}_2) \cdot \mathrm{d}\boldsymbol{S} = 0 \tag{18-8}$$

$$\oint_L \boldsymbol{H} \cdot \mathrm{d}\boldsymbol{l} = \oint_L (\boldsymbol{H}_1 + \boldsymbol{H}_2) \cdot \mathrm{d}\boldsymbol{l} = \sum I + I_D = \iint_S \left(\boldsymbol{j} + \frac{\partial \boldsymbol{D}}{\partial t}\right) \cdot \mathrm{d}\boldsymbol{S} \tag{18-9}$$

式（18-6）、式（18-7）、式（18-8）和式（18-9）以积分形式系统完整地概括了电磁场的规律和特征，称为麦克斯韦方程组的积分形式。它也是由宏观电磁现象总结出来的，是宏观电磁场理论的基础，并经受了实践的检验，对科学实践起着广泛的指导作用。

体系完整的麦克斯韦方程组的积分形式为

$$\begin{cases} \oiint_S \boldsymbol{D} \cdot \mathrm{d}\boldsymbol{S} = \sum\limits_{\text{自由电荷}} q \\ \oint_L \boldsymbol{E} \cdot \mathrm{d}\boldsymbol{l} = -\iint_S \dfrac{\partial \boldsymbol{B}}{\partial t} \cdot \mathrm{d}\boldsymbol{S} \\ \oiint_S \boldsymbol{B} \cdot \mathrm{d}\boldsymbol{S} = 0 \\ \oint_L \boldsymbol{H} \cdot \mathrm{d}\boldsymbol{l} = \iint_S \left(\boldsymbol{j} + \dfrac{\partial \boldsymbol{D}}{\partial t}\right) \cdot \mathrm{d}\boldsymbol{S} \end{cases} \tag{18-10}$$

根据矢量分析，可将积分形式的麦克斯韦方程组变换为

$$\begin{cases} \nabla \cdot \boldsymbol{D} = \rho_0 \\ \nabla \times \boldsymbol{E} = -\dfrac{\partial \boldsymbol{B}}{\partial t} \\ \nabla \cdot \boldsymbol{B} = 0 \\ \nabla \times \boldsymbol{H} = \boldsymbol{j} + \dfrac{\partial \boldsymbol{D}}{\partial t} \end{cases} \tag{18-11}$$

式（18-11）即为麦克斯韦方程组的微分形式。

麦克斯韦方程组加上介质的三个电磁性质方程

$$\boldsymbol{D} = \varepsilon_0 \varepsilon_r \boldsymbol{E} \tag{18-12}$$

$$\boldsymbol{B} = \mu_0 \mu_r \boldsymbol{H} \tag{18-13}$$

$$\boldsymbol{j} = \sigma \boldsymbol{E} \tag{18-14}$$

构成阐述电磁场性质的完备方程组（式中的 σ 为电导率）。

麦克斯韦方程组的积分形式（18-10）是对于一个有限大小的闭合曲面或闭合积分环路等宏观范围内适用的，不能直接表示出电磁场空间中某一点上各场量之间的相互关系。而麦克斯韦方程组的微分形式（18-11）更能深刻地反映电磁场规律的本质。

麦克斯韦电磁场理论只在宏观实验所能达到的范围内适用，在微观领域里，

它遇到了不可克服的困难，从而发展了更为普遍的量子电动力学。

第三节　电　磁　波

一、电磁波的产生与传播

1865 年，英国物理学家麦克斯韦提出了电磁波的理论，认为变化的电场和变化的磁场联系在一起，形成统一的电磁场，空间某区域中电场发生变化，则在其邻近的区域激发变化的磁场，这个变化的磁场又要在较远的区域激发新的变化电场，如此继续下去，变化的电场和变化的磁场互相转化，互相激励，交替产生，使得电磁场以一定的速度由近及远地传播出去。这种变化的电磁场以一定速度在空间的传播，就形成了电磁波。麦克斯韦不但预言了电磁波的存在，还推导出电磁波的传播速度就是光速，提出了光的电磁理论，认为可见光是一种电磁波。

1887 年，德国物理学家赫兹用实验证实了电磁波的存在，并且证明了电磁波也跟光波一样，具有反射、折射、干涉、衍射等性质。他还通过干涉实验测出了一定频率的电磁波的波长，计算出了电磁波的波速，结果跟麦克斯韦关于电磁波的波速等于光速的预言符合得相当好，从而证明了麦克斯韦的电磁理论是正确的。

电磁波的产生与机械波一样，也需要一个波源，即变化的电场或磁场。但电磁波的传播不像机械波那样要靠弹性媒质，电磁波是依靠电场和磁场的相互激励而传播的，当最早的振源停止振动后，较远处的电磁场仍在变化，并向更远处传播，因此电磁波能脱离振源而独立存在；电磁波是电磁场的传播，电磁场的传播过程实际上是电磁场能量的传播过程，电磁场的能量等于电场能量和磁场能量之和。

二、电磁波的性质

任何形式的波都可以用频率不同的简谐波叠加来表示，电磁波也不例外。电磁波是可以利用电场强度 $\boldsymbol{E}$ 与磁场强度 $\boldsymbol{H}$ 描述的矢量波，在远离波源的自由空间中传播的电磁波可近似看成是平面波，平面简谐电磁波的电场强度 E 和磁场强度 H 可分别表示为

$$E(r,t)=E_0\cos\omega\left(t-\frac{r}{u}\right) \tag{18-15}$$

$$H(r,t)=H_0\cos\omega\left(t-\frac{r}{u}\right) \tag{18-16}$$

式中，E_0 和 H_0 分别是场强矢量 $\boldsymbol{E}$ 和 $\boldsymbol{H}$ 的振幅；ω 是电磁波的角频率，其值由波源频率决定；r 为坐标原点到电磁场中场点的矢径的长度；u 为电磁波在均匀介质中传播的速率。理论与实践都证明，平面简谐电磁波具有以下基本性质：

1）电磁波场强矢量 $\boldsymbol{E}$ 和 $\boldsymbol{H}$ 在同一点同时存在，具有相同的相位，都以相同的速度传播。

2）$\boldsymbol{E}$ 和 $\boldsymbol{H}$ 相互垂直，且两者都与波的传播方向垂直，$\boldsymbol{E}$、$\boldsymbol{H}$、$\boldsymbol{u}$ 三者满足右手螺旋关系，表明电磁波是横波；$\boldsymbol{E}$ 和 $\boldsymbol{H}$ 各自与波的传播方向构成的平面称为 $\boldsymbol{E}$ 的振动面和 $\boldsymbol{H}$ 的振动面，$\boldsymbol{E}$ 和 $\boldsymbol{H}$ 分别在各自的振动面内振动，这个特性称为偏振性；只有横波才具有偏振性。

3）在空间任一点处，$\boldsymbol{E}$ 和 $\boldsymbol{H}$ 之间在量值上有下列关系

$$\sqrt{\varepsilon}E=\sqrt{\mu}H \tag{18-17}$$

式（18-17）中 $\varepsilon=\varepsilon_r\varepsilon_0$，$\mu=\mu_r\mu_0$，分别为电磁波所在介质的介电常数和磁导率。

4）电磁波的传播速率决定于介质的介电常数和磁导率，数值关系为

$$u=\sqrt{\frac{1}{\varepsilon\mu}} \tag{18-18}$$

在真空中，$\varepsilon_r=1$，$\mu_r=1$，电磁波的传播速率 c 由 ε_0 和 μ_0 的值计算可得

$$c=\sqrt{\frac{1}{\varepsilon_0\mu_0}}=2.9979\times10^8\,\mathrm{m\cdot s^{-1}} \tag{18-19}$$

光速的实验值与上述个公式计算的值符合得很好。1983 年，国际计量大会决定采用的真空中的速率 c 值为 $2.99792458\times10^8\,\mathrm{m\cdot s^{-1}}$。

5）电磁波在两种不同介质的分界面上要发生反射和折射的现象。电磁波在真空中的速率 c 与在某种介质中的速率 u 之比 n 称为该介质的绝对折射率，简称折射率，即

$$n=\frac{c}{u}=\sqrt{\varepsilon_r\mu_r} \tag{18-20}$$

对非铁磁性介质，$\mu_r\approx1$，所以折射率 n 约为 $n=\sqrt{\varepsilon_r}$。

三、电磁波谱

麦克斯韦的电磁理论告诉我们，电磁波的频率范围相当宽广，它包括无线电波（长波、调幅广播波带、调频电视波带、短波）、微波、红外线、可见光、紫外线、X 射线（也叫伦琴射线）以及比 X 射线波长还要短的 γ 射线等，其中以无线电的波长最长，宇宙射线的波长最短。人们按照波长从小到大（或频率从高到低）的顺序把这些电磁波依次排列起来，就是电磁波谱（图 18-2）。无线电波 3000m～0.3mm，红外线 0.3mm～0.75 μm，可见光 0.7～0.4 μm，紫外线

0.4μm～10nm，X射线 10～0.1nm，γ射线 0.1～0.001nm，宇宙射线小于 0.001nm。

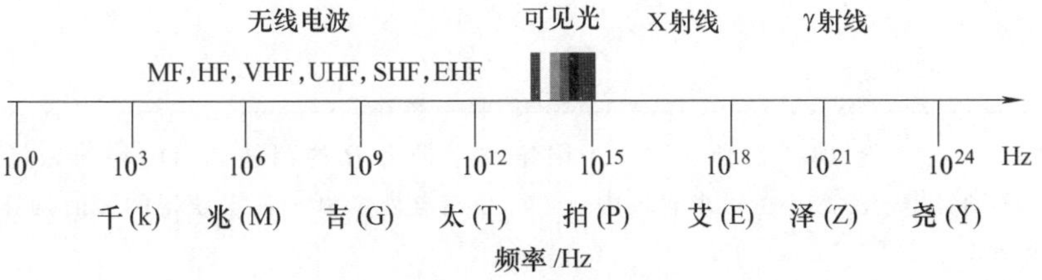

图 18-2　电磁波谱

从无线电波到γ射线，都是本质上相同的电磁波，它们传播时都服从共同的规律。但另一方面，由于它们的频率（或波长）不同，又表现出不同的个性。例如，波长较长的无线电波很容易出现干涉、衍射等现象，但对波长越来越短的可见光、紫外线、X射线、γ射线，要观察到它们的干涉、衍射现象就越来越困难了。

实际中用的无线电波是从波长约几千米（频率为几百千赫）开始的。波长 3000～50m（频率 100kHz～6MHz）的属于中波段；波长 50～10m（频率 6～30MHz）的为短波；波长 10m～1cm（频率 30～30000MHz）甚至达到 1mm（频率为 3×10^5MHz）以下的为超短波（或微波）。有时按照波长的数量级大小也常出现米波、分米波、厘米波、毫米波等名称。中波和短波用于无线电广播和通信，微波用于电视和无线电定位技术（雷达）。

可见光的波长范围很窄，从可见光向两边扩展，波长比它长的称为红外线，波长比它短的称为紫外线。红外线的热效应特别显著，紫外线有显著的化学效应和荧光效应。红外线和紫外线都是人类看不见的，只能利用特殊的仪器来探测。近年来，一方面由于超短波无线电技术的发展，无线电波的范围不断朝波长更短的方向发展；另一方面由于红外技术的发展，红外线的范围不断朝波长更长的方向扩展。目前超短波和红外线的分界已不存在，其范围有一定的重叠。

电磁波谱中上述各波段主要是按照得到和探测它们的方式不同来划分的。随着科学技术的发展，各波段都已冲破界限与其他相邻波段重叠起来，人们对各个波段电磁波的认识和应用也越来越深入，越来越广泛。

思　考　题

18-1　变化的电场所产生的磁场是否一定随时间变化？变化的磁场产生的电场是否一定随时间变化？试举例说明。

18-2　位移电流是怎样定义的？什么是全电流？试证明位移电流具有电流的量纲式。

18-3　试比较位移电流和传导电流的异同点。

18-4　试述麦克斯韦电磁场理论的基本观点和方程组的物理意义。

18-5　何谓电磁波谱？各种电磁波的特性如何？

习　题

18-1　如习题 18-1 图所示，一个限定在半径为 R 的圆柱体内的均匀磁场 $\boldsymbol{B}$ 以 0.01T/s 的恒定速率减小。试求磁场中 a、b、c 三点处的电子各自获得的瞬时加速度的大小和方向。

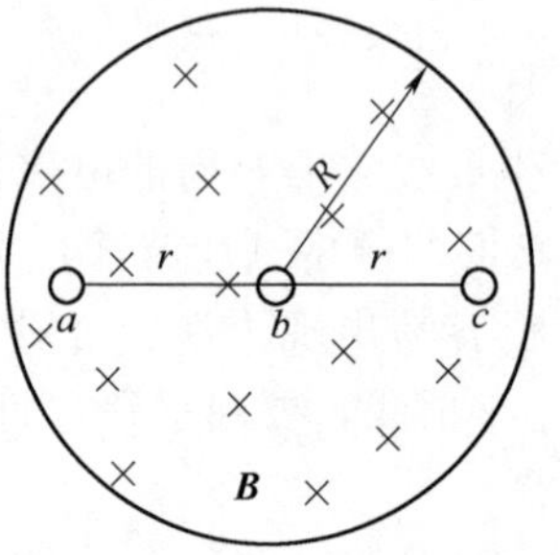

习题 18-1 图

18-2　被限定于直径 0.5m 的圆柱形区域内的均匀磁场，磁场对时间的变化率为 10^{-2}T/s。试计算离开中心距离为 0.1m、0.5m 和 1m 各处的涡旋电场的电场强度。

18-3　在一对巨大的圆形极板上加以频率为 50Hz、峰值为 1.74×10^{5}V 的交变电压，已知圆形极板的电容为 1pF。求极板间位移电流的最大值。

18-4　真空中平面电磁波的电场强度幅值 E_0 为 30V/m，波长为 0.03m，求：(1) 电磁波的频率；(2) 磁感应强度幅值 B_0。

18-5　平行板电容器的电容 C 为 20.0μF，两板上的电压变化率为 $\mathrm{d}U/\mathrm{d}t=1.50\times10^{5}\,\mathrm{V\cdot s^{-1}}$，试求该平行板电容器中的位移电流。

18-6　当电磁波在自由空间传播时，电场强度 $\boldsymbol{E}$ 和磁场强度 $\boldsymbol{H}$

(A) 在垂直于传播方向的同一条直线上。

(B) 朝互相垂直的两个方向传播。

(C) 互相垂直，且都垂直于传播方向。

(D) 有相位差 $\frac{1}{2}\pi$。　　[　]

18-7　电磁波的电场强度 $\boldsymbol{E}$、磁场强度 $\boldsymbol{H}$ 和传播速度 $\boldsymbol{u}$ 的关系是：

(A) 三者互相垂直，而 $\boldsymbol{E}$ 和 $\boldsymbol{H}$ 相位相差 $\frac{1}{2}\pi$。

(B) 三者互相垂直，而且 $\boldsymbol{E}$、$\boldsymbol{H}$、$\boldsymbol{u}$ 构成右旋直角坐标系。

(C) 三者中 $\boldsymbol{E}$ 和 $\boldsymbol{H}$ 是同方向的，但都与 $\boldsymbol{u}$ 垂直。

(D) 三者中 $\boldsymbol{E}$ 和 $\boldsymbol{H}$ 可以是任意方向的，但都必须与 $\boldsymbol{u}$ 垂直。　　[　]

第六篇　近代物理学

第十九章　光的量子性

19 世纪末，在物理学家中普遍存在一种乐观的情绪，认为对复杂的物理现象的本质认识已经完成，力学、电磁学、热力学和统计物理等已经相继建立起来。1871 年麦克斯韦在剑桥大学演讲中提到：在几年中，所有重要的物理常数将被近似估计出来……给世界留下的只是提高这些常数的观测值的精度。据统计，在 1890～1900 年的 10 年间，充斥物理学期刊的是：各种元素光谱线波长数据的原子光谱，各种物质属性的测量结果，如黏滞性、弹性、电导率、热导率、膨胀系数、折射率等。

19 世纪的最后一个除夕之夜，欧洲物理学家欢聚一堂辞旧迎新，英国物理学家威廉·汤姆逊（开尔文勋爵）祝新年贺词时回忆说，物理学的大厦已落成，但是美丽而晴朗的天空上飘着两朵乌云：一朵乌云是关于迈克尔孙-莫雷实验结果与以太的矛盾，另一朵乌云是关于黑体辐射中出现的紫外灾难。现在我们知道，拨开这两朵乌云见到晴天的贡献，分别由爱因斯坦创立的相对论和一批年轻物理学家创立的量子力学做出。在前面章节中，通过对光的干涉、衍射、偏振等知识的学习，我们认识到光的波动特性，本章以热辐射、光电效应和康普顿效应为基础，建立光的量子特性。人们在认识光的过程中历经了牛顿的微粒说和惠更斯、托马斯·杨等人的波动学说之后，由爱因斯坦和康普顿等人逐步认识到光的粒子性，前后历经三百多年，最终认识到光具有波粒二象性。

第一节　黑体辐射　普朗克量子假说

一、热辐射　绝对黑体辐射定律

实验表明，任何物体在任何温度下都在不断地向周围空间发射电磁辐射，其辐射波谱是连续分布的。在室温下，物体单位时间内辐射的能量很少，辐射波谱大多分布在波长较长的区域。随着温度的升高，单位时间内辐射的能量迅速增加，辐射能中短波部分所占比例逐渐增大。例如，把一根铁棒插入炉火中，它被烧得通红。起初在温度不太高时，我们看不到铁棒发光，却可以在身体表面（尤其是鼻子）附近感觉到铁棒辐射出来的热量。随着温度的升高，我们不仅会感觉到铁棒辐射热量的迅速增长，还会看到铁棒开始发光，它的颜色由暗红逐渐转为橙红。如果炉温足够高，我们还可以看到铁棒发出黄中泛白的颜色。这种现象其实是物质共有的特性，随着物质温度的升高，不仅单位时间内辐射的能量迅速增加，而且辐射电磁波中可见光成分逐渐显著，物体由暗红色，逐渐变为赤红、黄、白、蓝白色等。物质的这种由其温度所决定的电磁辐射称为热辐射。

物体在辐射电磁波的同时，也吸收投射到它表面的电磁波。当辐射和吸收达到平衡时，物体的温度不再变化而处于热平衡状态，这时的热辐射称为平衡热辐射。

投射到物体表面的电磁波将被不透明的物体吸收、反射和透射。我们把能够全部吸收各种波长的辐射能、完全不发生反射和透射、且能发射各种波长的热辐射能的物体称为绝对黑体，简称黑体。黑体是对热辐射现象进行理论研究的理想模型，一定满足吸收率为 1，反射率为 0，它与物体的温度和入射到黑体上的电磁波波长无关。在自然界中并不存在绝对黑体，黑色的烟煤，因其吸收系数接近 99%，被认为是最接近绝对黑体的自然物质，太阳也被看作是接近黑体辐射的辐射源。在相同温度下，黑体的吸收本领最大，因而也可达到最大的发射。实际中，用不透明材料制成带有小孔的空腔物体作为黑体的模型。如图 19-1 所示，如果有一束电磁波从小孔射入空腔，将在空腔内壁上多次吸收和反射，而很难有机会再从小孔射出，因此，这个空腔上的小孔表面就相当于黑体。

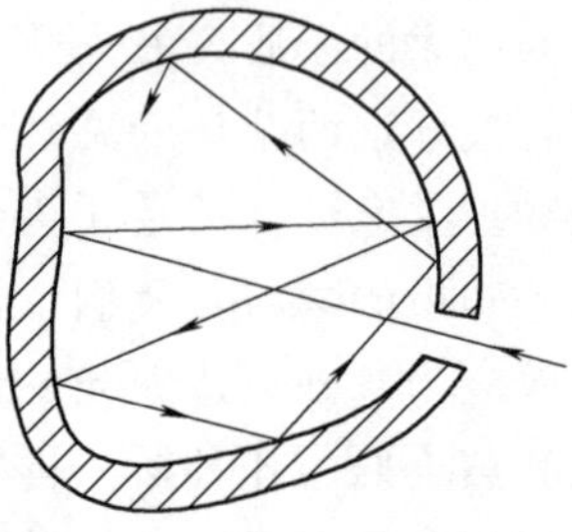

图 19-1　带有小孔的空腔作为黑体的模型

在日常生活中，白天遥望远处楼房的窗口，会发现窗口特别幽暗，这就类似于黑体。因为光线进入窗口后，经过墙壁多次反射吸收，很少再从窗口射出之缘故。在金属冶炼炉上开一个观测炉温的小孔，小孔也近似于一个绝对黑体的表面。

黑体在确定温度下，单位时间内从黑体表面单位面积上发射出波长为 $\lambda \sim (\lambda + d\lambda)$ 之间的电磁波能量 dM（能流密度）与波长间隔 $d\lambda$ 成正比，写成等式即为

$$dM = M(\lambda, T)\,d\lambda$$

式中，$M(\lambda, T)$ 称为单色辐射度（也称为单色发射本领），表示在某一特定温度下，单位时间从单位面积上发射出波长为 $\lambda \sim (\lambda + d\lambda)$ 间隔内的电磁能量，它反映了在不同温度下物体的热辐射能按波长的分布情况。在国际单位制中，单色辐射度的单位是瓦每立方米（W/m^3）。

对于黑体而言，$M(\lambda,T)$仅与波长λ和温度T有关，与其材料、大小、形状以及材料表面状况等无关。加热空腔，使它保持温度为T的状态，则从小孔发出的辐射就可看成是一个温度为T、表面积与小孔相等的绝对黑体发出的平衡热辐射。对所有发射的各种波长来说，总辐射能量密度为

$$M(T)=\int \mathrm{d}M=\int_0^{\infty} M(\lambda,T)\mathrm{d}\lambda \tag{19-1}$$

在研究黑体辐射的过程中，由实验结果总结出如下三条定律：

1. 斯忒藩-玻耳兹曼定律（Stefan-Boltzmann law）

由图19-2可见，黑体在热力学温度T下所发射的总辐射能量密度与热力学温度T的四次方成正比，即

$$M(T)=\sigma T^4 \tag{19-2}$$

式中，$\sigma=5.67\times10^{-8}\,\mathrm{W/m^2\cdot K^4}$叫斯忒藩-玻耳兹曼常量。根据式（19-2）测量出某温度下所有波长的总辐射能量密度，便可求出热力学温度T。辐射高温计就是利用这一原理来测量绝对黑体的温度。

由斯忒藩-玻耳兹曼定律看出，辐射能随热力学温度增高迅速增大，例如，热力学温度增大1倍，辐射能就增大16倍。因此，要达到非常高的温度，就需要大量的能量，以克服热辐射损失。

2. 维恩位移定律（Wien′s displacement law）

从图19-2可见，黑体辐射中，对每一条特定温度的热辐射曲线，$M(\lambda,T)$随波长的变化都有一个最大值，即最大发射本领，辐射谱强度最大处的波长λ_m与热力学温度的关系为

$$\lambda_m T=b \tag{19-3}$$

式中，常数$b=2898\mu\mathrm{m\cdot K}$。

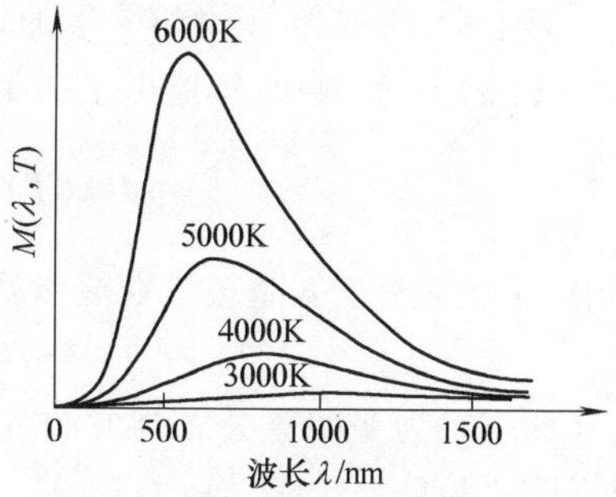

图19-2　黑体辐射能量随温度和波长的分布

天文学家根据维恩位移定律测定恒星的温度。例如，利用测得的太阳光谱，找出其峰值波长在绿色区域，$\lambda_m=0.47\mu\mathrm{m}$，由维恩位移定律就可得太阳表面的温度为

$$T_s=\frac{2898}{0.47}\mathrm{K}=6166\mathrm{K}$$

利用斯忒藩-玻耳兹曼定律，可算出太阳表面的辐出能流密度为

$$M(T)=\sigma T^4=5.67\times10^{-8}\times(6166)^4\,\mathrm{W/m^2}=8.20\times10^7\,\mathrm{W/m^2}$$

3. 瑞利-金斯定律（Rayleigh-Jeans law）

上面两条黑体辐射规律是通过实验得到的。物理学家需要从理论上找出符合实验曲线的$M(\lambda,T)$函数关系式，也就是需要找出$M(\lambda,T)$随温度和波长变化

的具体函数形式。瑞利和金斯曾根据经典电动力学和统计物理学各自得出了黑体辐射能量分布公式，后来称之为瑞利-金斯定律公式

$$M(\lambda,T)\mathrm{d}\lambda=\frac{2\pi c}{\lambda^4}kT\mathrm{d}\lambda \tag{19-4}$$

式中，c 为光速；k 为玻耳兹曼常数，$k=1.38\times10^{-23}\,\mathrm{J/K}$。从图 19-3 所示的黑体辐射能量分布曲线可见，瑞利-金斯公式在长波部分与实验结果较为吻合，而在短波（高频）部分完全不符。当波长越短（频率越高）时，黑体辐射的单色发射本领 $M(\lambda, T)$将随着频率的增高而趋于“无穷大”，这就是通常所说的“紫外灾难”（ultraviolet catastrophe）。瑞利-金斯定律是在经典物理学的基础上提出来的，它也明显地暴露出经典物理学的缺陷。因此，英国物理学家开尔文说，黑体辐射实验是物理学晴朗天空上一朵令人不安的乌云。

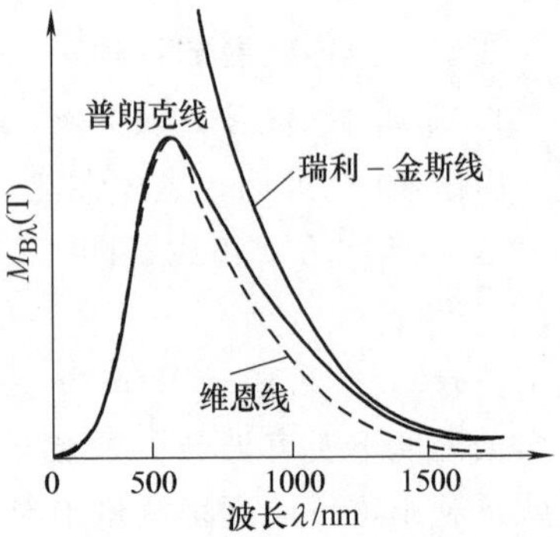

图 19-3 黑体辐射能量分布曲线

二、普朗克量子假设

1. 普朗克黑体辐射公式

为了得到与实验相吻合的 $M(\lambda, T)$ 理论值，德国物理学家普朗克（M. Planck）于 1900 年提出了一个全新的$M(\lambda,T)$表达式，其形式为

$$M(\lambda,T)\mathrm{d}\lambda=\frac{2\pi hc^2}{\lambda^5}\,\frac{\mathrm{d}\lambda}{\mathrm{e}^{hc/\lambda kT}-1} \tag{19-5}$$

式中，c 是光速；k 是玻耳兹曼常数；h 是普朗克常量，h 的值为

$$h=6.63\times10^{-34}\,\mathrm{J\cdot s}$$

式（19-5）为普朗克公式，它与实验结果符合得很好。如果用频率表示，则普朗克公式为

$$M(\nu,T)\mathrm{d}\nu=\frac{8\pi h\nu^3}{c^2}\,\frac{\mathrm{d}\nu}{\mathrm{e}^{h\nu/kT}-1} \tag{19-6}$$

在频率低时，$h\nu\ll kT$，普朗克公式可以蜕化成瑞利-金斯定律公式，在频率高时，$h\nu\gg kT$，普朗克公式可以蜕化成维恩定律的公式。

2. 能量子假说

普朗克在 1900 年 12 月 14 日提出能量子假设：组成黑体腔壁的分子或原子可视为带电的线性谐振子，这些谐振子和空腔中的辐射场相互作用过程中吸收和发射的能量是量子化的，能量只能取一些分立值：ε、2ε、3ε、…、$n\varepsilon$。一个

频率为 ν 的谐振子，吸收和发射能量的最小值 $\varepsilon=h\nu$，称为能量子（或量子，quantum of energy）。其中，n 为正整数，称为量子数，h 是普朗克常量。这一能量分立的概念，称为能量量子化。

按照这个假设，一个频率为 ν 的谐振子的最小能量是 $h\nu$，它在与周围的辐射场交换能量时，只能整个地吸收或放出一个个能量子。

普朗克的能量子假设突破了经典物理学的观念，第一次提出了微观粒子具有分立的能量值，打开了人们认识微观世界的大门，在物理学发展史上起了划时代的作用。能量是一份一份的，而不是连续的，就像物质是由原子、分子组成的一样。这就是量子论的开端，1900 年 12 月 14 日被认为是量子物理的诞生日。在此基础上，经过许多人的努力，逐步认识了辐射的粒子性、描述微观粒子（分子、原子、电子等）的一些物理量具有量子化特性，最终形成了反映微观粒子运动规律的量子物理学。

3. 普朗克理论与经典理论比较

(1) 经典理论的基本观点认为

1) 电磁波辐射来源于带电粒子的振动，电磁波频率与带电粒子振动频率相同。

2) 振子（带电粒子）辐射电磁波含各种波长，是连续的，辐射能量也是连续的。

3) 温度升高，振子振动加强，辐射能量加大。

(2) 普朗克能量子假设　对于频率为 ν 的振子，振子辐射的能量不是连续的，而是分立的，它取的值是某一最小能量 $h\nu$ 的整数倍，即

$$\varepsilon_n=nh\nu \quad (n=1,2,3,\cdots)$$

第二节　光电效应与康普顿效应

一、光电效应

1. 光电效应的实验规律

1887 年，赫兹在做验证电磁波的实验过程中意外地发现，当金属被光照射时，有电子从金属表面逸出，这种现象称为光电效应（photoelectric effect），所逸出的电子称为光电子，由光电子所形成的电流叫光电流。

图 19-4 所示为光电效应的实验装置简图，图中上方为一抽成真空的玻璃管。当光通过石英玻璃窗口照射由金属或其氧化物做成的阴极 K 时，就有光电子从阴极表面逸出。光电子在电场作用下向阳极 A 运动，就形成光电流。实验发现了如下 4 条规律：

1）光电子的最大初动能和入射光的频率成线性关系。

2）只有当入射光的频率大于某一值 ν_0 时，才能从金属表面释放电子。如果光的频率低于这个值，则不论光强多大，照射时间多长，都没有光电子产生。

3）光电子能量只与光的频率有关，而与光强无关，光的频率越高，光电子的能量就越大。

4）光电子的逸出几乎是在光照射到金属表面上的同时发生的，延迟时间在 10^{-9} s 以下。即使用极弱的入射光，也是这样。

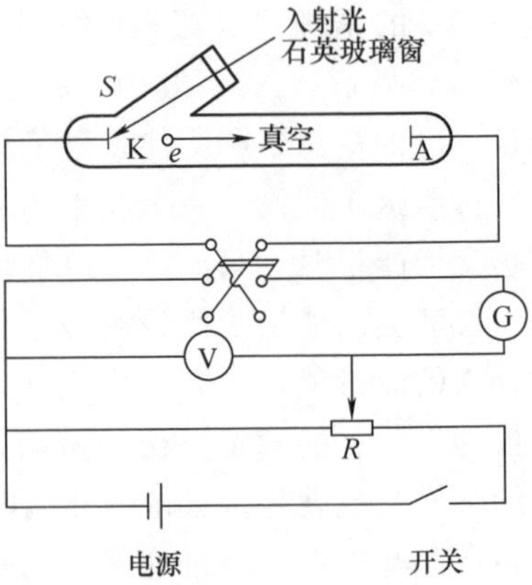

图 19-4　光电效应的实验装置简图

下面基于经典物理的理论来逐一阐述上述实验结论。

1）**遏止电压**：在一定的光照射下，对光电器件阴极与阳极加的电压与所产生的电流之间的关系称为光电管的伏安特性。如图 19-5 所示，当阳极电势大于阴极电势时，在入射光照射下，有光电流产生，而当所加电压反向，即阳极电势低于阴极电势时，仍有光电流产生。只是当此反向电压值大于某一值 U_a（不同金属有不同的 U_a 值）时，光电流才等于零。这一电压值称为遏止电压（stopping potential）。遏止电压的存在说明从阴极逸出的光电子有一个最大动能，当反向电场力做功大于逸出电子的最大动能时，电子无论如何不能到达阳极了。根据能量分析可得电子逸出时的最大初动能和遏止电压 U_c 的关系应为

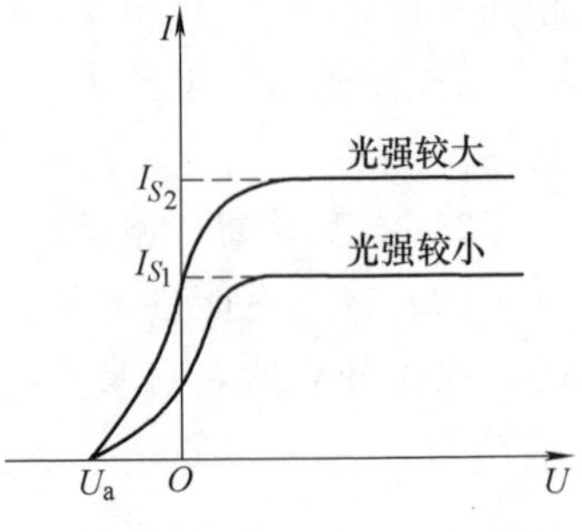

图 19-5　光电效应伏安持性

$$\frac{1}{2}mv_m^2=eU_a \tag{19-7}$$

式中，m 和 e 分别是电子的质量和电荷量；v_m 是光电子逸出金属表面时的最大速度。

2）**饱和电流**：光电流随加在光电管两端的电压 U 变化的曲线叫伏安特性曲线。在一定光强照射下，随着 U 的增大，光电流 I 趋近一个饱和值，参见图 19-5。实验表明，饱和电流与光强成正比。

3）**截止频率**（红限）：利用式（19-7）可以测量光电子的最大初动能。实验结果显示，光电子的最大初动能和入射光的频率成线性关系，而且只有当入射光的频率大于某一值 ν_0 时，金属表面才能释放电子。几种金属的光电子的最

大初动能和入射光频率的线性关系如图19-6所示，直线和横轴的交点就是发生光电效应所需的入射光最小频率，这一频率 ν_0 叫作光电效应的红限频率（cutoff frequency），根据 $\lambda_0=c/\nu_0$ 所确定的对应光波长称为红限波长。不同金属的红限波长不同，表19-1列出了几种金属和半导体的红限频率和逸出功。

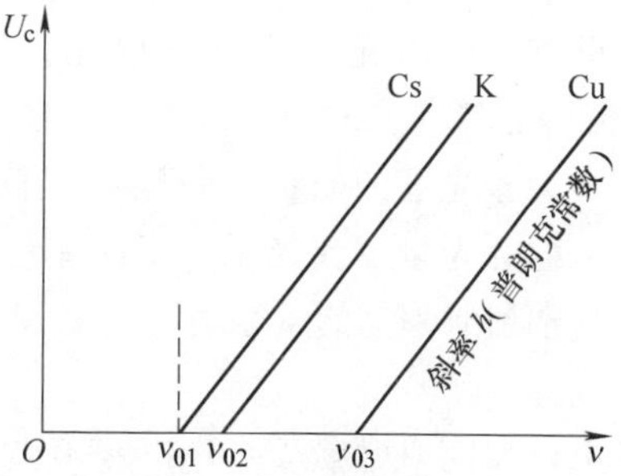

图19-6　光电效应特性

表19-1　几种金属和半导体的红限频率和逸出功

参数＼材料	铯(Cs)	铷(Rb)	钾(K)	钠(Na)	锂(Li)	钙(Ca)	锌(Zn)	铀(U)	铝(Al)	硅(Si)
红限频率/10^{14}Hz	4.69	5.15	5.43	5.53	6.0	6.55	8.06	8.76	9.03	9.90
逸出功/eV	1.94	2.13	2.25	2.29	2.42	2.71	3.34	3.63	3.74	4.10
材料	铜(Cu)	汞(Hg)	钨(W)	锗(Ge)	银(Ag)	硒(Se)	银(Ag)	金(Au)	铂(Pt)	
红限频率/10^{14}Hz	10.80	10.97	10.97	11.01	11.49	11.40	11.55	11.32	15.28	
逸出功/eV	4.47	4.50	4.54	4.56	4.63	4.72	4.78	4.80	6.33	

4）**弛豫时间：**光电效应的实验结果还表明，光电子从金属表面逸出，几乎是在入射光照射到金属表面的同时发生，延迟时间在 10^{-9}s 以下。即使用极弱的入射光也是这样。这一点用经典波动理论不能解释。因为当入射光极弱时，按经典波动理论，金属中的电子必须经过长时间才能从光波中收集和积累到足够的能量而逸出金属表面，而按此理论计算，这一时间值竟然要达到几分钟或更长。

综上所述，按经典物理学中的电磁理论解释光电效应，光的能量只决定于光强，而与光的频率无关。用光的波动理论解释光电效应的实验结果时遇到了困难。

2. 爱因斯坦光子假说和光电效应方程

普朗克在正确解决有关热辐射的电磁波的问题时，只假定了辐射电磁波是带电谐振子，谐振子辐射的能量是量子化的，而辐射本身，作为分布于空间的电磁波，它的能量还被认为是连续分布的。爱因斯坦发展了关于能量量子化的概念，他于1905年发表了三篇著名的科学论文，在“关于光的产生和转换的一个有启发性的观点”的文章中他假定：“从一个点光源发出光线的能量并不是连续分布在逐渐扩大的空间范围内，而是由有限个能量子组成。这些能量子个个都只占据空间的一些点，运动时不分裂，只能以完整的单元产生或被吸收。”在这里首次提出光的能量子单元，1926年刘易斯（G. N. Lewis）定名为“光子（photon）”。

关于光子的能量，爱因斯坦假定：光，是一种以光速运动的粒子流，这种粒子称为光量子或光子。不同颜色的光，其光子的能量不同。一个光子的能量 ε 与其辐射频率 ν 的关系为

$$\varepsilon = h\nu \tag{19-8}$$

式中，普朗克常量 $h=6.63\times10^{-34}\,\mathrm{J\cdot s}$。一束频率为 ν 的单色平行光的光强，等于单位时间垂直通过单位横截面积的光子数目与每一光子能量 $h\nu$ 的乘积，如图19-7所示。

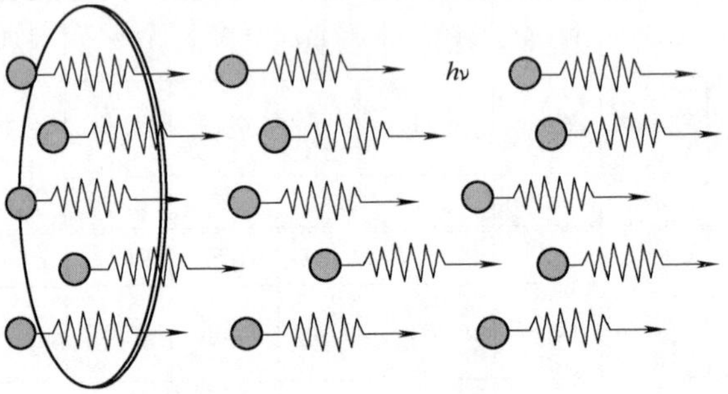

图19-7 光子及光强度

为了解释光电效应，爱因斯坦在1905年提出：“最简单的方法是设想一个光子将它的全部能量给予一个电子”，电子获得此能量后动能就增加了，从而有可能逸出金属表面。以 A 表示电子从金属表面逸出时克服金属内正电荷的吸引力需要做的功（叫逸出功），则由能量守恒可得一个光电子逸出金属表面后的最大初动能应为

$$\frac{1}{2}mv_{\mathrm{m}}^{2} = h\nu - A \tag{19-9}$$

式（19-9）称为光电效应方程。

基于光子概念的光电效应方程式（19-9），完全可以解释光电效应的实验现象：

1）光强越大，光子数就越多，释放的光电子也越多，因而饱和光电流也相应增加。

2）从光电效应方程式（19-9）可见，光电子的初动能和照射光的频率成线性关系。

3）根据光电效应方程式（19-9），当最大初动能为零时，金属表面将不再有光电子逸出，这时入射光的频率就是红限频率 ν_0

$$\nu_0=\frac{A}{h} \tag{19-10}$$

利用式（19-10）可以通过红限频率求出金属的逸出功，部分金属和半导体的逸出功见表 19-1。

4）只要入射光的频率大于红限频率，光电子的逸出不需要时间累积。因为一个电子一次吸收一个具有足够能量的光子而逸出金属表面是不需要多长时间的。

根据图 19-6，实验曲线的斜率就等于 h，因此由实验曲线的斜率可以求出普朗克常量 h。1916 年密立根（R. A. Milikan）对光电效应进行了精确的测量，获得了光的频率和逸出电子能量之间的关系，验证了爱因斯坦的光电效应方程，并精确求出了普朗克常量。我们现在所使用的普朗克常量为

$$h=6.63\times10^{-34}\,\mathrm{J\cdot s} \tag{19-11}$$

就这样，光子概念被证明是正确的因为爱因斯坦提出光子假设，成功解释了光电效应，获得了 1921 年的诺贝尔物理学奖。密立根也因此获得了 1923 年的诺贝尔物理学奖。

为了纪念爱因斯坦关于相对论方面的论文发表 100 周年，2005 年被联合国教科文组织（UNESCO）和联合国大会确定为“国际物理年”，这些论文为相对论、量子力学等物理学领域奠定了基础，使物理学在 20 世纪得到全新的发展。我们相信，物理学将在 21 世纪为经济、技术、文化等方面发挥出更大的重要作用。

3. 光电效应的应用

由于上述光电效应现象发生在物体的表面层，使原子的外层电子产生光电子逸出到物体外，所以称为外光电效应。光照射在物体上，使原子的内层电子产生光电子而从物体中逸出，使物体的电阻率发生变化，或产生光生电动势的现象叫作内光电效应，它多发生于半导体内。根据工作原理的不同，内光电效应分为光电导效应和光生伏特效应两类。

在光作用下，电子吸收光子能量从键合状态过渡到自由状态，从而引起材料电导率的变化，这种现象称为光电导效应。基于这种效应的光电器件有光敏电阻。

在光线作用下能够使物体产生一定方向的电动势的现象叫作光生伏特效应。基于该效应的光电器件有光电池、光敏二极管和光敏三极管。

利用光电效应原理可以制成各种真空光电管。最简单的真空光电管的构造外形如图 19-8 所示，这是一个抽成真空的玻璃小球，内表面上涂有感光层的是阴极 K。用于不同光谱范围的光电管，K 用不同截止频率的物质（例如银、钾、锌等）制成，阳极 A 一般做成圆环形。这种光电管的灵敏度很高，一般用于记录和测量光通量、光信号等。利用如图 19-9 所示的光电倍增管可以将光电流增大 $10^5\sim10^8$ 倍。

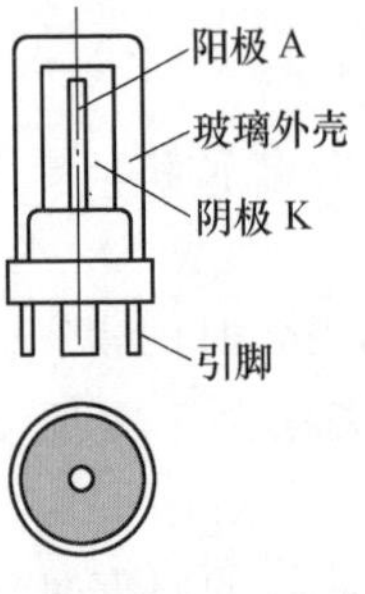

图19-8　光电管

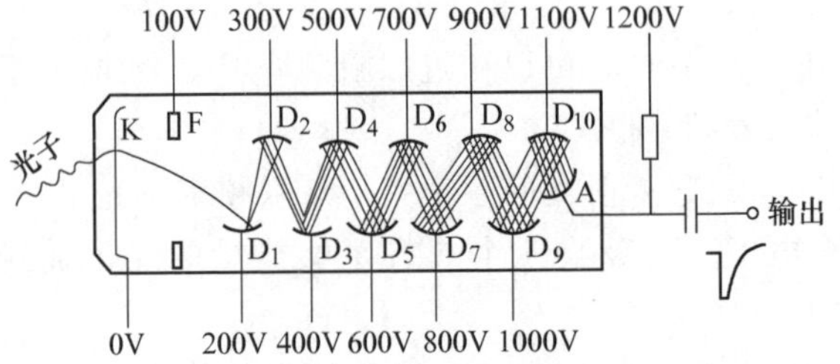

图19-9　光电倍增管

例19-1　求下述几种辐射的光子的能量E、动量p和质量m：(1) $\lambda=700\text{nm}$的红光；(2) $\lambda=7.1\times10^{-2}\text{nm}$的X射线；(3) $\lambda=1.24\times10^{-3}\text{nm}$的γ射线。

解　利用式（19-8）和$p=\dfrac{h}{\lambda}$，$m=\dfrac{E}{c^2}$计算该题。

(1) 对$\lambda=700\text{nm}$的红光光子，计算后得

$E=1.78\text{eV}$，$p=9.47\times10^{-28}\text{kg}\cdot\text{m}\cdot\text{s}^{-1}$，$m=3.16\times10^{-36}\text{kg}$

(2) 对$\lambda=7.1\times10^{-2}\text{nm}$的X射线光子，计算后得

$E=1.75\times10^{4}\text{eV}$，$p=9.34\times10^{-24}\text{kg}\cdot\text{m}\cdot\text{s}^{-1}$，$m=3.11\times10^{-32}\text{kg}$

(3) 对$\lambda=1.24\times10^{-3}\text{nm}$的γ射线光子：

$E=1.00\times10^{6}\text{eV}$，$p=5.35\times10^{-22}\text{kg}\cdot\text{m}\cdot\text{s}^{-1}$，$m=1.78\times10^{-30}\text{kg}$

从上面可见，波长越短的光子，能量越大。

例19-2　当照射光的波长从400nm变到300nm时，对同一金属，在光电效应实验中测得的遏止电压将如何变化？（普朗克常量$h=6.63\times10^{-34}\text{J}\cdot\text{s}$，基本电荷$e=1.602\times10^{-19}\text{C}$）

解　因为光照射到同一种金属上，所以其逸出功相同，将400nm和300nm波长对应的遏止电压分别令为U_{a1}和U_{a2}，对两种波长分别利用光电效应方程

$$h\frac{c}{\lambda_1}=eU_{a1}+A，h\frac{c}{\lambda_2}=eU_{a2}+A$$

两式相减，将$h=6.63\times10^{-34}\text{J}\cdot\text{s}$，$e=1.602\times10^{-19}\text{C}$代入，则可以得出遏止电压的增量为$\Delta U=U_{a2}-U_{a1}=1.035\text{eV}$

例19-3　波长为λ的单色光照射某金属M的表面发生光电效应，发射的光电子（电荷绝对值为e，质量为m）经狭缝S后垂直进入磁感应强度为$\boldsymbol{B}$的均匀磁场（图19-10），测出电子在该磁场中做圆周运动的最大半径为R。求：(1) 金属材料的逸出功A；(2) 遏止电势差U_a。

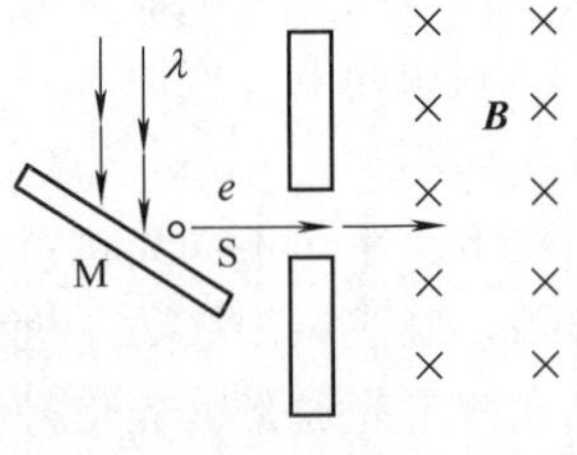

图19-10　例19-3图

解　(1) 电子在磁场中做圆周运动，其向心力就是洛伦兹力，则电子的运动速率满足方程

$$m\frac{v^2}{R}=evB$$

则电子的动能为

$$\frac{1}{2}mv^2=\frac{e^2B^2R^2}{2m}$$

再由光电效应方程

$$h\nu=\frac{1}{2}mv^2+A$$

得到逸出功为

$$A=h\nu-\frac{1}{2}mv^2=h\frac{c}{\lambda}-\frac{e^2B^2R^2}{2m}$$

(2) 由遏止电压 U_a 与动能的关系直接得到：$eU_a=\frac{1}{2}mv^2=\frac{e^2B^2R^2}{2m}$。

例 19-4　在一定条件下，人眼视网膜能够对 5 个蓝绿光光子（$\lambda_1=500\text{nm}$）产生光的感觉，

(1) 此时视网膜上接收的光能量 E 为多少？

(2) 如果每秒钟都能吸收 5 个这样的光子，则到达眼睛的功率 P 多大？

(3) 若换成 $\lambda_2=400\text{nm}$ 的紫光，则功率 P' 为多大？

解　(1) $E=nh\nu=n\frac{hc}{\lambda}=5\times\frac{6.63\times10^{-34}\times3.0\times10^{8}}{500\times10^{-9}}\text{J}=1.99\times10^{-18}\text{J}$

(2) $P=\frac{E}{t}=1.99\times10^{-18}\text{W}$

(3) $P'=\frac{E}{t}=n\frac{hc}{\lambda t}=5\times\frac{6.63\times10^{-34}\times3.0\times10^{8}}{400\times10^{-9}}\text{J}=2.5\times10^{-18}\text{J}$

上述计算说明，在相同条件下，紫光对人眼的作用较强。但从视见函数曲线看，人眼感光的是 550nm 左右的蓝绿光，而感光胶片对紫光感光较强，对彩色摄影来说，一般在摄影镜头的前面均需添加一枚 UV 镜（ultraviolet 紫外滤光片）或天光镜，以吸收紫外线或蓝绿光线，不至使照片偏蓝，从而提高色彩的饱和度。

二、康普顿效应

当光照射到非均匀物体（例如雾、悬浮微粒）上，光就会向各个方向散开，这种现象称为光的散射，相应的光叫作散射光（scattering light）。当 X 射线照

射物体时，也会产生散射现象。康普顿和吴有训在实验中发现，在X射线的散射光线中，其波长除了有与原入射光波长相同的成分外，还有波长较长的成分。这种有波长改变的散射称为康普顿散射，这种效应称为康普顿效应（Compton effect）。如图19-11所示，其中散射光线与入射光线之间的夹角 φ 称为散射角。

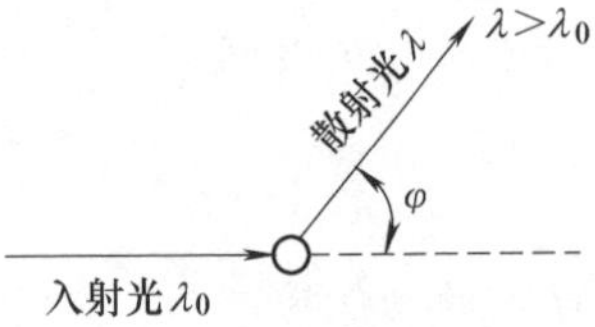

图19-11 康普顿散射示意图

1922～1923年康普顿（A. H. Compton）研究了X射线通过石墨等物质散射的光谱成分。中国物理学家吴有训于1925～1926年在哈佛大学，以精巧的实验技术，做了15种元素的X射线散射光谱图，使物理学界对康普顿效应确信无疑。图19-12是吴有训用银的X射线（$\lambda_0=5.62\text{nm}$）为入射线，以15种轻重不同的元素为散射物质，在同一散射角（120°）测量各种波长的散射光强的实验结果。在康普顿的著作“X-Rays in theory and experiment”（1935）中19处引用了吴有训的研究工作。

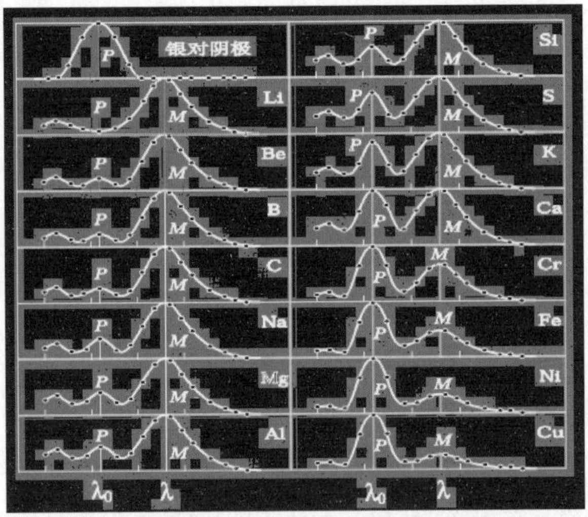

图19-12 吴有训所做的15种元素的X射线散射光谱图

1. 康普顿效应的实验现象

在康普顿效应中发现如下4条实验规律：

1）散射光中不仅有原入射光波长 λ_0，还有波长 λ 大于 λ_0 的射线——这种现象就叫康普顿效应。

2）在相对原子质量小的散射物质中，康普顿散射强度较强，如散射物质为钠（Na），在相对原子质量大的物质中，康普顿散射强度较弱，如铁Fe。

3）散射光与入射光波长的差值 $\lambda-\lambda_0$ 随散射角而异，当散射角增加时，

$\Delta\lambda=\lambda-\lambda_0$ 增加。

4）对同一散射角，所有散射物质的波长改变量 $\Delta\lambda=\lambda-\lambda_0$ 相同。

2. 康普顿效应的解释

根据经典电磁波理论，当电磁波通过物质时，物质中带电粒子将做受迫振动，其频率等于入射光的频率，因此，它所发射的散射光的频率也应等于入射光的频率。因此，用经典理论无法解释散射光波长的改变和散射角的关系，而用光子理论可以圆满地解释康普顿效应。

若光子和散射物外层电子（相当于自由电子）相碰撞，光子有一部分能量传给电子，散射光子的能量减少，频率变低，因此波长变长，这就是康普顿效应的结果。

当光子和被原子核束缚很紧的内层电子相碰撞时，就相当于和整个原子相碰撞，由于光子质量远小于原子质量，碰撞过程中光子传递给原子的能量很少，碰撞前后光子能量几乎不变，故在散射光中仍然保留入射光波长的成分，波长不变。这样，就能解释上述第二条实验现象。

因为碰撞中交换的能量和碰撞的角度有关，所以波长改变和散射角有关。下面利用弹性碰撞的规律来定量解释上述第 3、4 条实验结果。

假设 X 射线的散射是单个光子和单个电子发生弹性碰撞的结果。在固体如各种金属中，有许多和原子核联系较弱的电子可以看作自由电子。由于这些电子的热运动平均动能（约百分之几电子伏特）和入射的 X 射线光子的能量（$10^4\sim10^5$ eV）比起来可以略去不计，因而这些电子在碰撞前可以看作是静止的。如果频率为 ν_0 的入射光子与静止电子进行弹性碰撞，

碰撞前：电子具有静止能量 m_0c^2，动量为零；入射光子具有能量 $h\nu_0$，动量为 $\frac{h\nu_0}{c}\boldsymbol{e}_0$。

碰撞后：电子具有总能量 mc^2，动量为 $m\boldsymbol{v}$；散射光子具有能量 $h\nu$，动量为 $\frac{h\nu}{c}\boldsymbol{e}$，散射角为 ϕ。这里用 $\boldsymbol{e}_0$ 和 $\boldsymbol{e}$ 分别表示碰撞前和碰撞后光子运动方向上的单位矢量，如图 19-13 所示。

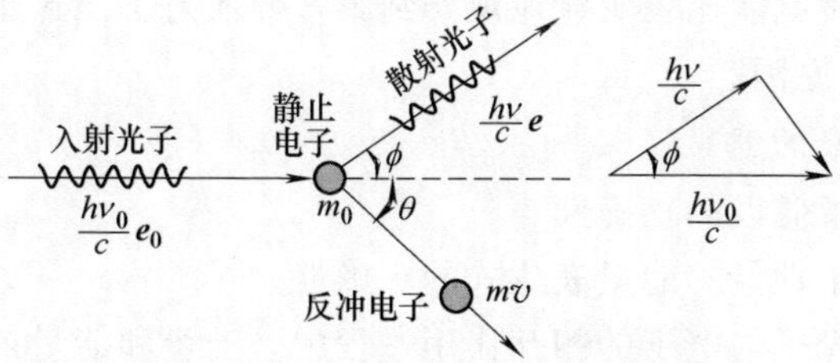

图 19-13 光子与自由电子的碰撞

按照弹性碰撞时能量和动量均守恒，应该有

$$h\nu_0 + m_0 c^2 = h\nu + mc^2 \tag{19-12}$$

$$\frac{h\nu_0}{c}\boldsymbol{e}_0 = \frac{h\nu}{c}\boldsymbol{e} + m\boldsymbol{v} \tag{19-13}$$

考虑到反冲电子的速度可能很大，上两式中考虑了相对论效应中质量的关系$m=m_0\Big/\sqrt{1-\frac{v^2}{c^2}}$。由上述两式可求得散射光波长$\lambda$和入射光波长$\lambda_0$的增量为

$$\Delta\lambda = \lambda - \lambda_0 = \frac{h}{m_0 c}(1-\cos\phi) \tag{19-14}$$

式（19-14）称为康普顿散射公式，式中，$\frac{h}{m_0 c}$具有波长的量纲，称为电子的康普顿波长，以λ_c表示。将普朗克常量h、光速c、电子静止质量m_0的值代入可算出

$$\lambda_c = 2.43\times10^{-3}\,\text{nm} \tag{19-15}$$

它与短波X射线的波长相当。

从上述分析可知，入射光子和电子碰撞时，将其一部分能量传给了电子，因而光子的能量减少，频率降低，波长变长。波长偏移$\Delta\lambda$和散射角ϕ的关系式（19-14）也与实验结果定量地符合。式（19-14）还表明，波长的偏移$\Delta\lambda$与散射物质以及入射X射线的波长λ_0无关，只与散射角ϕ有关，这样就定量地解释了康普顿散射实验的第3、4条结论。

康普顿的散射理论和实验完全相符，曾在量子论的发展中起过重要的作用。它不仅有力地证明了光具有波粒二象性，而且还证明了光子和微观粒子的相互作用过程也严格遵守动量守恒定律和能量守恒定律，也就是说，微观物理规律也照样遵循动量守恒定律和能量守恒定律。

应该指出，康普顿散射只有在入射波的波长与电子的康普顿波长可以相比拟时才显著。例如，入射波波长$\lambda_0=400\text{nm}$时，在$\phi=\pi$的方向上，散射波波长偏移$\Delta\lambda=4.8\times10^{-3}\,\text{nm}$，$\Delta\lambda/\lambda_0=10^{-5}$。在这种情况下很难观察到康普顿散射。而当入射光波长为$\lambda_0=0.05\text{nm}$、$\phi=\pi$时，虽然波长的偏移仍为$\Delta\lambda=4.8\times10^{-3}\,\text{nm}$，但$\Delta\lambda/\lambda_0\approx10\%$，这时就能比较明显地观察到康普顿散射了，这也就是选用X射线观察康普顿散射的原因。

3. 康普顿效应的意义

1）证明了光子假设的正确性。

2）证明了光子动量、能量表达式的正确性。

3）证明了在光子与电子的相互作用过程中，动量和能量依然守恒。

康普顿因发现康普顿效应而获得了1927年的诺贝尔物理学奖。

4. 康普顿效应与光电效应的异同

康普顿效应与光电效应都涉及光子与电子的相互作用。

在光电效应中，入射光为可见光或紫外线，其光子能量为 eV 数量级，与原子中电子的束缚能相差不远，光子能量全部交给电子使之逸出，并具有初动能。光电效应证实了此过程服从能量守恒定律。

在康普顿效应中，入射光为 X 射线或 γ 射线，从例（19-1）式可见光子能量更高，远大于散射物质中电子的束缚能，原子中的外层电子可视为自由电子，光子能量只被自由电子吸收了一部分并发生散射。康普顿效应证实了此过程可视为弹性碰撞过程，能量、动量均守恒，更有力地证实了光的粒子性。

光电效应和康普顿效应一起，证明了光的波粒二象性中的“粒子性”。

第三节　光的波粒二象性

在 19 世纪，通过光的干涉、衍射等实验，人们已认识到光是一种波动——电磁波，并建立了光的电磁理论——麦克斯韦理论。进入 20 世纪，从爱因斯坦起，人们又认识到光是粒子流——光子流。综合起来，关于光的本性的全面认识就是：光既具有波动性，又具有粒子性，相辅相成。在有些情况下，光突出地显示其波动性，而在另一些情况下，则突出地显示其粒子性。光的这种两重性被称为波粒二象性。光既不是经典意义上的“单纯的”波，也不是经典意义上的“单纯的”粒子。

光的波动性用光波的波长 λ 和频率 ν 描述，光的粒子性用光子的质量 m、能量 E 和动量 p 描述。由式（19-8）给出的一个光子的能量，再根据相对论的质能关系 $E=mc^2$，可得一个光子的质量为

$$m=\frac{h\nu}{c^2}=\frac{h}{c\lambda} \tag{19-16}$$

我们知道，粒子质量和运动速度的关系为 $m=\dfrac{m_0}{\sqrt{1-\left(\dfrac{v}{c}\right)^2}}$，对于光子，$v=c$，而 m 是有限的，所以，对光子只能是 $m_0=0$，即光子是静止质量为零的一种粒子。

根据相对论的能量-动量关系 $E^2=p^2c^2+m_0^2c^4$，对于光子，$m_0=0$，所以光子的动量为

$$p=\frac{E}{c}=\frac{h\nu}{c}=\frac{h}{\lambda} \tag{19-17}$$

光子假说不仅成功解释了光电效应、康普顿效应等，而且加深了人们对光的本性的理解。综上所述，光的波粒二象性可用如下的关系式统一起来

$$\begin{cases} E = h\nu \\ m = \dfrac{h\nu}{c^2} \\ p = \dfrac{h}{\lambda} \end{cases} \tag{19-18}$$

式（19-18）的左边表明光子的粒子特征量（能量、质量、动量），右边表明光的波动特征量（频率、波速、波长），通过普朗克常量将粒子性与波动性联系了起来。一般来说，光传播时表现为波动性，如干涉、衍射、偏振，光与物质相互作用时表现为粒子性、如辐射、光电效应、康普顿效应等。

例 19-5　波长 $\lambda_0=0.01\text{nm}$ 的 X 射线与静止的自由电子碰撞。在与入射光成 90°角的方向上观察时，康普顿散射 X 射线的波长多大？反冲电子的动能和动量各如何？

解　将 $\phi=90°$ 代入式（19-14），可得

$$\Delta\lambda=\lambda-\lambda_0=\lambda_c(1-\cos\phi)=\lambda_c(1-\cos 90°)=\lambda_c$$

由此得康普顿散射波长为

$$\lambda=\lambda_0+\lambda_c=(0.01+0.0024)\text{nm}=0.0124\text{nm}$$

根据能量守恒，反冲电子所获得的动能 E_k 就等于入射光子损失的能量，即

$$E_k=h\nu_0-h\nu=hc\left(\frac{1}{\lambda_0}-\frac{1}{\lambda}\right)=\frac{hc\Delta\lambda}{\lambda_0\lambda}$$

$$=\frac{6.63\times10^{-34}\times3\times10^{8}\times0.0024\times10^{-9}}{0.01\times10^{-9}\times0.0124\times10^{-9}}\text{J}$$

$$=3.8\times10^{-15}\text{J}=2.4\times10^{4}\text{eV}$$

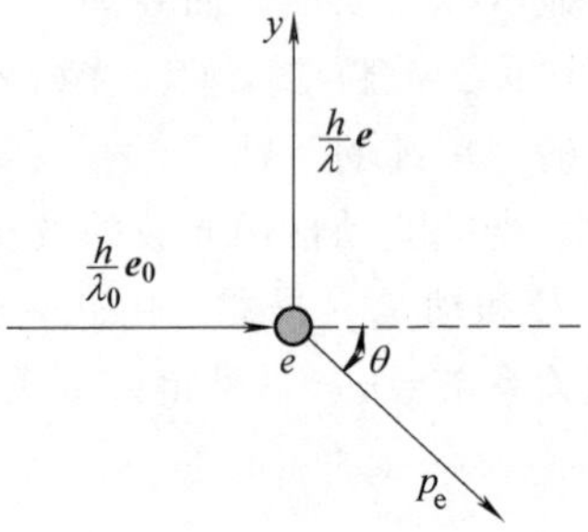

图　19-14

计算电子的动量，参看图 19-14，其中 p_e 为电子碰撞后的动量。根据动量守恒定律，有

$$p_e\cos\theta=\frac{h}{\lambda_0},\qquad p_e\sin\theta=\frac{h}{\lambda}$$

两式平方相加并开方，得

$$p_e=\frac{(\lambda_0^2+\lambda^2)^{1/2}}{\lambda_0\lambda}h$$

$$=\frac{[(0.01\times10^{-9})^2+(0.0124\times10^{-9})^2]^{1/2}}{0.01\times10^{-9}\times0.0124\times10^{-9}}\times6.63\times10^{-34}\text{kg}\cdot\text{m/s}$$

$$=8.5\times10^{-23}\text{kg}\cdot\text{m/s}$$

$$\cos\theta=\frac{h}{p_e\lambda_0}=\frac{6.63\times10^{-34}}{8.5\times10^{-23}\times0.01\times10^{-9}}=0.78$$

由此得 $\theta=38°44'$。

例 19-6　光子能量为 0.5MeV 的 X 射线，入射到某种物质而发生康普顿散射。若反冲电子的能量为 0.1MeV，则散射光波长的改变量与入射光波长之比值是多少？

解　电子的静止能量为：$m_0c^2=9.1\times10^{31}\times9\times10^{16}\text{J}=8.19\times10^{-14}\text{J}=0.5\text{MeV}$。

本题中，反冲电子 0.1MeV 的能量应该是电子的动能，则电子的总能量为 0.6MeV。散射时能量守恒，有 $h\nu'+0.6\text{MeV}=(0.5+0.5)\text{MeV}$，则散射光的能量为 $h\nu'=0.4\text{MeV}$，所以散射光波长的改变量与入射光波长之比值为

$$\frac{\Delta\lambda}{\lambda_0}=\frac{\lambda-\lambda_0}{\lambda_0}=\frac{\nu_0}{\nu'}-1=0.25$$

例 19-7　处于静止状态的自由电子是否能吸收光子，把全部能量用来增加自己的动能？为什么？

解　不能。用反证法加以证明。假设原来静止的自由电子与光子碰后能吸收光子，并以速度 v 运动，根据能量守恒定律：

$$h\nu+m_0c^2=\frac{m_0c^2}{\sqrt{1-\frac{v^2}{c^2}}} \tag{1}$$

则电子的速度为

$$v=\frac{c\sqrt{h^2\nu^2+2h\nu m_0c^2}}{h\nu+m_0c^2} \tag{2}$$

由碰撞的动量守恒

$$\frac{h\nu}{c}=\frac{m_0v'}{\sqrt{1-\frac{v'^2}{c^2}}} \tag{3}$$

则电子的速度又为

$$v'=\frac{h\nu c}{\sqrt{h^2\nu^2-m_0^2c^4}} \tag{4}$$

由式（2）、式（4）两式可见，$v'\neq v$，所以自由电子吸收光子的过程不能同时遵守能量和动量守恒，因而这一过程不能发生，即处于静止状态的自由电子不能吸收光子，把全部能量用来增加自己的动能。

思考题

19-1　普朗克量子假设的内容是什么？它在物理学的发展中具有什么意义？

19-2　太阳表面发出的光近似于 6000K 的黑体辐射，红巨星表面温度是高于还是低于 6000K？

19-3　对于光电效应与康普顿效应的联系与区别，可以这样认为：光电效应和康普顿效应都包含有电子与光子的相互作用过程。光电效应是吸收光子的过程，而康普顿效应则相当于光子和电子的弹性碰撞的过程。你如何理解？

19-4　康普顿效应的主要特点是：散射光中有些波长比入射光的波长长，且随散射角增大而增大，有些散射光波长与入射光的波长相同，这都与散射体的性质无关。你认为如何？

19-5　红外线是否适宜于用来观察康普顿效应，为什么？（红外线波长的数量级为 10^4nm，电子静止质量 $m_e=9.11\times10^{-31}$kg，普朗克常量 $h=6.63\times10^{-34}$J·s）

习　题

19-1　当用频率为 ν_1 的单色光照射某一种金属时，测得光电子的最大动能为 E_{K1}；当用频率为 ν_2 的单色光照射另一种金属时，测得光电子的最大动能为 E_{K2}，如果 $E_{K1}>E_{K2}$，那么

(A) ν_1 一定大于 ν_2。　　(B) ν_1 一定小于 ν_2。

(C) ν_1 一定等于 ν_2。　　(D) ν_1 可能大于也可能小于 ν_2。

[　　]

19-2　当用频率为 ν_1 的单色光照射某种金属时，测得饱和电流为 I_1，当以频率为 ν_2 的单色光照射该金属时，测得饱和电流为 I_2，若 $I_1>I_2$，则

(A) $\nu_1>\nu_2$。　　(B) $\nu_1<\nu_2$。

(C) $\nu_1=\nu_2$。　　(D) ν_1 与 ν_2 的关系还不能确定。

[　　]

19-3　已知一单色光照射在钠表面上，测得光电子的最大动能是 1.2eV，而钠的红限波长是 540nm，那么入射光的波长是

(A) 535nm。　　(B) 500nm。

(C) 435nm。　　(D) 355nm。　　[　　]

19-4　在均匀磁场 $\boldsymbol{B}$ 内放置一极薄的金属片，其红限波长为 λ。今用单色光照射，发现有电子放出，有些放出的电子（质量为 m，电荷的绝对值为 e）在垂直于磁场的平面内做半径为 R 的圆周运动，那么，此照射光光子的能量是

(A) $\dfrac{hc}{\lambda_0}$。　　(B) $\dfrac{hc}{\lambda_0}+\dfrac{(eRB)^2}{2m}$。

(C) $\dfrac{hc}{\lambda_0}+\dfrac{eRB}{m}$。　　(D) $\dfrac{hc}{\lambda_0}+2eRB$。　　[　　]

19-5　关于光电效应有下列说法：

(1) 任何波长的可见光照射到任何金属表面都能产生光电效应。

(2) 若入射光的频率均大于一给定金属的红限，那么当该金属分别受到不同频率的光照射时，释出的光电子的最大初动能也不同。

(3) 若入射光的频率均大于一给定金属的红限，那么当该金属分别受到不同频率、光强相等的光照射时，单位时间释出的光电子数一定相等。

(4) 若入射光的频率均大于一给定金属的红限，那么当入射光频率不变而光强增大一倍时，该金属的饱和光电流也增大一倍。

其中正确的是

(A) (1)，(2)，(3)。　　(B) (2)，(3)，(4)。

(C) (2)，(3)。　　(D) (2)，(4)。　　[　　]

19-6　设用频率为 ν_1 和 ν_2 的两种单色光先后照射同一种金属均能产生光电效应，已知金属的红限频率为 ν_0，测得两次照射时的遏止电压 $|U_{a2}|=2|U_{a1}|$，则这两种单色光的频率有如下关系

(A) $\nu_2=\nu_1-\nu_0$。　　(B) $\nu_2=\nu_1+\nu_0$。

(C) $\nu_2=2\nu_1-\nu_0$。　　(D) $\nu_2=\nu_1-2\nu_0$。　　[　　]

19-7　保持光电管上电势差不变，若入射的单色光光强增大，则从阴极逸出的光电子的最大初动能 E_0 和飞到阳极的电子的最大动能 E_K 的变化分别是

(A) E_0 增大，E_K 增大。　　(B) E_0 不变，E_K 变小。

(C) E_0 增大，E_K 不变。　　(D) E_0 不变，E_K 不变。　　[　　]

19-8　在康普顿效应实验中，若散射光波长是入射光波长的 1.2 倍，则散射光光子能量 E 与反冲电子动能 E_K 之比 E/E_K 为

(A) 2。　　(B) 3。　　(C) 4。　　(D) 5。　　[　　]

19-9　用光强为 I、波长为 λ 的 X 射线（伦琴射线）分别照射锂（$Z=3$）和铁（$Z=26$）。若在同一散射角下测得康普顿散射的 X 射线波长分别为 λ_{Li} 和 λ_{Fe}（λ_{Li}，$\lambda_{Fe}>\lambda$），它们对应的光强分别为 I_{Li} 和 I_{Fe}，则

(A) $\lambda_{Li}>\lambda_{Fe}$，$I_{Li}<I_{Fe}$。　　(B) $\lambda_{Li}=\lambda_{Fe}$，$I_{Li}=I_{Fe}$。

(C) $\lambda_{Li}=\lambda_{Fe}$，$I_{Li}>I_{Fe}$。　　(D) $\lambda_{Li}<\lambda_{Fe}$，$I_{Li}>I_{Fe}$。　　[　　]

19-10　某光电管阴极，对于 $\lambda=491\text{nm}$ 的入射光，其发射光电子的遏止电压为 0.71V。当入射光的波长为________nm 时，其遏止电压变为 1.43V。　($e=1.60\times10^{-19}\text{C}$，$h=6.63\times10^{-34}\text{J}\cdot\text{s}$)

19-11　光子波长为 λ，则其能量=________；动量的大小=________；质量=________。

19-12　当波长为 300nm 的光照射在某金属表面时，光电子的能量范围从 0 到 4.0×10^{-19}J。在做上述光电效应实验时遏止电压为 $|U_a|=$________V，此金属的红限频率 $\nu_0=$________Hz。

19-13　已知钾的逸出功为 2.0eV，如果用波长为 3.60×10^{-7}m 的光照射在钾上，则光电效应的遏止电压的绝对值 $|U_a|=$________。从钾表面发射出电子的最大速度 $v_{max}=$________。

19-14　在康普顿散射中，当散射光子与入射光子方向成夹角 $\varphi=$________时，散射光子的频率小得最多；当 $\varphi=$________时，散射光子的频率与入射光子相同。

19-15　若一无线电接收机接收到频率为 10^8 Hz 的电磁波的功率为 1 μW，则每秒接收到的光子数为________________。(普朗克常量 $h=6.63\times10^{-34}\text{J}\cdot\text{s}$)

19-16　钨的红限波长是 230nm，若用波长为 180nm 的紫外光照射，则从表面逸出的电子的最大动能为________________eV。

19-17　频率为 100MHz 的一个光子的能量是________，动量的大小是________。（普朗克常量 $h=6.63\times10^{-34}\mathrm{J\cdot s}$）

19-18　某一波长的 X 光经物质散射后，其散射光中包含波长________和波长________的两种成分，其中________的散射成分称为康普顿散射。

19-19　铯的逸出功为 1.9eV，（1）求铯的光电效应阈频率及阈值波长；（2）如果要得到能量为 1.5eV 的光电子，必须使用多少波长的光照射？

19-20　如习题 19-20 图所示为在一次光电效应实验中得出的曲线。（1）求证：对不同材料的金属，AB 线的斜率相同；（2）由图上数据求出普朗克常量 h。

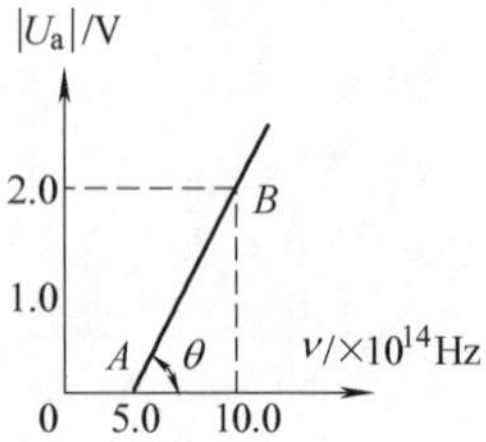

习题 19-20 图

19-21　以波长 $\lambda=410\mathrm{nm}$ 的单色光照射某一金属，产生的光电子的最大动能 $E_K=1.0\mathrm{eV}$，问能使该金属产生光电效应的单色光的最大波长是多少？

19-22　用波长 $\lambda_0=0.1\mathrm{nm}$ 的光子做康普顿实验。问：（1）散射角 $\varphi=90°$时的康普顿散射波长是多少？（2）反冲电子获得的动能有多大？

19-23　若入射光子与质子发生康普顿散射，试求质子的康普顿波长。如反冲质子获得的能量为 5.7MeV，那么入射光子的最小能量为多大？

第二十章 量子力学基础

在微观领域中，某些物理量的转变是以某个最小单位跳跃式地进行的，而不是连续进行的，这个最小单位叫做量子。量子力学是反映微观粒子（分子、原子、原子核、基本粒子等）运动规律的理论，量子力学与相对论并列被认为是近代物理学的两大理论支柱。量子力学的应用越来越广泛，它在现代科学和技术中已经获得了巨大的成功，如材料科学、生命科学、半导体的掺杂、纳米技术、介观物理特性、化学（量子化学）、电子技术（量子点、量子线、量子开关）等，使得它成为现代物理学的基础之一。

19世纪末的三大发现，即X射线（1895年）、放射性（1896年）和电子（1897年），成为近代物理学发展的序幕。到20世纪初，人们从大量精确的实验中发现了许多新现象，这些新现象用经典物理学理论无法解释，其中主要的除了前面提及的热辐射、光电效应、康普顿效应外，还有原子的线状光谱等现象。1900年，普朗克提出了辐射源能量量子化的概念；1905年，爱因斯坦提出了光量子概念；1913年，玻尔（N. Bohr）把量子化概念应用到原子轨道上，成功地解释了氢的线状光谱；1925年，泡利（Pauli）提出了不相容原理，同年乌仑贝克（G. E. Uhlenbeck）和古兹米特（S. Goudsmit）提出了电子自旋假设，这使像元素周期性等一系列实验事实都能得到了很好的解释。至此所形成的理论是经典物理与近代物理的混合物，没有完全脱离经典物理的束缚，故叫旧量子论。

量子力学起源于1923年德布罗意（de Brögile）提出的物质具有波粒二象性的概念、1925年海森堡（Heisenberg）提出的矩阵力学、1926年薛定谔（E. Schrödinger）提出的波函数及波动力学、玻恩（M. Born）对波函数的统计解释及后来薛定谔和狄拉克（Dirac）证明了的矩阵力学和波动力学是等价的，合并为量子力学。1926～1930年，狄拉克（Dirac）对量子力学做了全面的总结，发展为相对论量子力学，这样，到20世纪30年代初量子力学就由一大批年轻的物理学家建立、发展起来了。1950年前后，苏联的布洛欣采夫将量子力学教材统一形成今天的格局，今天对波粒二象性的诠释主要采用以玻尔（N. Bohr）为首的哥本哈根学派（Copenhagen school）的观点。

在量子力学建立的过程中，许多杰出的物理学家做出了卓越的贡献，直接为建立量子力学而获得诺贝尔奖的就有7位，他们是德布罗意（De Brögile，1929）、海森堡（Heisenberg，1932）、狄拉克（Dirac，1933）和薛定谔（E. Schrödinger，1933）、费米（Fermi，1934）、泡利（Pauli，1945）和玻恩

(M. Born)。加上对光的波粒二象性和原子能级研究而获得诺贝尔物理学奖的普朗克（1918）、爱因斯坦（Einstein，1921）、玻尔（N. Bohr，1922）、夫兰克(J. Franck）和赫兹（G. Hertz，1925）、康普顿（Compton，1927），致力于光与物质二象性的研究最终导致量子力学的建立而获得诺贝尔物理奖的物理学家一共有13位之多。

波粒二象性是量子力学中最重要的概念。在量子力学发展中出现过许多派别，其中重要的是以玻尔为首的哥本哈根学派与爱因斯坦两大派别，对量子力学的“不确定关系”等问题展开了近30年的“争吵”，他们的争论推动了量子力学理论的逐步完善。现行量子力学体系一般以哥本哈根学派理论诠释为主流。本章介绍玻尔的氢原子理论和量子力学的初步知识。

第一节　氢原子的玻尔理论

一、氢原子光谱的规律

光谱用于研究电磁辐射的波长成分和强度分布，不同的光源其发光机制不尽相同，根据波长的变化情况，光谱大致可分为如下3类：

1）线状光谱：波长不连续变化，此种为原子光谱。原子（包括氢原子）得到能量（高温、通电）会发出单色光，经过棱镜分光得到线状光谱。即原子光谱属于不连续光谱，每种元素都有自己的特征线状光谱。

2）带状光谱：波长在各区域内连续变化，此种为分子光谱。这些谱带是由于分子中除了电子在各能级之间跳动外，尚有原子在自己平衡位置上的振动及分子的振动而形成。

3）连续谱：波长包含从红到紫的各种色光，色光之间没有明确的界线。固体的高温辐射、太阳光或白炽灯发出的白光，通过玻璃三棱镜时，所含不同波长的光可折射成红、橙、黄、绿、青、蓝、紫等没有明显分界线的光谱，这类光谱就是连续光谱。

光谱分析是研究原子内部结构的重要手段之一，牛顿早在1704年说过，若要了解物质内部的情况，只要看其光谱就可以了。一般情况下，在物质的稀薄蒸气中能产生线状光谱，而线状光谱线的位置与产生该谱线的元素有对应关系，并且谱线的分布具有确定的规律。

氢原子是最简单的原子，其光谱也最简单。对氢原子光谱的研究是进一步研究原子、分子光谱的基础，而原子、分子光谱在研究原子、分子结构及物质分析等方面都有重要的意义。氢原子光谱的实验规律归纳如下：

1）氢原子光谱是彼此分立的线状光谱，每一条谱线具有确定的波长（或频率）。

2）每一条光谱线的波数 $\tilde{\nu}=1/\lambda$ 可以表示为两项之差，即

$$\tilde{\nu}=\frac{1}{\lambda}=T(k)-T(n)=R_{\mathrm{H}}\left(\frac{1}{k^2}-\frac{1}{n^2}\right) \tag{20-1}$$

式中，k 和 n 均为正整数，且 $n>k$；R_{H} 称为里德伯常量（Rydberg constant），下标 H 代表氢元素。里德伯常量的测量值 $R_{\mathrm{H}}=1.0967758\times10^7\,\mathrm{m}^{-1}$，$T(n)=R_{\mathrm{H}}/n^2$（$n=2$，3，4，…）称为氢的光谱项。

3）当整数 k 取一定值时，n 取大于 k 的各整数所对应的各条谱线构成一个谱线系列；每一谱线系都有一个线系限，对应于 $n\to\infty$ 的情况：

$k=1$（$n=2$，3，4，…）的谱线系称为莱曼（Lyman）线系，1914 年由莱曼在紫外区发现；

$k=2$（$n=3$，4，5，…）的谱线系称为巴耳末（J. J. Balmer）线系，1885 年由巴耳末从已知氢谱线中分析得到，图 20-1 是巴耳末线系的照片；

$k=3$（$n=4$，5，6，…）的谱线系称为帕邢（Paschen）线系，1908 年由帕邢在红外区发现。

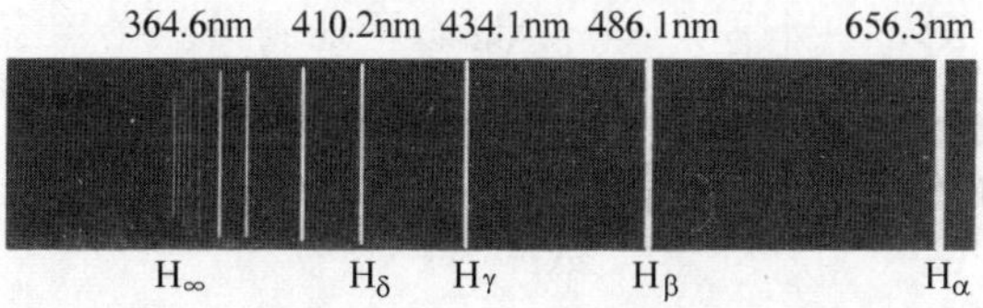

图 20-1　氢原子巴耳末线系的线状谱线

二、经典原子模型的困难

在 1911 年卢瑟福（E. Rutherford）关于原子的核式模型结构得到证明以前，人们对原子的结构所知甚少，当时的实验基础只知电子是分立的、不连续的，或者说是量子化的，因此，氢原子光谱的上述线状光谱规律在相当长时间内未能从理论上给予说明。归纳起来，有下面两点：

1. 不能解释电子轨道运动的稳定性

根据经典电磁理论，绕核运动的电子有加速度，将不断地向外辐射与其圆运动频率相同的电磁波，因此原子体系的能量将不断减少，导致电子的轨道半径将不断减小，电子最终将落到原子核上，就像卫星在大气中运动落入地球一样。因此，不可能存在稳定的原子，可是事实并非如此，原子很稳定。

2. 不能解释为什么原子光谱是线状的

在原子的核结构模型建立以后，按照原子的有核模型，原子是由极小的带正电荷的原子核和绕核运动的电子组成。

按经典电磁理论，电子绕核旋转时，能量的减少应该是连续的，原子发光的频率等于原子中电子运动的频率，电子做圆运动的频率（亦即辐射频率）将连续增大。因此，原子光谱应是连续的带状光谱，而事实上，原子发光为线状光谱。这些结论与实验事实的客观实际不符，表明依据经典理论无法解释原子的线状光谱，需要建立一种新的理论来解释原子的线状光谱等规律。

三、氢原子的玻尔理论

1. 三个基本假设

玻尔（N. Bohr）把卢瑟福的原子有核模型、普朗克能量子假设、氢光谱经验公式等结合起来，于1913年创立了氢原子结构的半经典量子理论，玻尔氢原子理论的基本假设有3条：

（1）**定态假设**　原子只能处在一系列具有不连续能量的稳定状态（简称定态），相应于这些状态，核外电子是在一系列分立的圆轨道上运动，并不向外辐射电磁波。

（2）**跃迁条件假设**　当原子从一个定态跃迁到另一个定态时要吸收或放出能量。例如，从能量为 E_n 的高能态向能量为 E_k 的低能态跃迁时，通常是以发射光子来释放能量的，所发射光子的频率满足

$$\nu=\frac{E_n-E_k}{h} \tag{20-2}$$

式（20-2）称为辐射频率公式。

（3）**量子化条件假设**　当电子在第 n 个定态圆轨道上运动时，其轨道角动量 $L=mvr$ 必须等于 $h/2\pi$ 的 n 倍，即

$$L=mvr=n\frac{h}{2\pi}\quad(n=1,2,3,\cdots) \tag{20-3}$$

式中，n 为量子数；m 为电子的质量；v 为电子的运动速率；r 为定态轨道半径。

上述三个假设说明了原子的能量状态不是连续的，电子在各能量状态（也称为能级）上运动是稳定的，不辐射能量。

原子的状态变化过程是突变的，只处于1，2，3，…的状态，不能处于1和2的中间态，从量子态 $n+1$ 向 n 态跃迁就发射光子。

2. 三个量子化条件

按照上述玻尔理论的观点，下面讨论氢原子的量子化条件。

（1）**轨道量子化**　在玻尔氢原子模型中，假设氢原子中电子的质量为 m，电子做速率为 v 的圆周运动，可能的定态半径为 r，原子核的电荷量为 e，则电子的电荷量为 $-e$。由于电子做圆周运动的向心力来自库仑力，则

$$m\frac{v^2}{r}=\frac{1}{4\pi\varepsilon_0}\frac{e^2}{r^2} \tag{20-4}$$

由式（20-3）和式（20-4）消去速率 v，可得原子处于第 n 个定态时电子轨道的半径为

$$r_n=n^2\frac{4\pi\varepsilon_0\hbar^2}{me^2}=n^2a_0 \tag{20-5}$$

式中，a_0 是氢原子中电子的最小轨道半径，称为玻尔半径（Bohr radius），其值为

$$a_0=r_1=\frac{4\pi\varepsilon_0\hbar^2}{me^2}=0.053\text{nm} \tag{20-6}$$

式（20-5）表明，电子轨道半径只能取分立的值。

$n=1$ 的定态称为基态（ground state），$n=2$，3，4，…各态均称为激发态（excited-state），$n=2$ 称为第1激发态，$n=3$ 称为第2激发态……氢原子处于各定态时的电子轨道如图20-2所示。

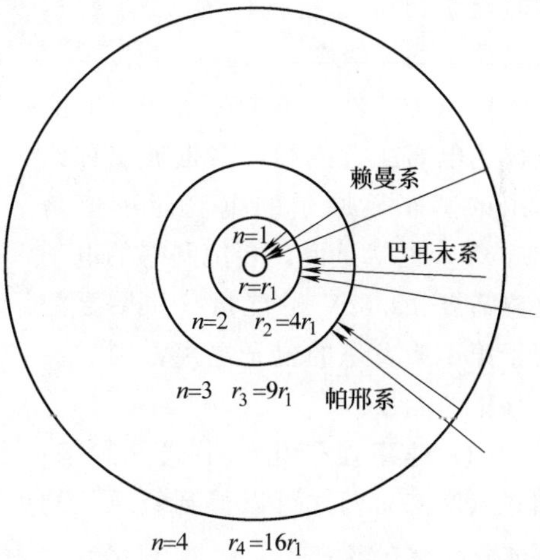

图20-2 氢原子处于各定态时的电子轨道

（2）**能量量子化** 因为原子核的质量远大于电子的质量，所以在计算时认为氢原子的核静止不动，只有电子绕核做圆周运动。由于电子与原子核构成的引力系统取无穷远为电势能零点，则电子电势能应为负值，所以氢原子体系的总能量等于电子的动能与电势能之和

$$E=\frac{1}{2}mv^2-\frac{1}{4\pi\varepsilon_0}\frac{e^2}{r}=-\frac{1}{8\pi\varepsilon_0}\frac{e^2}{r}$$

结合式（20-5）的轨道量子化条件，则处在量子数为 n 的定态时，氢原子的能量可表示为

$$E_n=-\frac{1}{8\pi\varepsilon_0}\frac{e^2}{r_n}=-\frac{me^4}{8\varepsilon_0{}^2h^2}\frac{1}{n^2}=\frac{E_1}{n^2}\quad(n=1,2,3,\cdots) \tag{20-7}$$

由此可见，氢原子的能量也只能取一系列的分立值，这称为能量量子化，这种量子化的能量值称为能级。式（20-7）中 $n=1$ 的能量是基态能级，为

$$E_1=-\frac{me^4}{8\varepsilon_0{}^2h^2}=-13.6\text{eV} \tag{20-8}$$

基态能量最低，原子最稳定。激发态的量子数越大，能量越高。随量子数 n 增大，能量 E_n 也增大，能级间能量间隔减小。当 $n\to\infty$ 时，$r_n\to\infty$，$E_n\to0$，能级趋于连续，原子趋于电离。$E>0$ 时，原子处于电离状态，这时能量可连续变化。图 20-3 所示为氢原子的能级图。

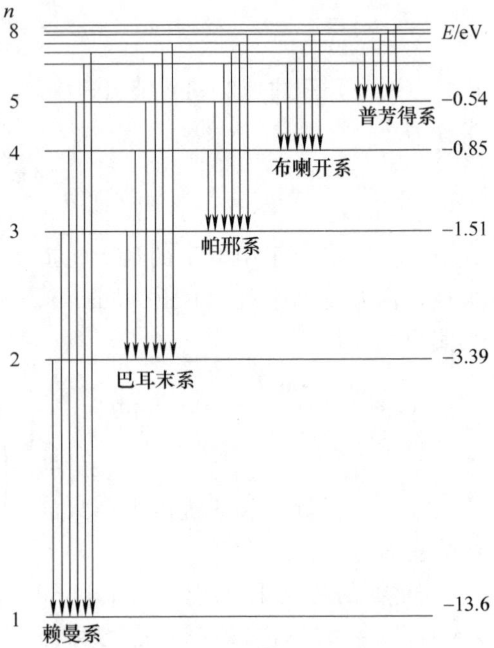

图 20-3　氢原子的能级跃迁及谱线系

使原子核外电子电离所需要的能量称为电离能。例如，根据玻尔理论算出的基态氢原子的电离能量值是 13.6eV，也就是说，要把基态的电子电离需要 13.6eV 的能量。如果要把处于第1激发态的电子电离，则需要 3.4eV 的能量。

(3) **速率量子化**　由式 (20-4) 和式 (20-5) 两式可以得到氢原子的速率量子化公式

$$v_n=\sqrt{\frac{e^2}{4\pi\varepsilon_0 m r_n}}=\frac{e^2}{2\varepsilon_0 h}\cdot\frac{1}{n}=\frac{v_1}{n} \tag{20-9}$$

式中，基态 $n=1$ 时的速率为第一玻尔半径上的速率，大小为

$$v_1=\frac{e^2}{2\varepsilon_0 h}=2.2\times10^6\,\mathrm{m/s} \tag{20-10}$$

其他轨道上的速率均小于该值。

3. 玻尔氢原子理论对实验的解释

玻尔理论是在研究氢光谱基础上提出的，当然氢光谱也就成了玻尔氢原子理论正确性的最直接实验证据。根据玻尔假设，当原子从较高能态 E_n 向较低能态 E_k $(n>k)$ 跃迁时，发射光子的频率和波数为

$$\nu=\frac{E_n-E_k}{h},\qquad \tilde{\nu}=\frac{1}{\lambda}=\frac{\nu}{c}=\frac{1}{hc}(E_n-E_k)$$

将能量表示式 (20-7) 代入，即可得氢原子光谱的波数公式

$$\tilde{\nu}=\frac{2\pi^2 me^4}{(4\pi\varepsilon_0)^2h^3c}\left(\frac{1}{k^2}-\frac{1}{n^2}\right)\qquad(n>k) \tag{20-11}$$

将式 (20-11) 与氢光谱实验规律式 (20-1) 相比较，可得里德伯常量 R_H 的理论值为

$$R_{H理论}=\frac{2\pi^2 me^4}{(4\pi\varepsilon_0)^2 h^3 c}=1.09737315\times10^7\ m^{-1}$$

这个值与实验值 $R_H=1.0967758\times10^7\ m^{-1}$ 符合得相当好。式（20-11）中 $k=1$，2分别对应赖曼系和巴耳末系，可见赖曼线系是原子由各较高能级向 $k=1$ 的能级跃迁时发射出来的，巴耳末线系是原子由各较高能级向 $k=2$ 的能级跃迁时发射出来的，依此类推。图 20-2 和图 20-3 中均给出了能级跃迁所产生的各谱线系。玻尔氢原子的理论和实验结果符合得相当好，表明他的上述三条假设是正确的。后来，量子力学的研究发现玻尔氢原子的轨道量子条件假设需要进一步地修正。

4. 类氢离子的量子化条件

玻尔模型在光谱学的另一成功之处是解释了类氢离子的光谱线。类氢离子是把多电子原子的核外电子电离，只留下一个核外电子，就像氢原子一样，核外没有其他电子干扰。例如，一次电离的氦离子 He^+、二次电离的锂离子 Li^{++}、三次电离的铍离子 Be^{+++}，都是具有类似氢原子结构的离子。类似前面计算氢原子的量子化条件，可以得到类氢离子的如下轨道半径、能量、速率和波数量子化条件

$$r_n=n^2\frac{4\pi\varepsilon_0\hbar^2}{mZe^2}=\frac{n^2}{Z}a_0 \tag{20-12}$$

$$E_n=-\frac{1}{(4\pi\varepsilon_0)^2}\frac{mZ^2e^4}{2(n\hbar)^2}=Z^2E_{nH}\quad(n=1,2,3,\cdots) \tag{20-13}$$

$$v_n=\frac{v_1 Z}{n} \tag{20-14}$$

$$\tilde{\nu}=\frac{2\pi^2 mZ^2e^4}{(4\pi\varepsilon_0)^2h^3c}\left(\frac{1}{k^2}-\frac{1}{n^2}\right)\quad(n>k) \tag{20-15}$$

$$R_{理论}=\frac{2\pi^2 mZ^2e^4}{(4\pi\varepsilon_0)^2h^3c} \tag{20-16}$$

式中，Z 是原子序数；a_0 是式（20-6）表示的第一玻尔轨道半径；E_{nH} 是式（20-7）表示的氢原子能级公式；v_1 是式（20-10）第一玻尔半径上的速率。为便于记忆，将类氢离子的量子化写成如下表达式

$$\begin{cases}E_n=-13.6\dfrac{Z^2}{n^2}\quad eV\\ r_n=0.53\dfrac{n^2}{Z}\quad Å\\ v_n=2.2\times10^6\dfrac{Z}{n}\quad m/s\\ \quad(n=1,2,3,\cdots)\end{cases} \tag{20-17}$$

玻尔理论成功地说明了氢原子和类氢离子的光谱结构，表明这个理论在一定程度上能正确地反映单电子原子系统的客观实际。

由以上讨论可知，在普朗克提出谐振子能量量子化的假设之后，玻尔理论又指出原子体系中的能量、轨道、角动量等也都是量子化的。

5. 玻尔理论的意义和缺陷

玻尔的半经典量子理论在说明光谱线状结构方面取得了前所未有的成功，在历史上，玻尔理论处于非常重要的地位。

1）成功地把氢原子结构和光谱线状结构联系起来，从理论上说明了氢原子和类氢离子的光谱线结构。

2）基于玻尔氢原子理论的里德伯常量的理论值与实验值符合得相当好。

3）揭示了微观体系的量子化规律，为建立量子力学奠定了基础。

玻尔理论的局限性表现在如下几方面：

1）以经典理论为基础，是半经典半量子的理论。

2）角动量量子化的假设以及电子在稳定轨道上运动时不辐射电磁波的结论是十分生硬的。

3）无法解释光谱线的精细结构。

4）不能预言光谱线的强度、宽度及偏振性等。

5）不能处理复杂原子的问题。

例 20-1　试求：(1) 氢原子光谱巴耳末线系辐射的、能量最小的光子的波长；(2) 巴耳末线系的线系极限波长。

解　(1) 从图 20-3 可以看出，巴耳末线系辐射的、能量最小的光子相应于从 $n_i=3$ 到 $n_f=2$ 的跃迁。按式 (20-7) 和式 (20-8) 有

$$\Delta E_{\min}=E_3-E_2=E_1\left(\frac{1}{3^2}-\frac{1}{2^2}\right)=-13.6\times\left(\frac{1}{9}-\frac{1}{4^2}\right)\text{eV}=1.89\text{eV}$$

相应的辐射波长为

$$\lambda=\frac{hc}{\Delta E}=\frac{6.63\times10^{-34}\times3\times10^8}{1.89\times1.60\times10^{-19}}\text{m}=655.7\times10^{-9}\text{m}=655.7\text{nm}$$

(2) 巴耳末线系的极限波长（称线系限）相应于从 $n_i=\infty$ 到 $n_f=2$ 的跃迁的辐射波长。类似于上面的计算，有

$$\Delta E_\infty=E_{n=\infty}-E_{n=2}=-\frac{E_1}{2^2}=3.40\text{eV}$$

$$\lambda_\infty=\frac{hc}{\Delta E_\infty}=\frac{6.63\times10^{-34}\times3\times10^8}{3.40\times1.60\times10^{-19}}\text{m}=347.4\text{nm}$$

例 20-2　计算氢原子中的电子从量子数 n 的状态跃迁到量子数 $k=n-1$ 的

状态时所发谱线的频率。试证明当 n 很大时，这个频率等于电子在量子数 n 的圆轨道上绕转的频率。

解 按玻尔频率公式有

$$\nu_{n-1,n}=\frac{me^4}{8\varepsilon_0{}^2h^3}\left[\frac{1}{(n-1)^2}-\frac{1}{n^2}\right]=\frac{me^4}{8\varepsilon_0{}^2h^3}\ \frac{2n-1}{n^2(n-1)^2}$$

当 n 很大时，上式变为

$$\nu_{n-1,n}\approx\frac{me^4}{8\varepsilon_0{}^2h^3}\ \frac{2}{n^3}=\frac{me^4}{4\varepsilon_0{}^2h^3n^3}$$

电子绕转频率为

$$\nu=\frac{v_n}{2\pi r_n}=\frac{mv_nr_n}{2\pi mr_n{}^2}=\frac{nh}{4\pi^2mr_n{}^2}=\frac{me^4}{4\varepsilon_0{}^2h^3n^3}$$

可见，当 n 很大时，绕转频率就等于玻尔频率。在量子数很大的情况下，量子理论得到与经典理论一致的结果，这是一个普遍原则，称为对应原理。

例 20-3 氢原子的激发态的平均寿命约为 10^{-8} s，假设氢原子处于激发态，电子做圆周运动，问处于量子数 $n=5$ 状态的电子在它跃迁到基态之前绕核转了多少圈？

解 电子做一次圆周运动所需的时间（即周期 T）为 $T=\dfrac{2\pi}{\omega}$

令激发态平均寿命为 $\tau=10^{-8}$ s，故电子在这平均寿命内从激发态跃迁到基态绕核转动的圈数为 $N=\dfrac{\tau}{T}=\dfrac{\omega\tau}{2\pi}$。

当电子做圆周运动时，由下列两式

$$m\ \frac{v^2}{r}=\frac{1}{4\pi\varepsilon_0}\ \frac{e^2}{r^2}$$

$$mr\omega^2=n\ \frac{h}{2\pi}$$

确定其圆频率为

$$\omega_n=\frac{\pi me^4}{2\varepsilon_0{}^2h^3}\ \frac{1}{n^3}$$

则

$$N=\frac{\omega\tau}{2\pi}=\frac{\tau}{2\pi}\ \frac{\pi me^4}{2\varepsilon_0{}^2h^3}\ \frac{1}{n^3}$$

代入数据得

$$N=5.23\times10^5$$

四、夫兰克-赫兹实验

玻尔（N. Bohr）在 1913 年发表了原子模型的理论，1914 年，德国科学家夫兰克（J. Franck）和赫兹（G. Hertz——用实验证实电磁波存在的 H. R. 赫兹的侄子）用具有一定能量的电子与汞蒸气发生碰撞，观察碰撞前后电子能量的变化，验证了原子的能级概念。

实验结果表明，电子与汞原子碰撞时，电子总是损失 4.9eV 的能量，即汞原子只能接受 4.9eV 的能量。这个事实无可非议地说明了汞原子具有玻尔所设想的那种："完全确定，互相分立的能量状态"。所以说夫兰克-赫兹实验是能量量子化特性的第一个证明，是玻尔所假设的量子化能级存在的第一个决定性证据，表明电子的能量只能是一系列离散值，原子的能级是分立的，这样，就给出了量子理论的直接证明。这一研究成果使夫兰克和赫兹同获 1925 年诺贝尔物理学奖。下面介绍夫兰克-赫兹实验。

实验装置：图 20-4 所示为夫兰克-赫兹实验装置示意图。图中管内充满了低压水银蒸气，电子从加热的灯丝 F 发射出来，加速电压 U_0 的作用使电子加速，并向栅极 G 运动，在栅极 G 和极板 P 之间有一很小的反向电压 U_r（其值为 0.5V）。然后，电子穿过 G 到达 P，于是在电路中观察到板极电流 I_p。

实验现象：图 20-5 所示为极板电流随加速电压变化的实验结果。从图中可见，板极电流并非总是随加速电压的增加而增大。在起始阶段，I_P 随 U_0 而增加，当 I_P 达到峰值后，随 U_0 的增加，I_P 急剧下降，然后 I_P 又随 U_0 而增加，出现第一个"波"，此后，又出现第二个峰值和第二个"波"……

实验还发现，板极电流出现第一峰值时所对应的加速电压为 4.9V，第二个峰值所对应的电压为 9.8V，第三个峰值所对应的电压为 13.7V。

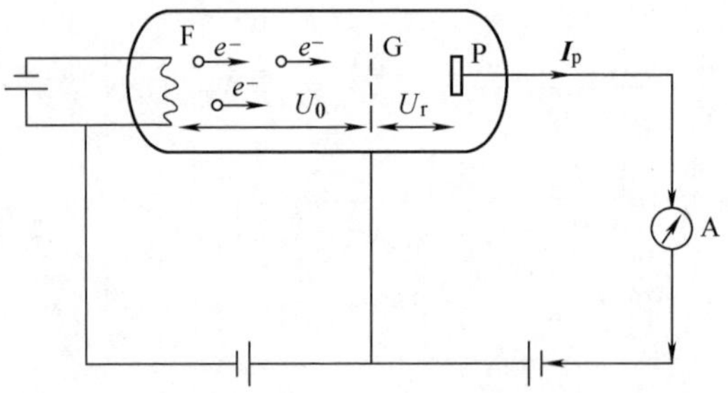

图 20-4 夫兰克-赫兹实验装置示意图

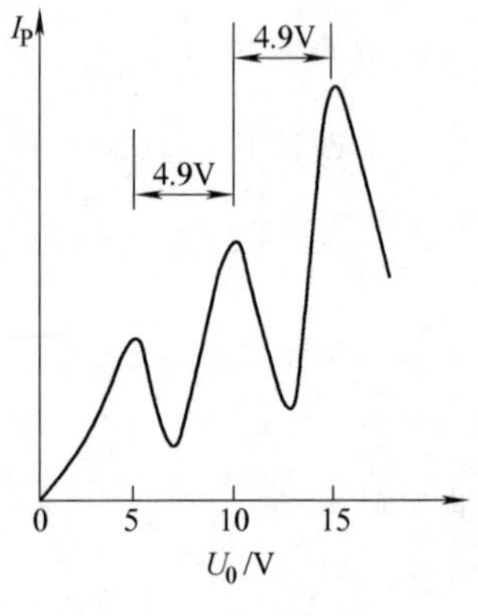

图 20-5 夫兰克-赫兹实验中极板电流与加速电压之间的关系

实验现象的解释：下面用微观领域中粒子的碰撞理论来解释夫兰克-赫兹实验的结果。

假设汞原子的基态能量为 E_1，第一激发态能量为 E_2。当动能为 E_k 的电子和汞原子相碰撞时，若电子的动能 E_k 小于汞原子第一激发态能量 E_2 与基态能

量 E_1 的之差，即 $E_k<E_2-E_1$，电子不能使汞原子激发，电子的动能没有损失，因而，电子与汞原子之间的碰撞为弹性碰撞，电子仍按原有的速率运动，在这种情况下，板极电流 I_P 将随加速电压 U_0 而增加。当电子的动能等于或大于汞原子第一激发态能量与基态能量之差，即 $E_k\geqslant E_2-E_1$ 时，汞原子可以从电子那里得到 E_2-E_1 的能量，从而使汞原子由基态跃迁到激发态。这时电子与原子之间的碰撞为非弹性碰撞。在这种情况下，由于电子把自己的动能中的全部或大部分传给了汞原子，电子的动能急剧减少，故板极电流 I_P 亦急剧降低，这就是图 20-5 中出现的第一个波谷的原因。图 20-5 中出现的第二个波谷，是因为电子连续与两个汞原子发生非弹性碰撞，使两个汞原子由基态跃迁到激发态。在此情况下，电子几乎把其全部动能传递给汞原子，电子的动能急剧减少，极板电流 I_P 亦急剧降低，于是出现了图中的第二个波谷，其余类推。

实验表明，汞原子两相邻极板电流峰值所对应的电压约为 4.9V。因此，如果我们认为 4.9V 是把汞原子从基态激发到第一激发态所需要的能量（4.9V 也称之为汞原子的第一激发电势），那么就有光发射出来，所发射光子的波长由玻尔的频率条件假设可得

$$\lambda=\frac{hc}{E_2-E_1}=\frac{6.63\times10^{-34}\times3\times10^8}{4.9\times1.602\times10^{-19}}\mathrm{m}=253.4\mathrm{nm}$$

实验中确实观察到一条 $\lambda=253.7\mathrm{nm}$ 的谱线，这个实验值与上述的计算值符合得相当好。因此，夫兰克-赫兹实验证明了原子的能级确实存在。

第二节　德布罗意波　实物粒子的波粒二象性

一、德布罗意物质波假设

1900 年普朗克假定光（电磁）辐射是以分立的量子形式存在的，1905 年爱因斯坦在解释光电效应时假定光不仅在传播时具有量子性，而且在光的发射和接收时也具有量子性，光的干涉、衍射和偏振表明光具有明显的波动性，光是横波，而普朗克理论和爱因斯坦理论的成功又表明光具有粒子性，因此，光具有在宏观世界里互不相容的两重特性——波粒二象性。

1924 年，法国青年物理学博士研究生德布罗意（de Bröglie）在光的波粒二象性的启发下提出：自然界在许多方面都有明显的对称，如果光具有波粒二象性，那么，实物粒子（如电子）也应该具有波粒二象性。他把光子的能量-频率和动量-波长的关系式（19-18）借来，认为与一个实物粒子的能量 E 和动量 p 相联系的波的频率 ν 和波长 λ 的定量关系与光子的一样，即有

$$\begin{cases} \nu = \dfrac{E}{h} \\ \lambda = \dfrac{h}{p} \end{cases} \tag{20-18}$$

应用于实物粒子的这些波粒二象性关系称为德布罗意公式或德布罗意假设。和实物粒子相联系的波称为物质波或德布罗意波。

德布罗意关系式是采用类比方法提出的，当时并没有任何直接的证据。但是，爱因斯坦慧眼有识，当他闻知德布罗意的假设后就评论说："我相信这一假设的意义远远超出了单纯的类比。"事实上，德布罗意的假设不久就得到了电子衍射的实验证实，而且引发了量子力学的建立。

二、德布罗意物质波的实验验证

1925 年，戴维孙（C. J. Davisson）和革末（L. A. Germer）在一次偶然的机会中进行了电子束在晶体表面上的散射实验，观察到和 X 射线衍射图案类似的结果。1925 年 4 月实验室发生了一次偶然的爆炸事故，一瓶液态空气爆炸，并毁坏了仪器，打破了真空装置，使他们精心净化的镍表面被污染了，为了再次净化金属镍板的表面，他们进行了长时间的加热处理，可他们并不知道热处理后的镍正从原来无数小晶体的复合结晶状态变成大块单晶状态，镍内部起了变化，而表面未改变，再次实验使他们俩大吃一惊：他们发现了像 X 射线的衍射图一样的结果，可在本实验中并无 X 射线，只有电子，这样，戴维逊-革末戏剧性地证明了电子具有波动性，德布罗意波确实存在。他们用的实验装置简图如图 20-6a 所示，使一束电子射到镍晶体的某一晶面上，同时用探测器测量沿不同方向散射的电子束强度。

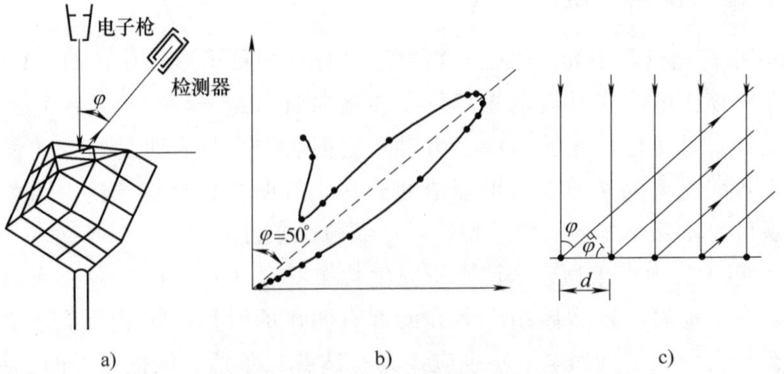

图 20-6　电子的波动性实验

a）装置简图　b）散射电子束强度分布　c）晶体衍射分析

实验发现，当入射电子的能量为54eV时，在$\varphi=50°$的方向上散射电子束的强度最大（图20-6b）。如果将电子束按类似于X射线在晶体表面衍射来分析，由图20-6c可知，由布拉格衍射方程，散射电子束出现强度极大的方向应满足下列条件

$$2d\sin\theta=k\lambda \quad (k=1,2,3,\cdots) \qquad (20\text{-}19)$$

式中，d为原子层之间的距离；θ为掠射角。已知镍的一组晶面间距为$d=9.1\times10^{-11}$m，按式（20-19）给出“电子波”的波长应为

$$\lambda=\frac{2d\sin\theta}{k}=\frac{2d\sin(90°-\varphi/2)}{k}=\frac{2\times9.1\times10^{-11}\times\sin65°}{1}\text{m}=0.165\text{nm}$$

而按德布罗意物质波假设公式（20-18），该“电子波”的波长应为

$$\lambda=\frac{h}{mv}=\frac{h}{\sqrt{2mE_k}}=\frac{6.63\times10^{-34}}{\sqrt{2\times9.1\times10^{-31}\times54\times1.6\times10^{-19}}}\text{m}=0.167\text{nm}$$

可见，按物质波的这一结果和实验结果符合得很好，这就证明了电子具有波动性。

同年，汤姆孙（G. P. Thomson）做了电子束穿过多晶薄膜的衍射实验（图20-7a），成功地得到了和X射线通过多晶薄膜后产生的衍射图样极为相似的衍射图样（图20-7b）。

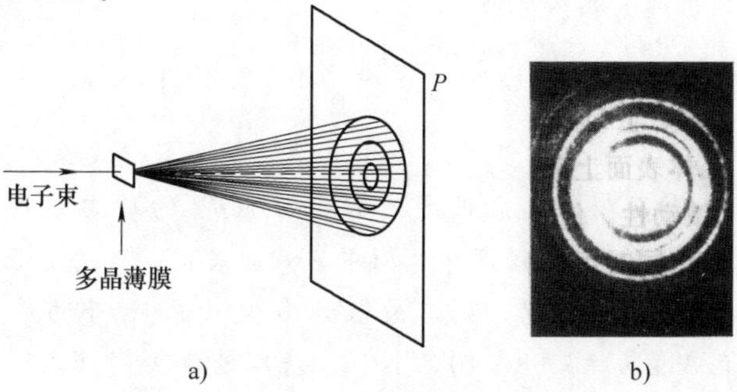

图20-7 电子衍射实验

除了电子外，以后还陆续用实验证实了中子、质子以及原子甚至分子等微粒都具有波动性，德布罗意公式对这些粒子同样正确。微观粒子具有波粒二象性的理论得到了公认。

在经典物理的思维中，电子、质子、中子等微粒具有粒子的特性——粒子性，而电子衍射等实验中又观测到它们具有波动的特性——波动性，因而微观粒子表现出波粒二象性的特征。我们以后会学到，量子力学主要研究微观粒子（如电子）的波动性特征。

物质的波粒二象性是客观物体的普遍规律，所有客观物体都具有粒子性和波动性二重性。从式（20-18）可见，普朗克常量联系着波动性和微粒性，在微观领域中，普朗克常量是一个非常重要的不能忽略的常量。一旦不考虑普朗克常量，物理规律就回到宏观领域了，宏观物体的德布罗意波长小到难以测量的

程度，因而宏观物体仅表现出粒子性的一面，而不表现出波动性的一面。

例 20-4　计算电子经过 $U_1=100\text{V}$ 和 $U_2=10000\text{V}$ 的电压加速后的德布罗意波长 λ_1 和 λ_2。

解　经过电压 U 加速后，不考虑相对论效应，电子的动能为

$$\frac{1}{2}mv^2=eU$$

由此可得

$$v=\sqrt{\frac{2eU}{m}}$$

根据德布罗意公式，此时电子的德布罗意波长为

$$\lambda=\frac{h}{p}=\frac{h}{mv}=\frac{h}{\sqrt{2emU}}$$

代入已知数据，计算可得

$$\lambda_1=0.123\text{nm},\ \lambda_2=0.0123\text{nm}$$

例 20-5　计算质量 $m=0.01\text{kg}$、速率 $v=300\text{m/s}$ 的子弹的德布罗意波长。

解　根据德布罗意公式可得

$$\lambda=\frac{h}{p}=\frac{h}{mv}=\frac{6.63\times10^{-34}}{0.01\times300}\text{m}=2.2\times10^{-25}\text{nm}$$

可见实物子弹的德布罗意波长远小于电子的德布罗意波长。

例 20-6　α 粒子在磁感应强度为 $B=0.025\text{T}$ 的均匀磁场中沿半径 $R=0.83\text{cm}$ 的圆形轨道运动。(1) 计算其德布罗意波长；(2) 若质量 $m=0.1\text{g}$ 的小球以与 α 粒子相同的速率运动，则其波长为多少？（α 粒子的质量 $m_\alpha=6.64\times10^{-27}\text{kg}$，普朗克常量 $h=6.63\times10^{-34}\text{J}\cdot\text{s}$，基本电荷 $e=1.6\times10^{-19}\text{C}$）

解　(1) 根据德布罗意波长公式 $\lambda=\dfrac{h}{mv}$，粒子的动量可用它在磁场中做圆周运动来确定

$$qvB=\frac{m_\alpha v^2}{R},\ q=2e$$

则

$$m_\alpha v=2eBR$$

可得

$$\lambda_\alpha=\frac{h}{2eRB}=0.01\text{nm}$$

(2) 由 (1) 中 $m_\alpha v=2eBR$，对于质量为 m 的小球，其德布罗意波长为

$$\lambda_{球}=\frac{h}{m_{球}v}=\frac{h}{m_\alpha v}\cdot\frac{m_\alpha}{m_{球}}=\lambda_\alpha\cdot\frac{m_\alpha}{m_{球}}=6.63\times10^{-24}\text{nm}$$

第三节 测不准关系

测不准关系也称不确定关系，是量子力学描述中哥本哈根学派的一个核心观点。不确定的思想认为，微观粒子运动本身具有波动性，因而我们无从得到它的准确值，存在一定的不确定性。而测不准的思想认为，在我们不对微观粒子进行测量时，微观粒子运动本身是确定的，而当我们试图测量微观粒子的某个物理量时，人为的测量手段将干扰微观领域粒子的运动，使得测量无法准确地得到微观粒子运动的物理量。我们更偏向于测量的原理，因为在 20 世纪六、七十年代后，测量的观点占到了绝对上风，因而我们这里仍用“测不准关系”这个名词。

在经典的牛顿力学中，质点的运动沿一定的轨道，在轨道上任意时刻质点都有确定的位置和动量，只要知道了粒子的初始位置和速度（动量），知道了粒子所受的力，即可知道粒子在以后任何时刻的位置和速度（动量），这就是经典的决定论观点，我们也可把它叫作因果律。这种方法在宏观世界，例如对天体物理、人造卫星的运动规律的描述，得到了巨大的成功。那么，这条规律在微观领域是否适用，能否像能量守恒、角动量守恒那样推广到微观领域呢？

在经典力学的概念中，用位置和动量来描述一个质点在任一时刻的运动状态，一个粒子的位置和动量可以同时精确测定。在量子理论发展后，发现要同时测出物体的位置和动量，其精确度是受到一定限制的，这个限制来源于物质的波粒二象性。

在量子理论的观念中，由于微粒的粒子性，可以谈论它的位置和动量，但由于其波动性，它的空间位置需要用几率波来描述，而几率波只能给出粒子在各处出现的几率，所以在任一时刻粒子不具有确定的位置，与此相联系，粒子在各时刻也不具有确定的动量。这也可以说，由于二象性，在任意时刻粒子的位置和动量都有一个不确定量。

量子力学理论证明，在某一方向，例如 x 方向上，测量一个粒子的位置时，如果不确定范围为 Δx，那么，同时测得该方向上这个粒子的动量也有一个不确定范围 Δp，Δp 和 Δx 的乘积满足如下关系

$$\Delta p \cdot \Delta x \geqslant \frac{\hbar}{2} \tag{20-20}$$

式中，$\hbar=\dfrac{h}{2\pi}=1.055\times10^{-34}\ \mathrm{J\cdot s}$，这一关系由海森堡（W. Heisenberg）推得，叫作测不准关系（或不确定关系），它直接来源于物质具有波粒二象性。该原理

指出，对于具有波粒二象性的微观粒子，不能同时测准其位置和动量。下面我们借助电子单缝衍射实验来粗略地推导并验证这一关系。

如图 20-8 所示，一束动量为 p 的电子通过宽为 Δx 的单缝后发生衍射，而在观测屏上形成衍射条纹。我们考虑一个电子通过缝时的位置和动量。对一个电子来说，我们不能确定地说它是从缝中哪一点通过的，而只能说它是从宽为 Δx 的缝中通过的，因此，它在 x 方向上的位置的不确定范围就是缝宽 $\Delta x=b$。它沿 x 方向的动量 p_x 的不确定范围又是多大呢？

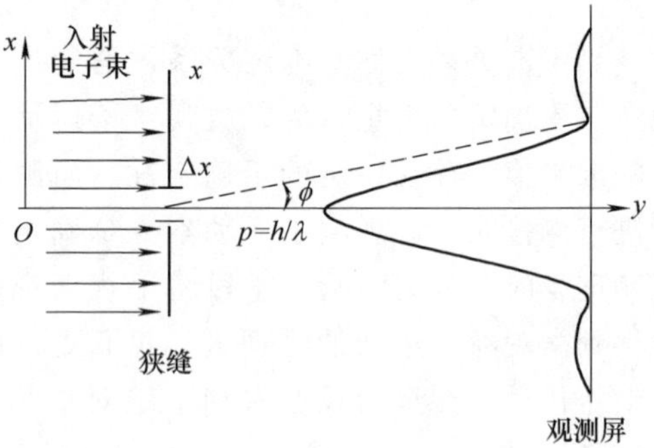

图 20-8　电子单缝衍射示意图

如果只考虑一级衍射图样（$k=1$），则电子被限制在一级最小的衍射角范围内，根据光的衍射规律，有

$$\sin\phi=\lambda/b$$

式中，b 是单缝宽度；ϕ 是一级衍射角。那么，电子动量沿着 Ox 轴方向分量的不确定范围为

$$\Delta p_x=p\sin\phi=p\,\frac{\lambda}{b}$$

由德布罗意公式

$$\lambda=\frac{h}{p}$$

得到

$$\Delta p_x\cdot\Delta x=h$$

式中，Δx 是在 Ox 轴上电子坐标的不确定范围；Δp_x 是沿 Ox 轴方向电子动量分量的不确定范围。

一般来说，如果把次级衍射图样也考虑在内，上式应改写为

$$\Delta p_x\cdot\Delta x\geqslant h$$

上述只是从衍射规律得到的结果，而根据量子力学规律的结果，坐标和它方向上的动量分量的测不准关系（不确定关系）应该为

$$\Delta p_x\cdot\Delta x\geqslant\frac{\hbar}{2}$$

式中，$\hbar=\dfrac{h}{2\pi}=1.055\times10^{-34}\,\mathrm{J\cdot s}$。同理有

$$\Delta p_y \cdot \Delta y \geqslant \frac{\hbar}{2}$$

$$\Delta p_z \cdot \Delta z \geqslant \frac{\hbar}{2} \tag{20-21}$$

在微观领域中，如果要非常精确地测定粒子的动量，即 $\Delta p_x \to 0$，根据测不准关系，那么粒子的位置就非常不确定，即 $\Delta x \to \infty$，也就是不能限制粒子行进的道路，只有在自由粒子时才能精确获得其动量。反之，位置要精确测定，动量就非常不确定。这表明在测量粒子的位置和动量时，它们的精度存在着一个终极的不可逾越的限制。

测不准关系不仅存在于位置和动量之间，能量和时间之间也具有测不准关系

$$\Delta E \cdot \Delta t \geqslant \frac{\hbar}{2} \tag{20-22}$$

式（20-22）表明，如果电子在某个能级上有一定的寿命，则表明该能级具有一定的范围，这正是发光谱线具有一定线宽的理论依据。

例 20-7　设子弹的质量为 0.01kg，枪口的直径为 0.5cm，试用测不准关系计算子弹射出枪口时的横向速度。

解　枪口的直径看作是子弹射出时位置在垂直方向的不确定度 Δy，那么它与该方向的动量不确定度 Δp_y 满足关系式 $\Delta p_y \cdot \Delta y \geqslant \hbar/2$，由于 $\Delta p_y = m\Delta v_y$，所以垂直方向速度的不确定度应该满足

$$\Delta v_y \geqslant \frac{\hbar}{2}\ \frac{1}{m\Delta y} = \frac{6.626\times10^{-34}}{2\times2\pi\times0.01\times0.5\times10^{-2}}\text{m/s} = 1.05\times10^{-30}\text{m/s}$$

子弹在横向的速度至少比这个方向上速度的不确定度要大，我们计算时认为它们在同一个数量级上，为了简单起见，就认为它就是子弹的横向速度。由本题可以看出，由于波动性引起的子弹飞行方向的偏离，相对于瞄准等引起的宏观误差来说，完全可以忽略不计。

例 20-8　原子的线度为 10^{-10}m，求原子中电子速度的不确定量。

解　电子被限制在原子的范围内，即电子位置的不确定度是 10^{-10}m。由测不准关系知

$$\Delta v_x \geqslant \frac{\hbar}{2}\ \frac{1}{m\Delta x} = \frac{6.626\times10^{-34}}{2\times2\pi\times9.11\times10^{-31}\times10^{-10}}\text{m/s} = 0.5468\times10^{6}\text{m/s}$$

根据玻尔氢原子式(20-10)的结果，氢原子中的电子速度也在 10^6m/s 数量级上，它与速度的不确定度有着相同的数量级，因此，我们说测量原子范围内的电子的速度没有意义。在原子范围内描述电子的运动必须抛弃轨道、速度这些经典物理的概念，而代之以概率的概念。

例 20-9 氦氖激光器所发红光波长为 $\lambda=632.8\text{nm}$，谱线宽度 $\Delta\lambda=10^{-9}\text{nm}$，试估算该原子态的寿命。

解 如图 20-9 所示，设基态能量为 E_1，高能态有一定宽度 ΔE，$E_2-\dfrac{\Delta E}{2}$ 和 $E_2+\dfrac{\Delta E}{2}$ 两能级的电子往下跃迁时有

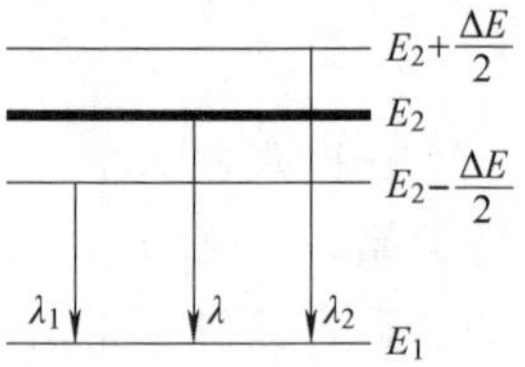

图 20-9　原子谱线宽度示意图

$$\left(E_2+\frac{\Delta E}{2}\right)-E_1=h\nu_2$$

$$\left(E_2-\frac{\Delta E}{2}\right)-E_1=h\nu_2$$

两式相减，有

$$\Delta E=h\Delta\nu=h\frac{C\Delta\lambda}{\lambda^2}$$

根据测不准关系 ΔE、$\Delta t\geqslant\dfrac{\hbar}{2}$ 得 $\Delta t\geqslant\dfrac{\hbar}{2\Delta E}=\cdots\cdots$

$$\Delta t\geqslant\frac{\hbar}{2\Delta E}=\frac{h}{4\pi}\frac{\lambda}{hc}\frac{\lambda}{\Delta\lambda}=\frac{\lambda}{4\pi c}\frac{\lambda}{\Delta\lambda}=\frac{632.8\times10^{-9}}{4\pi\times3\times10^{8}}\times\frac{632.8\times10^{-9}}{10^{-9}\times10^{-9}}\text{s}$$
$$=1.062\times10^{-4}\text{s}$$

所以，原子在该态上的寿命至少应该是 $1.062\times10^{-4}\text{s}$。

第四节　波函数　薛定谔方程

在德布罗意提出物质波概念后，立即引起了轰动。薛定谔很快就建立了量子力学中的基本方程——薛定谔方程，所有的量子力学问题都由解薛定谔方程而得到。薛定谔方程在量子力学中的地位和作用相当于牛顿方程 $\boldsymbol{F}=m\boldsymbol{a}$ 在经典力学中的地位和作用，成为解决量子力学规律的基本方程。

薛定谔由波动性引入波动方程所建立的量子力学也称波动力学。为了便于理解，我们借助力学中平面波的波动方程“推导”出量子力学中的薛定谔方程。薛定谔方程建立起波函数与时间、空间之间的关系的微分方程。

波函数（wave function）是描述具有波粒二象性的微观粒子状态的函数，它是时间和空间的函数，满足薛定谔波动方程。也就是说，由薛定谔方程得到的解就叫作波函数，它相应于物质波的振动幅度随时间、位置变化的一个函数。

一、实物粒子的波函数

我们知道，一维运动的、初相位为 0 的平面机械谐波的波方程为

$$\psi(x,t)=A\cos2\pi\left(\frac{x}{\lambda}-\nu t\right)\tag{20-23}$$

如果沿着 $\boldsymbol{n}$ 的方向传播，则三维情况 $\psi(\boldsymbol{r},t)=\psi(x,y,z,t)$

$$\psi(\boldsymbol{r},t)=A\cos 2\pi\left(\frac{\boldsymbol{r}\cdot\boldsymbol{n}}{\lambda}-\upsilon t\right)=A\cos[\boldsymbol{k}\cdot\boldsymbol{r}-\omega t] \tag{20-24}$$

写成复数形式

$$\psi(\boldsymbol{r},t)=A\mathrm{e}^{\mathrm{i}(\boldsymbol{k}\cdot\boldsymbol{r}-\omega t)} \tag{20-25}$$

以上三式中，A 为振幅，波强度正比于 A^2；$k=\dfrac{2\pi}{\lambda}$，λ 为波长；ω 为圆频率；ν 为频率。式（20-25）的实部就是式（20-24）。

现在将机械波变为微观粒子的物质波，将德布罗意物质波的波粒二象性特征圆频率 $\omega=\dfrac{E}{\hbar}$，波数 $\boldsymbol{k}=\dfrac{\boldsymbol{p}}{\hbar}$，$\left(|\boldsymbol{k}|=\dfrac{2\pi}{\lambda}\right)$代入式（20-25），对三维情况的德布罗意波函数，将振幅 A 变为 ψ_0，$\psi(\boldsymbol{r},t)=\psi(x,y,z,t)$，则

$$\psi(\boldsymbol{r},t)=\psi_0\mathrm{e}^{\frac{\mathrm{i}}{\hbar}(\boldsymbol{p}\cdot\boldsymbol{r}-Et)} \tag{20-26}$$

$$=\psi_0\mathrm{e}^{\frac{\mathrm{i}}{\hbar}[(p_x x+p_y y+p_z z)-Et]} \tag{20-27}$$

$\psi(\boldsymbol{r},t)$为复指数函数，则波函数的复共轭与本身的乘积，即模的平方为

$$|\psi|^2=\psi^*\psi=\psi_0\mathrm{e}^{-\frac{\mathrm{i}}{\hbar}(\boldsymbol{p}\cdot\boldsymbol{r}-Et)}\cdot\psi_0\mathrm{e}^{\frac{\mathrm{i}}{\hbar}(\boldsymbol{p}\cdot\boldsymbol{r}-Et)}=|\psi_0|^2 \tag{20-28}$$

二、薛定谔方程

1. 一维单能自由粒子的薛定谔方程

单能自由粒子：如果微观粒子是自由的，不受外界作用，则本身没有势能，仅具有动能。我们由机械平面波的波函数类比出来。设质量为 m 的自由粒子沿力方向做匀速直线运动（一维），则其波函数为

$$\psi(x,t)=\psi_0\mathrm{e}^{\frac{\mathrm{i}}{\hbar}(px-Et)} \tag{20-29}$$

对式（20-29）中的 x 求二阶导数

$$\frac{\partial^2\psi}{\partial x^2}=-\frac{p^2}{\hbar^2}\psi \tag{20-30}$$

对式（20-29）中的 t 求一阶导数

$$\frac{\partial\psi}{\partial t}=-\frac{\mathrm{i}}{\hbar}E\psi \tag{20-31}$$

式（20-31）乘$\dfrac{\hbar^2}{2m}$得

$$\frac{\partial^2\psi}{\partial x^2}\frac{\hbar^2}{2m}=-\frac{p^2}{2m}\psi \tag{20-32}$$

式（20-31）乘 $\mathrm{i}\hbar$ 得

$$\mathrm{i}\hbar\frac{\partial\psi}{\partial t}=E\psi \tag{20-33}$$

在非相对论情况下，有

$$E=\frac{p^2}{2m} \tag{20-34}$$

由式（20-32）、式（20-33）、式（20-34）得

$$-\frac{\hbar}{2m}\frac{\partial^2\psi}{\partial x^2}=\mathrm{i}\hbar\frac{\partial\psi}{\partial t} \tag{20-35}$$

这就是一维自由粒子的薛定谔方程。

2. 一般薛定谔方程

设微观粒子在势场中运动，其能量为动能与势能之和

$$E=E_{\mathrm{k}}+V=\frac{p^2}{2m}+V \tag{20-36}$$

式中，V 为 $V(x,y,z,t)$ 的简写，是体系的势能；m 是粒子质量。式（20-36）两边同乘 $\psi(x,y,z,t)$，将 $\psi(x,y,z,t)$ 简写为 ψ，有

$$E\psi=\frac{p^2}{2m}\psi+V\psi$$

在一维情况下，得

$$-\frac{\hbar^2}{2m}\frac{\partial^2\psi}{\partial x^2}+V\psi=\mathrm{i}\hbar\frac{\partial\psi}{\partial t} \tag{20-37}$$

这就是一维势场中运动粒子的一般薛定谔方程。

对三维运动的情况，则得**一般薛定谔方程**

$$-\frac{\hbar^2}{2m}\nabla^2\psi+V(x,y,z,t)\psi=\mathrm{i}\hbar\frac{\partial\psi}{\partial t} \tag{20-38}$$

式中，$\frac{\partial^2}{\partial x^2}+\frac{\partial^2}{\partial y^2}+\frac{\partial^2}{\partial z^2}=\nabla^2$ 是拉普拉斯算符；势能 $V(x,y,z,t)$ 是空间和时间的函数。

为把式（20-38）变得简洁，引入量子力学中哈密顿能量算符（所谓**算符**（operator）是指作用在一个函数上得出另一个函数的运算符号。例如 $\frac{\mathrm{d}V}{\mathrm{d}t}=v$，则 $\frac{\mathrm{d}}{\mathrm{d}t}$ 就是微商算符）

$$\hat{H}=-\frac{\hbar^2}{2m}\nabla^2+V(x,y,z,t) \tag{20-39}$$

则式（20-38）变为

$$\hat{H}\psi=\mathrm{i}\hbar\frac{\partial\psi}{\partial t} \tag{20-40}$$

这就是微观低速粒子体系满足的**一般薛定谔方程**，这也是量子力学中的一个基本假设。

对不同条件的微观粒子体系，其势能不同，因而哈密顿算符 $\hat{H}$ 就不一样。只要写出 $\hat{H}$，就可得到式（20-40）所示的薛定谔方程。在一定的边界条件和初

始条件下，原则上就可解式（20-40）的偏微分方程，解出波函数 $\psi(x,y,z,t)$ 后，就能得到 $\psi(x,y,z,t)\psi^*(x,y,z,t)$，这样就能确切得知粒子在某时刻、某一位置点出现的概率。

从数学角度讲，式（20-40）的薛定谔方程是线性齐次偏微分方程，如果 ψ_1 是方程的解，ψ_2 是方程的另一个解，则 $c_1\psi_1+c_2\psi_2$（c_1，c_2 是任意复常数）也是它的解，这与叠加原理相吻合。

如果体系由 N 个粒子组成，用 $\boldsymbol{r}_1$，$\boldsymbol{r}_2$，…，$\boldsymbol{r}_N$ 表示这 N 个粒子的坐标，体系波函数是 $\boldsymbol{r}_1$，$\boldsymbol{r}_2$，…，$\boldsymbol{r}_N$ 的函数，则哈密顿算符

$$\hat{H}=\sum_{i}^{N}\left[-\frac{\hbar^2}{2m_i}\nabla_i^2+V_i(\boldsymbol{r}_i,t)\right] \tag{20-41}$$

多粒子体系的薛定谔方程形式仍为

$$\hat{H}\psi=\mathrm{i}\hbar\frac{\partial\psi}{\partial t} \tag{20-42}$$

三、定态薛定谔方程

原则上，波函数是时空 (x,y,z,t) 4 个变量的函数，亦即在式（20-39）中 $U(x,y,z,t)$ 与时间有关。如果**势能与时间 t 无关**，即粒子处于稳定的不随时间变化的运动过程中，利用分立变量法，我们把波函数写成含空间变量的函数 $\psi(x,y,z)$ 和含时间变量的函数 $f(t)$ 的乘积，即

$$\psi(x,y,z,t)=\psi(x,y,z)\cdot f(t) \tag{20-43}$$

代入式（20-40），得

$$\frac{1}{\psi}\left[-\frac{\hbar^2}{2m}\nabla^2\psi+U\psi\right]=\mathrm{i}\hbar\frac{1}{f}\frac{\partial f}{\partial t} \tag{20-44}$$

由于时间和空间是两个独立的自变量，式（20-44）两边分别是时间和空间的函数，所以等式要成立，只能都等于独立于时空坐标的一个常量，令这个常量为 E，则式（20-44）变成了两个方程

$$\mathrm{i}\hbar\frac{1}{f}\frac{\mathrm{d}f}{\mathrm{d}t}=E \tag{20-45}$$

$$-\frac{\hbar^2}{2m}\nabla^2\psi+V\psi=E\psi \tag{20-46}$$

由式（20-45），得

$$f(t)=C\mathrm{e}^{-\frac{\mathrm{i}}{\hbar}Et} \tag{20-47}$$

式中，C 是任意常数，由量纲分析可知，式（20-45）右边所令的那个常量 E 恰好就是粒子的能量。也就是说，只要知道了系统的能量，波函数的含时部分 $f(t)$ 就已知了。

式（20-46）是与空间变量有关的波函数

$$-\frac{\hbar^2}{2m}\nabla^2\psi(x,y,z)+U(x,y,z)\psi(x,y,z)=E\psi(x,y,z) \tag{20-48}$$

将其变形为

$$\nabla^2\psi(x,y,z)+\frac{2m}{\hbar^2}(E-V)\psi(x,y,z)=0 \tag{20-49}$$

即

$$\begin{cases}\hat{H}\psi(x,y,z)=E\psi(x,y,z)\\ \hat{H}=-\frac{\hbar^2}{2m}\nabla^2+V(x,y,z)\end{cases} \tag{20-50}$$

解出式（20-50）中的 $\psi(x,y,z)$，则得含时间空间的波函数为

$$\psi(x,y,z,t)=\psi(x,y,z)\mathrm{e}^{-\frac{\mathrm{i}}{\hbar}Et} \tag{20-51}$$

粒子波函数的模方（概率密度）

$$\begin{aligned}|\psi(x,y,z,t)|^2&=\psi(x,y,z,t)\psi^*(x,y,z,t)=\psi(x,y,z)\psi^*(x,y,z)\\&=|\psi(x,y,z)|^2\end{aligned} \tag{20-52}$$

即波函数的模方将不随时间变化，与时间无关，这样的量子态称为**定态**（stationary state），其波函数 $\psi(x,y,z)$ 也叫作**定态波函数**（有的量子力学书中也将 $\psi(x,y,z,t)$ 叫作定态波函数）。当波函数 $\psi(x,y,z)$ 只是空间坐标的函数时所满足的方程式（20-50）称为定态薛定谔方程。定态问题最终归结为求 $\psi(x,y,z)$，根据标准化条件和相互作用的势能，通过式（20-50）解出定态波函数，再由式（20-51）就获得含时波函数了。氢原子中电子的运动是定态问题，电子在原子核附近出现的概率密度不随时间而变化，电子也具有确定的能量。若考虑电子跃迁等问题，就必须用一般的含时波函数来讨论问题。

四、波函数及其统计解释

由薛定谔方程解出的波函数 $\psi(\boldsymbol{r},t)$ 是位置和时间的函数。对应经典物理的意义，它相当于描述该位置、该时刻波的振幅的大小。薛定谔方程是线性微分方程，作为方程的解的波函数 $\psi(\boldsymbol{r},t)$ 或 $\psi(\boldsymbol{r})$ 满足叠加原理，这正是波的振幅叠加原理所要求的。

1926年，玻恩（M. Born）提出并得到了公认的关于德布罗意波（物质波）的统计解释。波恩保留了粒子的微粒性，而认为物质波描述了粒子在各处被发现的几率。这就是说，德布罗意波是概率波。

玻恩的概率波概念可以用电子双缝衍射的实验结果来说明。电子双缝衍射图样和光的双缝衍射图样完全一样，显示不出粒子性，更没有什么概率那样的不确定特征。但那是用大量的电子做出的实验结果。如果减弱入射电子束的强度，使电子一个一个依次通过双缝，则随着电子数的积累，衍射“图样”将逐

渐显现出来。如图 20-10 所示，图 a 是只有一个电子穿过双缝所形成的图像，图 b 是几个电子穿过后形成的图像，图 c 是几十个电子穿过后形成的图像。这几幅图像说明电子确是粒子，因为图像是由点组成的。它们同时也说明，电子的去向是完全不确定的，一个电子到达何处完全属概率事件。随着入射电子总数的增多，衍射图样依次如图 20-10d、e、f 所示，电子的堆积情况逐渐显示出了一定的规律，最后就呈现明晰的衍射条纹，这些条纹和大量电子短时间内通过双缝后形成的条纹一样。这些条纹把单个电子的概率行为完全淹没了。这又说明，尽管单个电子的去向具有随机性，但其几率在一定条件（如双缝）下还有确定的规律。这些就是玻恩概率波概念的核心。

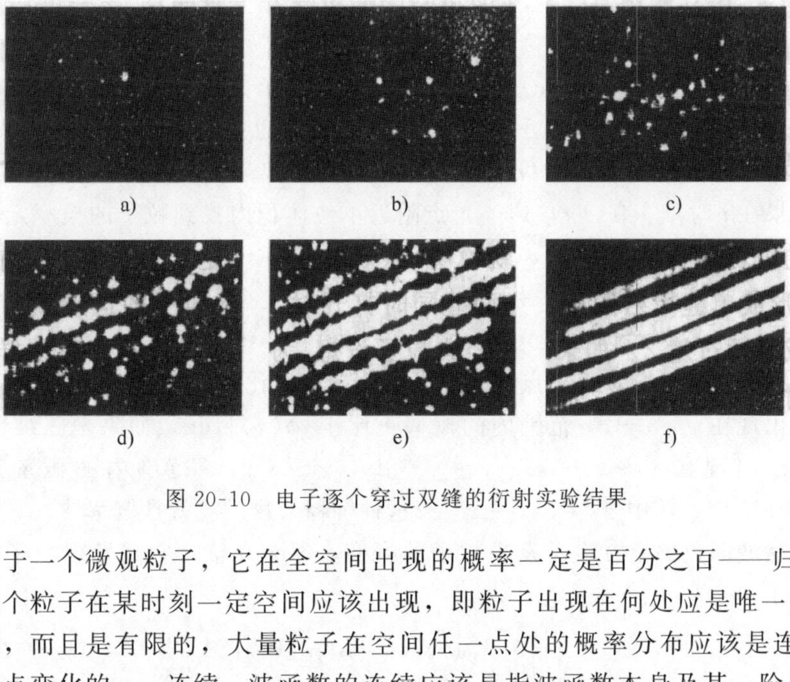

图 20-10　电子逐个穿过双缝的衍射实验结果

对于一个微观粒子，它在全空间出现的概率一定是百分之百——归一化。对于这个粒子在某时刻一定空间应该出现，即粒子出现在何处应是唯一的——单值性，而且是有限的，大量粒子在空间任一点处的概率分布应该是连续的，不是逐点变化的——连续，波函数的连续应该是指波函数本身及其一阶导数在该点连续，也就是说波函数在该点没有拐点。因此，$\psi(\boldsymbol{r},t)$必须是时空坐标(x,y,z,t)的**单值、有限、连续**的函数——这就是波函数的**标准化条件**。

根据这些标准化条件，由一个薛定谔方程就能“自然地”“顺理成章地”得出微观粒子的多个重要特征——量子化条件。这些量子化条件在普朗克和玻尔那里都是“强加”给微观系统的。作为量子力学基本方程的薛定谔方程当然还给出了微观系统的许多其他奇异的性质。

薛定谔方程的解，作为物理量的波函数 $\psi(\boldsymbol{r},t)$或 $\psi(\boldsymbol{r})$的物理意义是什么呢？或者说由波粒二象性引入的德布罗意物质波有什么样的物理意义？而由德布罗意波引出了波函数，这个波与经典意义上的波是否是同一个波呢，或者说这两种波在概念上是相同的吗？

德布罗意波与经典意义上的波是完全不同的概念，从根本上就不能与经典意义上的波的概念相提并论。例如，对实物粒子，德布罗意波的波长和频率是

$$\lambda=\frac{h}{p},\ \nu=\frac{E}{h}$$

按经典概念，$\lambda\nu$ 应该是波速

$$v_{\mathrm{D}}=\lambda\nu=\frac{E}{p}=\frac{mc^2}{mv}=\frac{c^2}{v}$$

式中，v_{D} 是德布罗意波速；v 是实物粒子的运动速度。可以看到：对一般的实物粒子，v_{D} 将比光速大得多，只有在真空中的光子情况下，v_{D} 才与光速相等，这一点在经典概念上是难以接受的。

波函数的玻恩（M. Born）的统计解释是：波函数描写的是在某位置上、某时刻发现粒子的概率。从这一点来讲，我们有时也把德布罗意波称为概率波。把德布罗意波函数的模方 $|\psi(\boldsymbol{r},\ t)|^2$ 看作是粒子出现的概率，是可以直观测量的。如果在 t 时刻、在（x，y，z）点附近单位体积内找到粒子的概率定义称为概率密度，则概率密度就是 $\psi(\boldsymbol{r},\ t)\psi^*(\boldsymbol{r},\ t)=|\psi(\boldsymbol{r},\ t)|^2$。那么，这就涉及到量子力学的一个基本假设：微观粒子体系的状态完全由坐标和时间决定的波函数（wave function）$\Psi(x,\ t)$ 来描述。波函数在一维空间中某一点的强度（振幅绝对值的二次方）和在该点找到粒子的概率成正比：如果是一维空间，则 t 时刻粒子出现在 $x\sim x+\mathrm{d}x$ 范围内的概率正比于 $|\psi(x)|^2\mathrm{d}x$。如果是三维情况，t 时刻粒子出现在 $x\sim x+\mathrm{d}x$，$y\sim y+\mathrm{d}y$，$z\sim z+\mathrm{d}z$ 范围内的概率正比于 $|\psi(\boldsymbol{r},\ t)|^2\mathrm{d}V$，其中 $\mathrm{d}V=\mathrm{d}x\mathrm{d}y\mathrm{d}z$。按这种解释，物质波就是概率波。

既然波函数的模方表示发现粒子的概率，那么在整个空间发现粒子的概率应该等于 1，即

$$\iiint_{-\infty}^{+\infty}|\psi(\boldsymbol{r},t)|^2\mathrm{d}x\mathrm{d}y\mathrm{d}z=1 \tag{20-53}$$

满足式（20-53）的波函数称为归一化波函数。

波函数具有标准化条件：单值，有限，连续。

电子的粒子性与波动性都毫无疑问。那么，怎样将二者统一在一起呢？目前公认的是波恩的统计解释。对于一群电子来讲，波的强度大的地方电子多，强度小的地方电子少。对其中一个电子来讲，它在波的强度大的地方出现的概率大，而在强度小的地方出现的概率小，在强度为零的地方不可能出现。电子的波动性不是电子的集体效应，有人做过入射电子束极弱时的实验，只要时间足够长，积累到足够多的电子，所形成的衍射图样与大量电子一起入射的情况相同。

例 20-10　德布罗意物质波与经典波的波函数有什么本质区别？

解 经典波是振动状态的传播，波强（振幅的二次方）代表通过某点的能流密度，能流密度分布取决于空间各点波强的绝对值，因此，将波函数在空间各点的振幅同时增大 C 倍，则各处的能流密度增大 C^2 倍，变为另一种能流密度分布状态。波动方程无归一化问题。

德布罗意波是概率波，波函数不表示实在物理量在空间的波动，其振幅没有实在的物理意义，只有 $|\psi(\boldsymbol{r},t)|^2$ 才反映粒子在某处、某时刻出现的概率。亦即德布罗意波不代表任何物理量的传播，波强（振幅的二次方）代表粒子在某处出现的概率密度，概率密度分布取决于空间各点波强的比例，并非取决于波强的绝对值。因此，将波函数在空间各点的振幅同时增大 C 倍，不影响粒子的概率密度分布，即 $\psi(\boldsymbol{r},t)$ 和 $C\psi(\boldsymbol{r},t)$ 所描述德布罗意波的状态相同。波函数存在单值、有限、连续、归一化等特征。

第五节　一维无限深势阱和势垒

物理学中有许多定态问题，例如氢原子、一维无限深势阱、隧道效应等，利用定态薛定谔方程所解出的结果，在材料科学、生命科学、半导体的掺杂、零点能、纳米材料等方面都有许多应用。下面就对两个定态薛定谔方程进行求解，并讨论它们的物理意义。

一、一维无限深势阱

在力场的作用下，质量为 m 的粒子被限制在一定的范围内运动。最简单的情况是粒子在外力场中做一维运动，例如，在如图 20-11 所示的一维无限深势阱的运动。在阱内，由于势能是常量，所以粒子不受力而做自由运动，在边界 $x=0$ 和 $x=a$ 处，势能突然增至无限大，粒子会受到无限大的指向阱内的力。因此，粒子的位置就被限制在阱内，粒子的这种运动状态被称为束缚态。

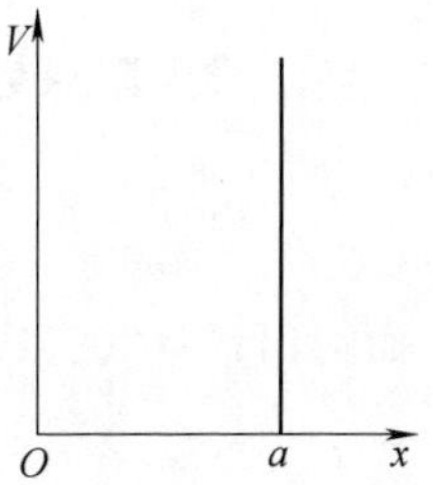

图 20-11　一维无限深势阱

图 20-11 所示的一维无限深势阱的势能可表示为

$$V(x)=\begin{cases}0 & (0<x<a)\\ \infty & (x\leqslant 0, x\geqslant a)\end{cases} \tag{20-54}$$

从式（20-54）可见，$V(x)$ 仅是空间坐标的函数，与时间无关，用定态薛定谔方程求解波函数。

在 $x\leqslant 0$ 和 $x\geqslant a$ 区域，因势函数为无限大，所以只有波函数为 0 才能满足薛定谔方程，由定态波函数可得 $\psi(x)=0$，含时波函数 $\psi(x,t)=0$。

在 $0<x<a$ 内的定态薛定谔方程为

$$-\frac{\hbar^2}{2m}\frac{\mathrm{d}^2\psi(x)}{\mathrm{d}x^2}=E\psi(x) \tag{20-55}$$

令 $k=\sqrt{\frac{2mE}{\hbar^2}}$，则

$$\frac{\mathrm{d}^2\psi}{\mathrm{d}x^2}+k^2\psi=0$$

当 $k>0$ 时，其通解为

$$\psi(x)=A\sin kx+B\cos kx \tag{20-56}$$

式中，A、B 为待定常数，可由波函数的标准化条件确定：

由 $x=0$ 和 $x=a$ 时波函数具有连续性，应该有 $\psi(0)=\psi(a)=0$。式（20-56）中由 $\psi(0)=0$ 得出 $B=0$，则定态波函数式（20-56）变为

$$\psi(x)=A\sin kx \tag{20-57}$$

再由 $\psi(a)=0$，即 $A\sin ka=0$，解此方程得 $ka=n\pi$，亦即

$$k=\frac{n\pi}{a}\quad (n=1,2,\cdots) \tag{20-58}$$

将 $k=\sqrt{\frac{2mE}{\hbar^2}}$ 代入式（20-58），得到一维无限深势阱中粒子的量子化能量为

$$E_n=\frac{\pi^2\hbar^2}{2ma^2}n^2\quad (n=1,2,\cdots) \tag{20-59}$$

从式（20-59）可见，能量只能取一些分立值，即能量是量子化的。从上述求解方程式（20-55）的过程可见，我们只是代入了对波函数这个物理量的一般要求——波函数的标准化条件（连续性 $\psi(0)=\psi(a)=0$），就由式（20-55）的一个方程得到了能量量子化的结果，这比玻尔的量子化条件要自然得多。

将一维无限深势阱的波函数 $\psi_n(x)=A\sin\frac{n\pi}{a}x$ 归一化，即

$$\int_{-\infty}^{0}0\mathrm{d}x+\int_{0}^{a}\psi_n{}^2\mathrm{d}x+\int_{a}^{\infty}0\mathrm{d}x=1$$

从而得出式（20-57）中波函数的常数 A 为

$$A=\sqrt{\frac{2}{a}} \tag{20-60}$$

至此，可以将一维无限深势阱的波函数写为

$$\psi_n(x)=\begin{cases}\sqrt{\frac{2}{a}}\sin\frac{n\pi x}{a} & (0<x<a)\\ 0 & (x\leqslant 0,x\geqslant a)\end{cases} \tag{20-61}$$

通过求解一维无限深势阱的定态薛定谔波动方程，所得到的能量是量子化

的，波函数也是量子化的。下面对它们进行更深入的讨论。

1）在 $E_n=\frac{m^2\hbar^2}{2ma^2}n^2$ 中，如果 $n=0$，则 $E_n=0$，从而可得 $\psi_n(x)=0$，这对粒子出现的概率而言无意义，因此量子数 $n\neq0$，只能从 1 开始取值。

2）当 $n=1$ 时，$E_1=\frac{\pi^2\hbar^2}{2ma^2}$ 称为基态能量，又称零点能，其他能级上的能量与基态能量之间有简单的关系

$$E_n=n^2E_1 \tag{20-62}$$

3）与 E_n 对应的定态波函数为

$$\psi_n(x)=\sqrt{\frac{2}{a}}\sin\left(\frac{n\pi}{a}\right)x$$

概率密度为

$$|\psi_n(x)|^2=\frac{2}{a}\sin^2\left(\frac{n\pi x}{a}\right)$$

定态波函数及概率密度分布如图 20-12b、c 所示。

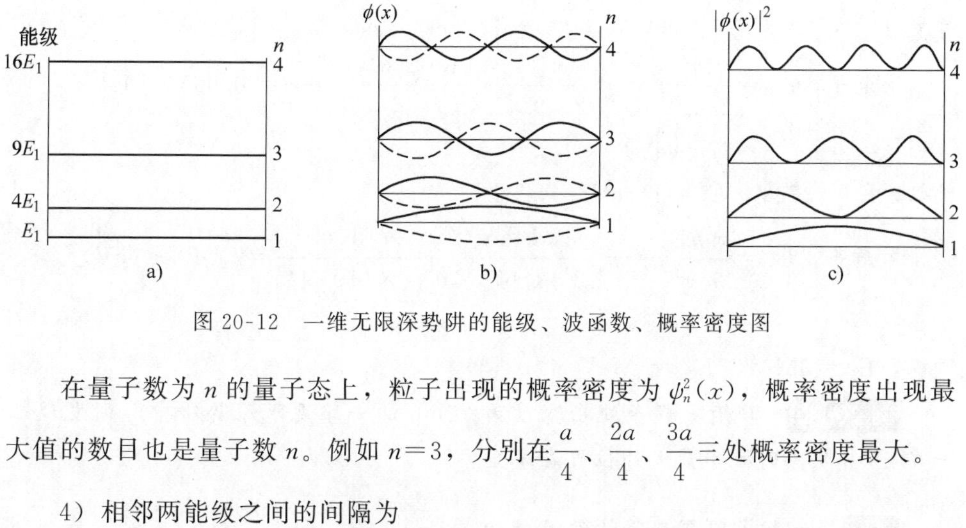

图 20-12　一维无限深势阱的能级、波函数、概率密度图

在量子数为 n 的量子态上，粒子出现的概率密度为 $\psi_n^2(x)$，概率密度出现最大值的数目也是量子数 n。例如 $n=3$，分别在 $\frac{a}{4}$、$\frac{2a}{4}$、$\frac{3a}{4}$ 三处概率密度最大。

4）相邻两能级之间的间隔为

$$\Delta E=E_{n+1}-E_n=\frac{\pi^2\hbar^2}{2ma^2}(2n+1) \tag{20-63}$$

在宏观粒子运动中，即当势阱的宽度 a 很大或粒子的质量很大时，能级差趋于 0，说明能量变为连续，这样，粒子的运动过渡为宏观运动状态，说明宏观粒子的运动状态是微观粒子量子运动状态的一种大尺寸（或大质量）的近似。一般来说，只有粒子运动范围接近或小于原子的限度时才具有明显的量子效应。

能级差的相对量为

$$\frac{\Delta E}{E_n}=\frac{2n+1}{n^2} \tag{20-64}$$

在量子数 n 很大时，$\frac{\Delta E}{E_n}\to 0$，因而 $\Delta E\to 0$，说明两个能级的差值很小，其实这就过渡到能量的连续性状态了，即宏观状态。

势阱是一种简单的理论模型。自由电子在金属内部可以自由运动，但很难逸出金属表面。在此情况下，就可认为自由电子是处于以金属块表面为边界的无限深势阱中。在粗略地分析自由电子的运动（不考虑点阵离子的电场）时，就可以利用无限深方势阱这一模型。

一维无限深势阱是目前纳米材料中所涉及的量子点、量子线和量子阱的基础。

例 20-11　设原子的线度为 10^{-10} m，原子核的线度为 10^{-14} m 数量级，已知电子质量 $m_e=9.11\times10^{-31}$ kg，质子的质量为 $m_p=1.67\times10^{-27}$ kg，求电子在原子中的能量和质子在原子核中的能量。

解　把电子和质子分别看作局限在原子和原子核线度大小的无限深势阱中。

对电子：$$E_n=\frac{\pi^2\hbar^2}{2ma^2}n^2=n^2\frac{3.14^2\times(1.05\times10^{-34})^2}{2\times9.11\times10^{-31}\times(10^{-10})^2}=0.605\times10^{-17}n^2(\text{J})$$
$$=37n^2(\text{eV})$$

所以，$E_{1e}=37\text{eV}$，$E_{2e}=148\text{eV}$

对质子：$$E_n=\frac{\pi^2\hbar^2}{2ma^2}n^2=n^2\frac{3.14^2\times(1.05\times10^{-34})^2}{2\times1.67\times10^{-27}\times(10^{-14})^2}=2\times10^6n^2(\text{eV})$$
$$=2n^2(\text{MeV})$$

所以，$E_{1p}=2\text{MeV}$，$E_{2p}=8\text{MeV}$

例 20-12　现有一粒子处在宽度为 20nm 的一维无限深势阱中，则发现粒子在 $n=3$ 状态时概率最大的位置在哪里？

解　一维无限深势阱的波函数为 $\psi_n(x)=\sqrt{\frac{2}{a}}\sin\left(\frac{n\pi}{a}\right)x$，其中 a 为势阱宽度，则

$$|\psi_n(x)|^2=\frac{2}{a}\sin^2\left(\frac{n\pi}{a}\right)x$$

量子态 $n=3$，则概率最大值出现在：

$$\frac{3\pi x}{a}=\frac{\pi}{2}+k\pi\quad(k=0，1，2，\cdots)，即出现在\ x=\frac{a}{3}\left(\frac{1}{2}+k\right)处$$

当 $k=0$ 时，$x_0=\frac{a}{6}=3.33\text{nm}$

当 $k=1$ 时，$x_1=\frac{a}{2}=10\text{nm}$

当 $k=2$ 时，$x_2=\frac{5a}{6}=16.67\text{nm}$

当 $k=3$ 时，$x_0=\frac{7a}{3}>20\text{nm}$（舍去）

所以，在 3.33nm、10nm、16.67nm 处发现粒子出现的概率最大。

二、一维势垒

一维势垒的模型是假设粒子处于如图 20-13 所示的势场中运动，其势能函数为

$$V(x)=\begin{cases}0 & (x<0,x>a)\\ U_0 & (0\leqslant x\leqslant a)\end{cases} \quad (20\text{-}65)$$

根据式（20-65）的势场，可以写出一维势垒中的定态薛定谔方程

$$\frac{d^2\psi}{dx^2}+\frac{2m}{\hbar^2}(E-V_0)\psi=0 \quad (0\leqslant x\leqslant a) \quad (20\text{-}66)$$

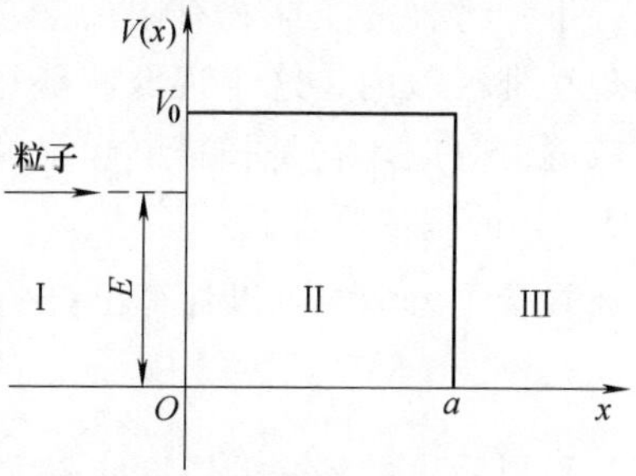

图 20-13　一维势垒

在势垒外，定态薛定谔方程为

$$\frac{d^2\psi}{dx^2}+\frac{2m}{\hbar^2}E\psi=0 \quad (x<0,x>a) \quad (20\text{-}67)$$

下面分别求解一维势垒的定态薛定谔方程。

令 $k_1=\sqrt{\frac{2mE}{\hbar^2}}$，$k_2=\sqrt{\frac{2m\ (E-V_0)}{\hbar^2}}$，则上面两式写成

$$\frac{d^2\psi}{dx^2}+k_1^2\psi=0 \quad (x<0,x>a) \quad (20\text{-}68)$$

$$\frac{d^2\psi}{dx^2}+k_2^2\psi=0 \quad (0\leqslant x\leqslant a) \quad (20\text{-}69)$$

先考虑 $0<E<V_0$ 的情况。

当 $0<E$ 时，$k_1^2>0$，方程式（20-68）的解具有如下形式

$$\psi_{1,3}=Ae^{ik_1x}+A'e^{-ik_1x} \quad (20\text{-}70)$$

即在势垒之外，波函数具有余弦或正弦振荡的形式。

当 $0<E<V_0$ 时，$k_2^2<0$，则方程式（20-69）中 k_2 为虚数，令 $k_2=ik_3$，k_3

是实数，则方程式（20-69）化为

$$\frac{\mathrm{d}^2\psi}{\mathrm{d}x^2}-k_3^2\psi=0 \qquad (0<x<a) \tag{20-71}$$

该方程的解具有指数形式，即

$$\psi_2=B\mathrm{e}^{-k_3 x}+B'\mathrm{e}^{k_3 x} \tag{20-72}$$

根据波函数的标准化条件，可以求出式（20-70）和式（20-72）中的常数 A、A'、B 和 B'，并进一步确定粒子在势垒中及其在势垒两边的概率密度。如果将实物粒子看成是一列波，由图 20-14 中的区域Ⅰ入射，根据所求结果可以发现，在Ⅰ区域波函数是振荡的，在势垒区Ⅱ，波函数是指数衰减的，在透射的Ⅲ区域波函数又是振荡的。就是说，在Ⅰ区域运动的粒子，在一定条件下，将有可能穿透有限的势垒而出现在Ⅲ区域内，这个现象叫势垒贯穿或隧道效应，它是扫描隧道显微镜（STM）的基本原理。

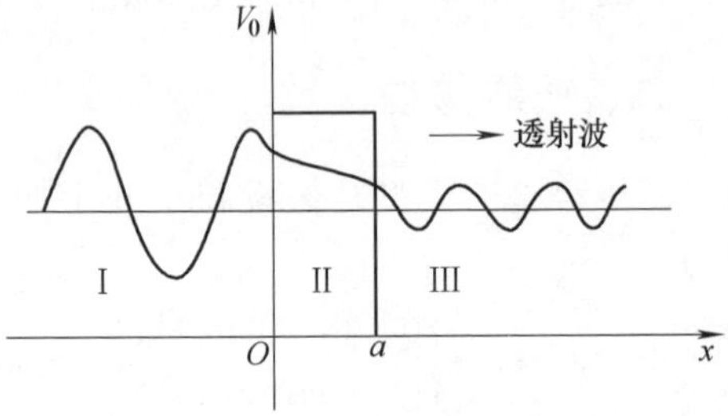

图 20-14　势垒穿透示意图

在量子力学中可以计算出势垒穿透概率为

$$P=\mathrm{e}^{-\frac{2}{\hbar}\sqrt{2m(U_0-E)}\cdot a} \tag{20-73}$$

可以看出，势垒的厚度 a 越大，通过的概率越小，又势垒的高度 V_0 超过粒子的能量 E，(V_0-E) 越大，粒子透过势垒的概率越小。当 $P=\mathrm{e}^{-1}$ 时对应的势垒宽度称为穿透深度，在近场光学中常常用到穿透深度的概念。

当考虑 $E>V_0$ 的情况，即 $E>V_0$ 时，式（20-68）、式（20-69）中的 k_1、k_2 都是大于零的数，方程式（20-68）、式（20-69）的解均具有振荡形式，即在势垒外和势垒内的波函数都是振荡的。

第六节　氢原子的量子力学简介

氢原子由一个原子核（仅一个质子）和一个电子组成，是最简单的原子。历史上对氢原子的处理由玻尔氢原子模型的简单到量子力学中的复杂求解，由知之不多变为逐步完善的精确解。关于氢原子的量子力学解是量子力学问题中最简单的、也是最精确的解。

一、氢原子的薛定谔方程

氢原子中电子与原子核的相互作用用库仑势能为

$$V(r)=-\frac{e^2}{4\pi\varepsilon_0 r} \tag{20-74}$$

$V(r)$ 仅与空间坐标有关，与时间无关，故其解为三维定态问题。假设氢原子中原子核静止，原子核为坐标原点，为求解方便，将直角坐标系变换成如图 20-15 所示的球坐标系，其中 r 是电子矢径的长度，取值范围为 $0\sim\infty$；θ 是矢径与 z 轴的夹角，取值范围为 $0\sim\pi$；ϕ 是矢径在 xOy 平面内的投影与 x 轴的夹角，取值范围为 $0\sim2\pi$。直角坐标与球坐标之间的关系为

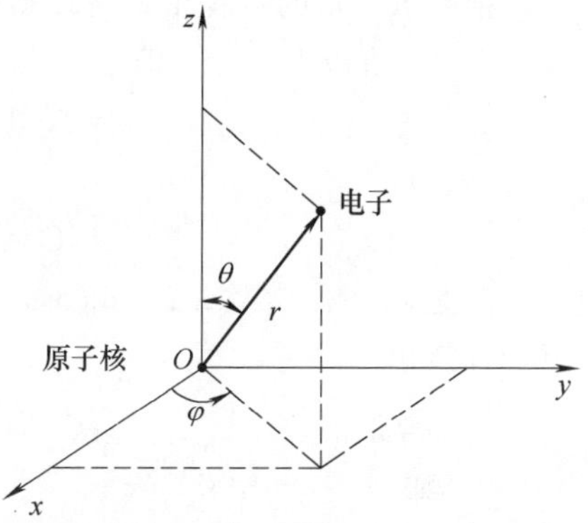

图 20-15　球坐标系

$$\begin{cases}x=r\sin\theta\cos\varphi\\ y=r\sin\theta\sin\varphi\\ z=r\cos\theta\\ r^2=x^2+y^2+z^2\end{cases} \tag{20-75}$$

将 $V(r)$ 代入定态薛定谔方程式（20-50），并在球坐标中表示拉普拉斯算符，则氢原子的定态薛定谔方程化为

$$\frac{1}{r^2}\frac{\partial}{\partial r}\left(r^2\frac{\partial\psi}{\partial r}\right)-\frac{1}{r^2\sin\theta}\frac{\partial}{\partial\theta}\left(\sin\theta\frac{\partial\psi}{\partial\theta}\right)+\frac{1}{r^2\sin^2\theta}\frac{\partial^2\psi}{\partial\varphi^2}+\frac{2m}{\hbar^2}\left(E+\frac{e^2}{4\pi\varepsilon_0 r}\right)\psi=0 \tag{20-76}$$

薛定谔方程是一个二阶偏微分方程，它的数学解很多，但并不是每个解在物理上都是合理的。为了得到核外电子运动状态的合理解，必须引进只能取某些整数值的三个参数 n、l、m；n、l、m 称为量子数。每个波函数都要受到 n、l、m 的规定，且每个解都有一定的能量 E 与之相对应。

为此，将方程式（20-76）的解表示为三个独立变量函数的乘积

$$\psi(r,\theta,\varphi)=R(r)\cdot\Theta(\theta)\cdot\Phi(\varphi)$$

也就是将方程式（20-76）用分立变量法化为三个方程分别求解。为了不引入过多的数学计算，我们只将求解结果列出，并对结果加以说明。符合波函数标准化条件的解是：

1）径向函数 $R(r)$：

$$R=C\rho^l\mathrm{e}^{-\frac{\rho}{2}}L_{n+l}^{2l+1}(\rho) \tag{20-77}$$

式中，C 是归一化常数；$\rho=\dfrac{2r}{na_0}$；a_0 是第一玻尔轨道半径；$L_{n+l}^{2l+1}(\rho)$ 是连带拉盖尔（Lagurre）多项式，它的具体形式决定于参数 n 和 l，可以按照下式计算：

$$L_{n+l}^{2l+1}(\rho)=\sum_{k=0}^{n-l-1}(-1)^{k+1}\frac{[(n+l)!]^2\rho^k}{(n-l-1-k)!(2l+1+k)!k!}$$

在推算 $R(r)$ 的过程中，可以得到 n 必须等于1，2，3，…等正整数，而对于每一个 n，可以有 n 个 l 值

$$l=0,\ 1,\ 2,\ \cdots,\ n-1$$

2）$\Theta(\theta)$：

$$\Theta=BP_l^m(\cos\theta) \tag{20-78}$$

式中，B 是归一化常数；P_l^m（$\cos\theta$）是连带勒让德（Legendre）函数，可以按照下式计算出

$$P_l^m(\omega)=\frac{1}{2^l l!}(1-\omega^2)^{\frac{|m|}{2}}\frac{\mathrm{d}^{l+|m|}}{\mathrm{d}\omega^{l+|m|}}(\omega^2-1)^l \qquad (\omega=\cos\theta)$$

在式（20-78）中，l 和 m 的值取为

$$l=0,\ 1,\ 2,\ \cdots$$

$$m=l,\ l-1,\ l-2,\ \cdots,\ -l$$

3）$\Phi(\varphi)$：

$$\Phi=A\mathrm{e}^{\pm \mathrm{i}m\varphi} \tag{20-79}$$

式中，A 是归一化常数。

氢原子的定态波函数即为 $\psi=R\cdot\Theta\cdot\Phi$。在氢原子的求解过程中，因为 R 只与径向变量有关，所以也称 R 为径向波函数；$Y=\Theta\cdot\Phi$ 与角动量平方有关，称 Y 为角动量平方波函数；Φ 与角动量在 z 方向的投影有关，称 Φ 为角动量投影波函数。

在推算径向波函数 $R(r)$ 的过程中可以知道，微分方程中的能量 E 必须等于某些值，$R(r)$ 才会有限，也就是说，只有这些状态能在物理上实现。

在 $E<0$ 时，E 只能取下式的数值

$$E_n=-\frac{2\pi^2 me^4}{(4\pi\varepsilon_0)^2 n^2 h^2} \tag{20-80}$$

这同玻尔理论的结论完全一致，但这里得出的能量量子化是解薛定谔方程时根据标准化条件自然得出的。

在 $E>0$ 时，E 取任何值都能使 $R(r)$ 有限，所以正值的能量是连续分布的。

同样理由，在推导角动量平方波函数 Y 和角动量 z 分量投影波函数 Φ 时，可以得到角动量 L 和角动量投影 L_z 的值为

$$L=\sqrt{l(l+1)}\hbar \quad (l=0,1,2,\cdots,n-1) \tag{20-81}$$

$$L_z=m\hbar \quad (m=l,l-1,l-2,\cdots,-l) \tag{20-82}$$

角动量及其投影满足上述关系时方程才有解，说明原子体系的角动量及其投影只能取一些分立值，角动量在空间的取向是量子化的，角动量的大小及其空间

投影的大小取值也是量子化的。通常我们称：

1）量子数 n 为主量子数，它与原子体系的能量有关；

2）量子数 l 为角量子数，它与轨道角动量有关；在电子态的表示中，将 $l=0$，1，2，3，4，…的态通常分别用 s，p，d，f，g，…表示；

3）量子数 m 为磁量子数，它与角动量在外场方向的空间投影有关。

量子力学解出氢原子轨道角动量满足式（20-81），而玻尔假设氢原子的轨道角动量为式（20-3），两者是不同的，量子力学是正确的。

二、氢原子中电子的概率分布

氢原子的波函数为 $\psi=R(r)\cdot\Theta(\theta)\cdot\Phi(\varphi)$，通常也记作 $\psi_{nlm}(r,\theta,\varphi)=R_{nl}(r)\cdot Y_{lm}(\theta,\varphi)$。不同的量子数（$n$，$l$，$m$）将得到原子的不同状态，对氢原子来说，主量子数 n 确定时，将包含 n^2 个原子态，这些原子态具有相同的能量。

波函数的平方表示在空间发现电子的概率密度，归一化应该有

$$\int\psi^{*}\psi\mathrm{d}V=\int_{0}^{\infty}R^{2}(r)r^{2}\mathrm{d}r\cdot\int_{0}^{\pi}\Theta^{2}(\theta)\sin\theta\mathrm{d}r\cdot\int_{0}^{2\pi}\Phi^{*}(\varphi)\Phi(\varphi)\mathrm{d}\varphi=1 \tag{20-83}$$

而且应该是三个积分值都等于 1，因为在全部的 r 范围内，或全部的 θ 范围内，或全部的 φ 范围内，发现电子的概率都是 1，即必然发现电子。

电子的概率密度随 r 和 θ 的变化比较复杂，图 20-16 和图 20-17 画出了几种量子数组合的概率密度随 r 和 θ 变化的幅度。因为电子态与角量子数 $l=0$，1，2，3，4，5，…（用 s，p，d，f，g，h，…等表示）有关，发现电子的概率密度不同，说明电子在某处的出现机会大小不同。我们不能断定电子确实在哪一处出现过，为了描述这种情况，提出电子云的概念。

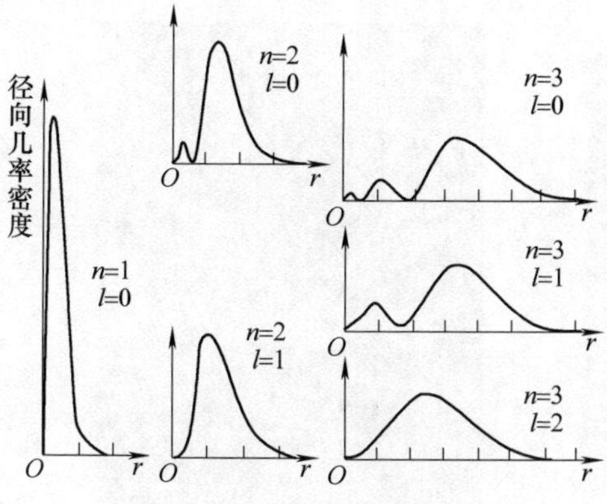

图 20-16　氢原子的概率密度与半径的关系图

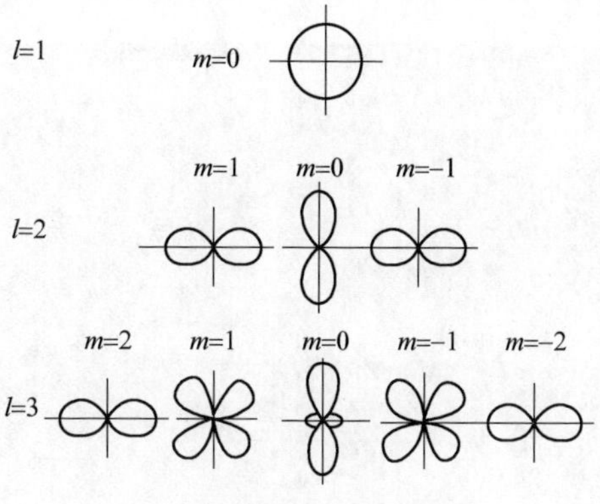

图 20-17　氢原子的 s，p，d 态电子的角分布概率密度图

第七节　多电子原子中的电子分布

一、电子自旋

施特恩（O. Stern，1888—1969）是美国实验物理学家，盖拉赫（W. Gerlach. 1899—1979）是德国实验物理学家，施特恩因发现分子射线和质子的磁矩，于 1943 年获得诺贝尔物理学奖。施特恩和盖拉赫于 1921 年首先从实验中发现了类氢元素中的电子具有自旋，图 20-18 所示是其实验装置简图，其中 F 为原子源，D 为狭缝，N 和 S 为产生不均匀磁场的磁铁的两个磁极，P 为屏。在实验中他们发现，锂原子射线在磁场作用下，分裂为上、下对称的两条。这个实验结果说明，在外磁场中，锂原子中电子的自旋有两个取向，一个平行于磁场，另一个与磁场相反，因此，实验观察到锂原子射线在磁场中分裂为对称的两条。此外，还发现银、铜这些原子也有相同结果。

电子自旋概念是两位荷兰学生，乌仑贝克（G. E. Uhlenbeck）和古兹米特（S. Goudsmit）根据一系列的实验事实，于 1925 年提出的一个大胆假设。自旋是在经典物理基础上提出的，最初乌仑贝克和古兹米特认为自旋是由于电子具有一定的线度，而电子像一个陀螺，在绕自身轴旋转，从而引起了自旋角动量，并且认为自旋引起的角动量具有固定的值（$\hbar/2$），自旋角动量在空间的投影也是只有两个固定的值，如图 20-19 所示。这种关于自旋的假设虽然非常好地解释了许多实验现象，例如碱金属谱线的精细结构、施特恩-盖拉赫实验的偶数分裂现象、反常塞曼效应等，但由于电子自旋的假设又有许多与经典物理学不能相容的地方，所以在当时引起不少人的反对。

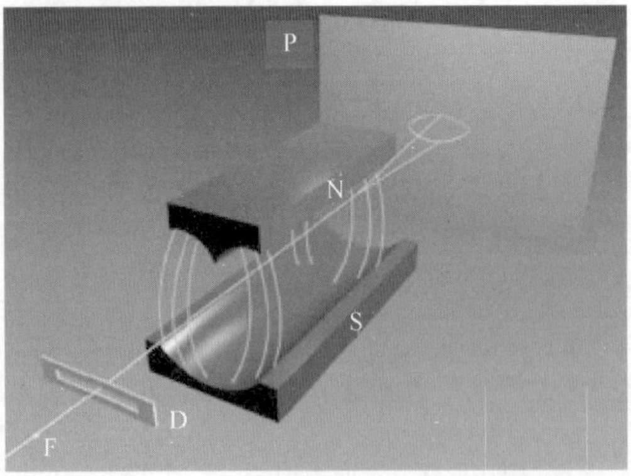

图 20-18　电子在外磁场作用下产生自旋

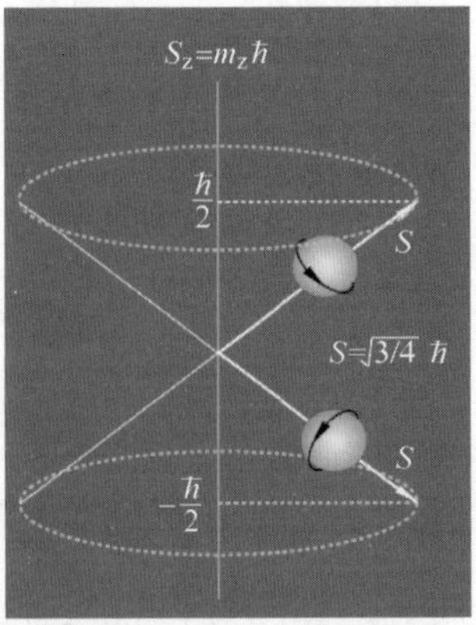

图 20-19　电子自旋角动量在外磁场中的取向

事实上，自旋概念的完全被接受，是在质子自旋概念的提出并被验证以后，物理学家才认识到：自旋是微观物理中最重要的一个概念，它是微观粒子本身固有的、与生俱来的一个秉性。不能用传统宏观的观点去和自旋找出对应关系。

我们现在认识电子自旋（在以后提及自旋均指自旋角动量），就是把自旋看作是一种假设，它是电子的一种固有秉性，自旋角动量的大小是

$$|\boldsymbol{S}|=\sqrt{s(s+1)}\hbar,\quad s=\frac{1}{2} \tag{20-84}$$

自旋量子数 $s=\dfrac{1}{2}$，自旋空间投影量子数用 m_s 表示，$m_s=\pm\dfrac{1}{2}$，自旋角动量的空间分量为

$$S_z=m_s\hbar=\pm\frac{1}{2}\hbar \tag{20-85}$$

二、四个量子数

到目前为止，我们可以用四个量子数来完全描述一个原子中电子的运动状态，即

主量子数 $n=1$，2，3，…，大体上决定电子-原子核体系的能量。

角量子数 $l=0$，1，2，…，$n-1$，共 n 个，决定电子绕核运动的角动量。

磁量子数 $m_l=0$，±1，±2，…，$\pm l$，共 $2l+1$ 个，决定电子绕核运动角动量的空间取向和投影。

自旋投影量子数 $m_s=\pm\dfrac{1}{2}$，决定电子自旋的空间取向和投影。

因为对任何一个电子，它的自旋量子数 s 都是$\dfrac{1}{2}$，它不能用来区分不同态的电子，所以我们不把自旋量子数 s 列入描述电子运动状态的的量子数中。

对同一个 n，l 可以取的值为 0，1，2，3，…，$n-1$，共 n 个，分别对应为 s，p，d，f，…等电子态。例如

$n=1$，$l=0$：　　s

$n=2$，$l=0$，1：　　s，p

$n=3$，$l=0$，1，2：　　s，p，d

$n=4$，$l=0$，1，2，3：　　s，p，d，f

例如，电子处于 $n=4$，$l=3$ 的态，则电子态可以表示为 4f。

三、原子的壳层结构

在多电子体系中，电子不仅受到原子核的作用，而且受到其余电子的作用，故能量关系复杂，能量不只由主量子数 n 决定。

1916 年，柯塞尔提出多电子原子中核外电子按壳层分布的形象化模型。他认为主量子数 n 相同的电子，组成一个壳层，n 越大的壳层，离原子核的平均距离越远。$n=1$，2，3，4，5，6，…的各壳层分别用大写字母 K，L，M，N，O，P，…等表示。在一个壳层内，又按角量子数 l 分为若干个支壳层。主量子数为 n 的壳层包含 n 个支壳层，$l=0$，1，2，3，4，5，…的各支壳层分别用小写字母 s，p，d，f，g，h，…等表示。一般而言，主量子数 n 越大的壳层，其能级越高，同一壳层中，角量子数 l 越大的支壳层能级越高。由量子数 n，l 确定的支壳层通常这样表示：把 n 的数值写在前面，并排写出代表 l 的字母，如 1s，2s，2p，3s，3p，3d，4s，…。

四、能量最低原理

当原子处于正常状态时，每个电子都趋向占据可能的最低能级。因此，能级越低也就是离核越近的壳层首先被电子填满，其余电子依次向未被占据的最低能级填充，直至所有 Z 个核外电子分别填入可能占据的最低能级为止。由于能级与角量子数还有关，所以在有的情况下，n 较小的壳层尚未填满时，下一个壳层上就开始有电子填入了。关于 n 和 l 都不同的状态能级高低问题，我国科学工作者总结出这样的规律：对于原子的外层电子，能级高低可以用 $(n+0.7l)$ 值的大小来比较，其值越大，能级越高。例如，3d 态能级比 4s 态能级高，因此钾的第 19 个电子不是填入 3d 态，而是填入 4s 态。

当若干粒子在一起时，能量最低的状态是最稳定的平衡态。这条原理是物理学中的一条普遍原理，在宏观世界和微观世界都起作用。我们已经看到了氢原子也服从这条原理。氢核（质子）和电子远离时能量为 0，而二者构成氢原子的基态时，能量为 -13.6eV，这就是氢原子的最稳定的状态，也是能量最低的状态。电子能不能再离核近一些使能量进一步减小呢？不能，因为量子力学不允许，量子力学所能允许的氢原子的所有状态中，基态已是能量最小的状态了，基态的电子云是电子平均离核最近的一种分布了。

能量最低原理：基态原子是处于最低能量状态的原子。能量最低原理认为，基态原子核外电子的排布力求使整个原子的能量处于最低状态。

随核电荷数的递增，大多数元素电中性基态原子的电子按如图 20-20 所示的顺序填入核外电子运动轨道，这叫作构造原理。

随着核电荷数的递增，电子每次从填入 ns 能级开始到填满 np 能级，建立一

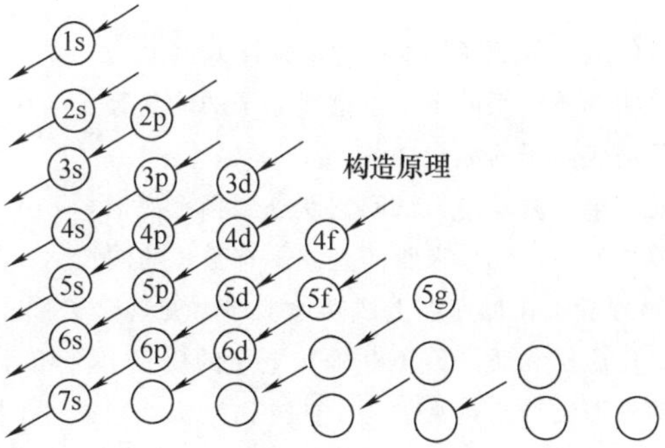

图 20-20 原子按构造原理排列

个周期，于是有

周期：ns 开始→np 结束	同周期元素的数目
第一周期：1s	2
第二周期：2s，2p	8
第三周期：3s，3p	8
第四周期：4s，3d，4p	18
第五周期：5s，4d，5p	18
第六周期：6s，4f，5d，6p	32
第七周期：7s，5f，5d，…	

五、泡利不相容原理

1925 年美籍奥地利物理学家泡利根据对光谱实验结果的分析总结出如下规律：在一个原子中不能有两个或两个以上的电子处于完全相同的量子态。也就是说，一个原子中任何两个电子都不可能具有完全相同的量子数（n, l, m_l, m_s），这就是著名的泡利不相容原理。以基态氦原子为例，它的两个核外电子都处于 1s 态，其（n，l，m_l）都是（1，0，0），则 m_s 必定不能相同，即一个为 $+1/2$，另一个为 $-1/2$。根据泡利不相容原理能算出各壳层上最多可容纳的电子数为

$$Z_n = \sum_{l=0}^{n-1} 2(2l+1) = 2n^2 \tag{20-86}$$

在 $n=1$，2，3，4，…的 K，L，M，N，…个壳层上，最多可容纳 2，8，18，32，…个电子。而在 $l=0$，1，2，3，…各支壳层上，最多可容纳 2，6，10，14，…个电子。为此，泡利获 1945 年诺贝尔物理学奖。

思 考 题

20-1 玻尔理论的基本假设是什么？在推导轨道半径和能量公式时，还用到了哪几

个经典物理公式？

20-2　巴耳末系的线系限的频率 ν_∞＝？，波长 λ_∞＝？

20-3　你能否说明赖曼线系的第二条谱线光子的能量等于（1）哪两条谱线光子的能量之和？（2）哪两条谱线光子的能量之差？

20-4　氢原子处于第3激发态，试问它跃迁到哪个态时，（1）辐射光具有的波长最长；（2）辐射光的波长最短；（3）吸收的光波具有最长的波长。

20-5　1996年物理学家在加速器上成功地生产出反氢原子。这种原子由一个反质子和一个正电子构成。反质子和质子、正电子和电子的质量等都相等，只是电荷反号，在你看来，反氢原子的光谱结构与正常氢原子的光谱结构相同还是不同？

20-6　德布罗意波是什么波？什么是概率密度？概率密度和波函数有什么关系？

20-7　什么是定态薛定谔方程？为什么说是定态？

20-8　什么是波函数必须满足的标准化条件？

习　题

20-1　具有下列哪一能量的光子，能被处在 $n=2$ 的能级的氢原子吸收？

（A）1.51eV　（B）1.89eV　（C）2.16eV　（D）2.40eV

20-2　若用里德伯常量 R 表示氢原子光谱的最短波长，则可写成

（A）$\lambda_{min}=1/R$。（B）$\lambda_{min}=2/R$。（C）$\lambda_{min}=3/R$。（D）$\lambda_{min}=4/R$。

20-3　已知氢原子从基态激发到某一定态所需能量为10.19eV，当氢原子从能量为－0.85eV的状态跃迁到上述定态时，所发射的光子的能量为

（A）2.56eV。（B）3.41eV。（C）4.25eV。（D）9.95eV。

20-4　在氢原子光谱的巴耳末线系中，谱线最小波长与最大波长之比为

（A）7/9。（B）5/9。（C）4/9。（D）2/9。

20-5　由氢原子理论知，当大量氢原子处于 $n=3$ 的激发态时，原子跃迁将发出

（A）一种波长的光。（B）两种波长的光。（C）三种波长的光。（D）连续光谱。

20-6　根据玻尔氢原子理论，氢原子中的电子在第一和第三轨道上运动时速度大小之比 v_1/v_3 是

（A）1/9。（B）1/3。（C）3。（D）9。

20-7　假定氢原子原是静止的，则氢原子从 $n=3$ 的激发态直接通过辐射跃迁到基态时的反冲速度大约是

（A）4m/s。（B）10m/s。（C）100m/s。（D）400m/s。

（氢原子的质量 $m=1.67\times10^{-27}$kg）

20-8　若 α 粒子（电荷为 $2e$）在磁感应强度为 B 的均匀磁场中沿半径为 R 的圆形轨道运动，则粒子的德布罗意波长是

（A）$h/(2eRB)$。（B）$h/(eRB)$。（C）$1/(2eRBh)$。（D）$1/(eRBh)$。

20-9　电子显微镜中的电子从静止开始通过电势差为 U 的静电场加速后，其德布罗意波长是0.04nm，则 U 约为

（A）150V。（B）330V。（C）630V。（D）940V。

（普朗克常量 $h=6.63\times10^{-34}\,\mathrm{J\cdot s}$）

20-10　如习题 20-10 图所示，一束动量为 $\boldsymbol{p}$ 的电子，通过缝宽为 a 的狭缝，在距离狭缝为 R 处放置一荧光屏，屏上衍射图样中央最大的宽度 d 等于

(A) $2a^2/R$。　(B) $2ha/p$。　(C) $2ha/(Rp)$。　(D) $2Rh/(ap)$。

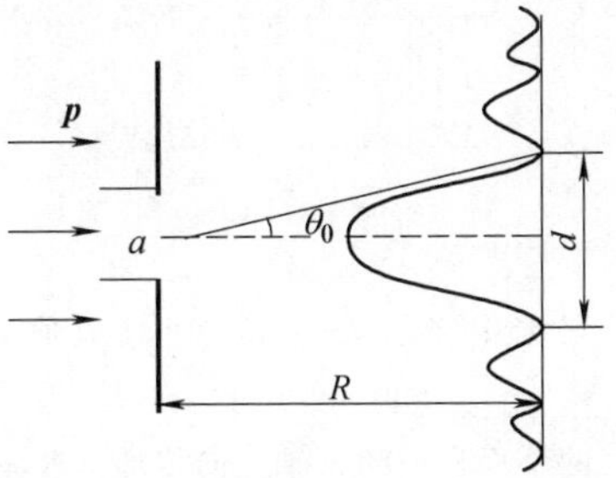

习题 20-10 图

20-11　设氢原子的动能等于氢原子处于温度为 T 的热平衡状态时的平均动能，氢原子的质量为 m，那么此氢原子的德布罗意波长为

(A) $\lambda=\dfrac{h}{\sqrt{3mkT}}$。　(B) $\lambda=\dfrac{h}{\sqrt{5mkT}}$。　(C) $\lambda=\dfrac{\sqrt{3mkT}}{h}$。　(D) $\lambda=\dfrac{\sqrt{5mkT}}{h}$。

20-12　在一维无限深方势阱中，已知势阱宽度为 a。应用测不准关系估计势阱中质量为 m 的粒子的零点能量为

(A) $\hbar/(ma^2)$。　(B) $\hbar^2/(2ma^2)$。　(C) $\hbar^2/(2ma)$。　(D) $\hbar/(2ma^2)$。

20-13　在原子的 K 壳层中，电子可能具有的四个量子数（n,l,m_l,m_s）是

(1) $\left(1,1,0,\dfrac{1}{2}\right)$。　(2) $\left(1,0,0,\dfrac{1}{2}\right)$。　(3) $\left(2,1,0,-\dfrac{1}{2}\right)$。(4) $\left(1,0,0,-\dfrac{1}{2}\right)$。

以上四种取值中，哪些是正确的？

(A) 只有（1）、（3）是正确的。　(B) 只有（2）、（4）是正确的。

(C) 只有（2）、（3）、（4）是正确的。　(D) 全部是正确的。

20-14　将波函数在空间各点的振幅同时增大 D 倍，则粒子在空间的分布几率将

(A) 增大 D^2 倍。　(B) 增大 $2D$ 倍。　(C) 增大 D 倍。　(D) 不变。

20-15　测不准关系式 $\Delta x\cdot\Delta p_x\geqslant\dfrac{\hbar}{2}$ 表示在 x 方向上，

(A) 粒子位置不能准确确定。　(B) 粒子动量不能准确确定。

(C) 粒子位置和动量都不能准确确定。　(D) 粒子位置和动量不能同时准确确定。

20-16　按照玻尔理论，移去处于基态的 He^+ 中的电子所需能量为＿＿＿＿＿＿eV。

20-17　氢原子中电子从 $n=3$ 的激发态被电离出去，需要的能量为＿＿＿＿＿＿eV。

20-18　氢原子由定态 l 跃迁到定态 k 可发射一个光子。已知定态 l 的电离能为 0.85eV，又知从基态使氢原子激发到定态 k 所需能量为 10.2eV，则在上述跃迁中氢原子所发射的光子的能量为＿＿＿＿＿＿eV。

20-19　氢原子的部分能级跃迁示意如习题 20-19 图所示。在这些能级跃迁中，从

$n=$ ________的能级跃迁到 $n=$ ________的能级时所发射的光子的波长最短；从 $n=$ ________的能级跃迁到 $n=$ ________的能级时所发射的光子的频率最小。

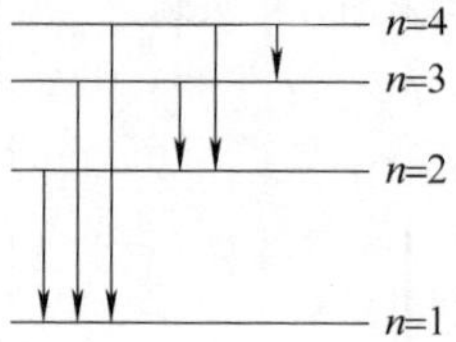

习题 20-19 图

20-20 在玻尔氢原子理论中势能为负值，而且数值比动能大，所以总能量为________值，并且只能取________值。

20-21 波长为 0.400m 的平面光波朝 x 轴正向传播。若波长的相对不确定量 $\Delta\lambda/\lambda=10^{-6}$，则光子动量数值的不确定量 $\Delta p_x=$ ________________，而光子坐标的最小不确定量 $\Delta x=$ ________。（普朗克常量 $h\approx 6.63\times10^{-34}\,\mathrm{J\cdot s}$）

20-22 粒子在一维无限深方势阱中运动（势阱宽度为 a），其波函数为

$$\psi(x)=\sqrt{\frac{2}{a}}\sin\frac{3\pi x}{a}\quad(0<x<a),$$

粒子出现的概率最大的各个位置是 $x=$ ____________。

20-23 根据量子力学原理，当氢原子中电子的动量矩 $L=\sqrt{6}\hbar$ 时，L 在外磁场方向上的投影 L_z 可取的值分别为______________。

20-24 量子力学得出：若氢原子处于主量子数 $n=4$ 的状态，则其轨道角动量（动量矩）可能取的值（用 $\hbar$ 表示）分别为______________；对应于 $l=3$ 的状态，氢原子的角动量在外磁场方向的投影可能取的值分别为______________。

20-25 为了表征原子的电子结构，常把电子所分布的壳层符号及壳层上电子的数目组合起来称为电子组态。那么，对于原子序数 $Z=20$ 的钙原子，当它处于基态时其电子组态应表示为________。

20-26 有一种原子，在基态时 $n=1$ 和 $n=2$ 的主壳层都填满电子，$3s$ 次壳层也填满电子，而 $3p$ 壳层只填充一半。这种原子的原子序数是________。

20-27 锂（$Z=3$）原子中含有 3 个电子，电子的量子态可用（n，l，m_l，m_s）四个量子数来描述，若已知基态锂原子中一个电子的量子态为（1，0，0，1/2），则其余两个电子的量子态分别为（____________）和（____________）。

20-28 根据量子力学理论，原子内电子的量子态由（n，l，m_l，m_s）四个量子数表征。那么，处于基态的氦原子内两个电子的量子态可由________________和________________两组量子数表征。

20-29 设描述微观粒子运动的波函数为 $\psi(\boldsymbol{r},t)$，则 $\psi\psi^*$ 表示__________；$\psi(\boldsymbol{r},t)$ 需满足的条件是__________；其归一化条件是__________

20-30 对于氢原子、一次电离的氦离子 He^+ 和两次电离的锂离子 Li^{++}，分别计算它们的：（1）第一、第二玻尔轨道半径及电子在这些轨道上的速度；（2）电子在基态的

结合能；(3) 由基态到第一激发态所需的激发能量及由第一激发态退激到基态所放光子的波长__________。

20-31 当静止的氢原子从第一激发态向基态跃迁放出一个光子时，(1) 试求这个氢原子所获得的反冲速率；(2) 试估计氢原子的反冲能量与所发光子的能量之比。

20-32 在波长 95～125nm 的光带范围内，氢原子的吸收光谱中包含哪些谱线？

20-33 当电子的能量分别为 10eV、100eV 和 1000eV 时，试计算其相应的德布罗意波长。

20-34 若一个电子的动能等于它的静止能量，问：(1) 该电子的速度为多大？(2) 其相应的德布罗意波长是多少？

20-35 在氢原子光谱的巴耳末线系中，有一光谱线的波长为 434nm，问：(1) 与这一谱线相应的光子能量为多少电子伏特？(2) 该谱线是氢原子由能级 E_n 跃迁到能级 E_k 产生的，n 和 k 各为多少？(3) 最高能级为 E_5 的大量氢原子，最多可以发射几个线系？共几条谱线？请在氢原子能级图中表示出来，并说明波长最短的是哪一条谱线。

20-36 α 粒子在磁感应强度 $B=0.025\text{T}$ 的均匀磁场中沿半径为 $R=0.83\text{cm}$ 的圆形轨道运动。(1) 试计算其德布罗意波长；(2) 若使质量 $m=0.1\text{g}$ 的小球以与 α 粒子相同的速率运动，那么其波长为多少？

20-37 如习题 20-37 图所示，一电子以初速度 $v_0=6.0\times10^6\text{m/s}$ 逆着电场方向飞入电场强度 $E=500\text{V/m}$ 的均匀电场中，问该电子在电场中要飞行多长距离 d，可使得电子的德布罗意波长达到 $\lambda=0.1\text{nm}$（飞行过程中，电子的质量认为不变，即为静止质量 $m_e=9.11\times10^{-31}\text{kg}$；基本电荷 $e=1.60\times10^{-19}\text{C}$；普朗克常量 $h=6.63\times10^{-34}\text{J}\cdot\text{s}$）？

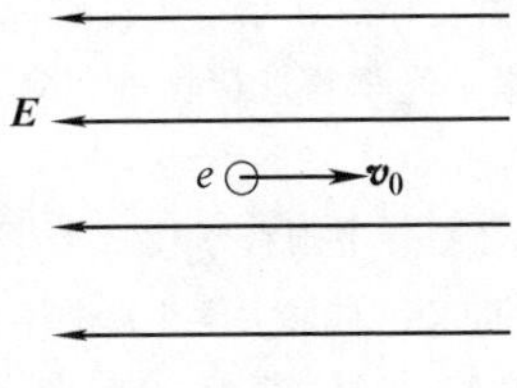

习题 20-37 图

参考文献

[1] 张三慧. 大学物理学：力学［M]. 2版. 北京：清华大学出版社，1999.
[2] 程稼夫. 力学［M]. 北京：科学出版社，2000.
[3] 钟锡华，周岳明. 力学［M]. 北京：北京大学出版社，2000.
[4] 赵凯华，罗蔚茵. 新概念物理教程：力学［M]. 北京：高等教育出版社，1995.
[5] 王楚，李椿，等. 力学［M]. 北京：北京大学出版社，1999.
[6] 吴伟文. 普通物理学：力学［M]. 北京：北京大学出版社，1990.
[7] 张三慧. 大学物理学：热学［M]. 2版，北京：清华大学出版社，1999.
[8] 李洪芳. 热学［M]. 北京：科学出版社，2000.
[9] 张玉民. 热学［M]. 北京：科学出版社，2000.
[10] 赵凯华，罗蔚茵. 新概念物理教程：热学［M]. 北京：高等教育出版社，1998.
[11] 王楚，李椿，等. 热学［M]. 北京：北京大学出版社，2000.
[12] 包科达. 热学［M]. 北京：北京出版社，1989.
[13] 张三慧. 大学物理学：电磁学［M]. 2版，北京：清华大学出版社，1999.
[14] 张玉民，戚伯云. 电磁学［M]. 北京：科学出版社，2000.
[15] 王楚，李椿，等. 电磁学［M]. 北京：北京大学出版社，2000.
[16] 励子伟，宋建平. 普通物理学：电磁学［M]. 北京：北京大学出版社，1988.
[17] 克劳斯. 电磁学［M]. 安绍萱，译. 北京：人民邮电出版社，1979，
[18] 胡望雨，李衡芝. 普通物理学：光学与近代物理［M]. 北京：北京大学出版社，1990.
[19] 张三慧. 大学物理学：波动与光学［M]. 2版. 北京：清华大学出版社，2000.
[20] 吴强，郭光灿. 光学［M]. 合肥：中国科学技术大学出版社，1996.
[21] 王楚，汤俊雄. 光学［M]. 北京：北京大学出版社，2001.
[22] 杜功焕，朱哲民，等. 声学基础［M]. 2版. 南京：南京大学出版社，2001.
[23] 吴锡珑. 大学物理教程［M]. 北京：高等教育出版社，1999.
[24] 陆果. 基础物理学教程［M]. 北京：高等教育出版社，1998.
[25] 吴百诗. 大学物理［M]. 北京：科学出版社，2001.
[26] 程守洙，江之永，胡盘新，等. 普通物理学［M]. 5版. 北京：高等教育出版社，1998.
[27] 马文蔚. 物理学［M]. 4版. 北京：高等教育出版社，1999.
[28] 刘克哲. 物理学［M]. 北京：高等教育出版社，1999.
[29] 马根源，王松立，等. 物理学［M]. 天津：南开大学出版社，1993.
[30] 卢德馨. 大学物理学［M]. 北京：高等教育出版社，1998.
[31] KELLER F J，等. 经典与近代物理学［M]. 高物，译. 北京：高等教育出版社，1997.
[32] 王瑞旦，宋善奕. 物理方法论［M]. 长沙：中南大学出版社，2002.
[33] 张瑞琨，等. 物理学研究方法和艺术［M]. 上海：上海教育出版社，1995.